今すぐ使えるかんたんmini PLUS

最強パソコン時短術

ショートカットキー 超（スーパー）事典

リンクアップ+技術評論社編集部 著

技術評論社

本書の使い方

- 本書で使用するキーボード配列は、日本語109キーボード（JIS規格）に従っています。お使いのキーボードによっては、本書の構成と異なるキー配列のものもありますのでご注意ください。
- また、入力におけるショートカットキーはWindowsに標準搭載されている「Microsoft IME」を使用する前提で解説しています。その他の日本語入力プログラムを使用している場合は、操作が再現できないものもありますのでご注意ください。

CONTENTS 目次

第1章 今さら聞けない基本のショートカットキー

第2章 Windowsを便利にするショートカットキー

CONTENTS

第4章 Wordのショートカットキー

第5章 Excelのショートカットキー

CONTENTS

第7章 Outlookのショートカットキー

第8章 Googleカレンダーのショートカットキー

CONTENTS

Appendix オリジナルのショートカットキーを作成

ご注意：ご購入・ご利用の前に必ずお読みください

●本書に記載した内容は、情報の提供のみを目的としています。したがって、本書を用いた運用は、必ずお客様自身の責任と判断によって行ってください。これらの情報の運用の結果について、技術評論社および著者はいかなる責任も負いません。

●サービスやソフトウェアに関する記述は、とくに断りのないかぎり2021年5月現在での最新バージョンをもとにしています。サービスやソフトウェアはバージョンアップされる場合があり、本書での説明とは機能内容や画面図などが異なってしまうこともあり得ます。あらかじめご了承ください。なお、本書では「キーボードショートカット」を「ショートカットキー」表記で統一しております。

●本書は、以下の環境での動作を検証しています。
パソコンのOS：Windows 10 Home、Windows 8.1
Webブラウザ：Internet Explorer 11、Microsoft Edge 89、Google Chrome 89
Office製品：Office 2019、Microsoft 365

●インターネットの情報については、URLや画面などが変更されている可能性があります。ご注意ください。

以上の注意事項をご承諾いただいた上で、本書をご利用願います。これらの注意事項をお読みいただかずに、お問い合わせいただいても、技術評論社は対処しかねます。あらかじめ、ご承知おきください。

第1章

今さら聞けない基本のショートカットキー

ショートカットキーとは、キーボードを使ってパソコンの操作を簡単に行うための機能です。ショートカットキーを使えばキーボードからマウスに持ち替える必要がなく、作業をスムーズに進めることができます。本章では、使用頻度の高い基本的なショートカットキーを解説します。

SECTION 001 8.1 10

右クリックメニューを表示する

ココで役立つ! マウス使用時より素早く右クリックメニューを呼び出すことができます。

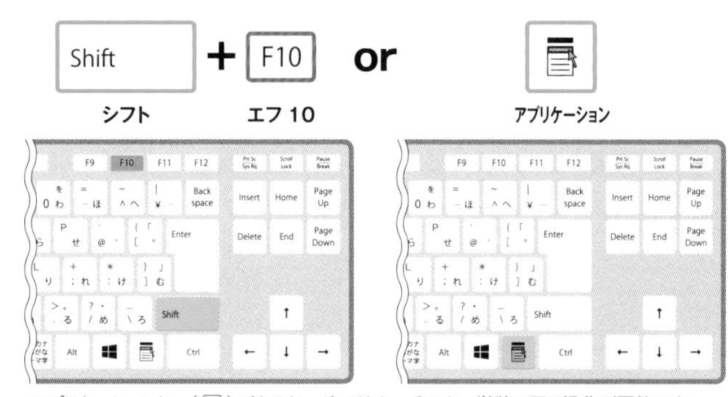

アプリケーションキー（▤）があるキーボードなら、そのキー単独で同じ操作が可能です。

右クリックメニュー（ショートカットメニュー）はキーボードからも利用できます。矢印キー（↑↓←→）で項目を選択し、Enter を押して実行します。

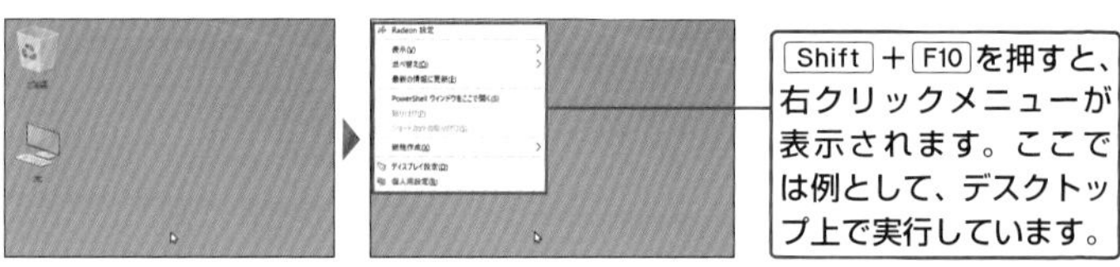

Shift ＋ F10 を押すと、右クリックメニューが表示されます。ここでは例として、デスクトップ上で実行しています。

メニューは矢印キー（↑↓←→）で操作可能です。ここでは↓を押して「新規作成」に移動し、さらに→を押して「フォルダー」を選択、最後に Enter を押してフォルダーを作成しています。

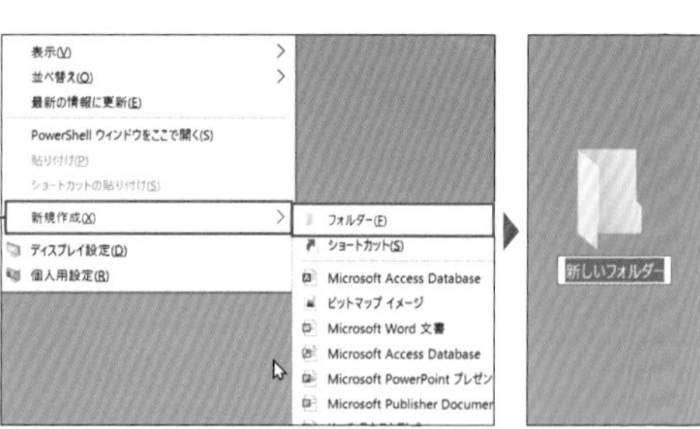

ワンポイント

マウスポインターが置かれた場所や、選択状態などに応じて、右クリックメニューの項目は変わってきます。例えば、ごみ箱を選択してから Shift ＋ F10 を押すと、「ごみ箱を空にする」などの独自項目が表示されます。

カーソルを行の先頭／末尾に移動する

ココで役立つ! 文章の先頭や末尾に瞬間移動できるので編集作業がはかどります。

Home で行の先頭にジャンプ ／ End で行の末尾にジャンプ

ホーム　　　　エンド

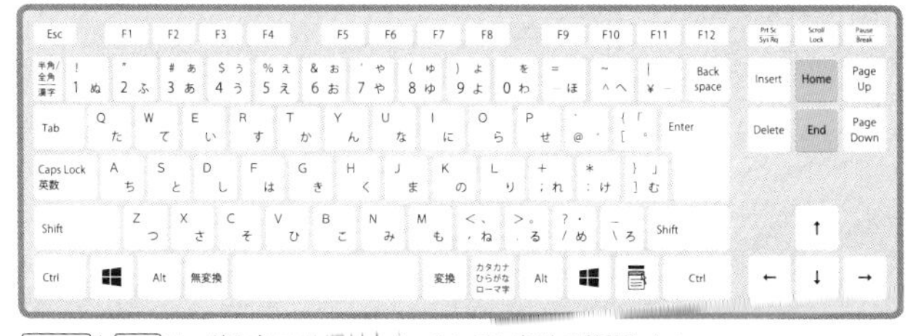

Home と End は同時に押す必要はなく、それぞれ単独で使用します。

文字を入力する際、カーソルの移動は矢印キー（←→↑↓）で行うのが一般的ですが、Home や End を活用することで、瞬時に行頭や行末にジャンプできます。

タスク管理.txt - メモ帳
ファイル(F)　編集(E)　書式(O)　表示(V)　ヘルプ(H)
タスク管理

午前
新幹線のチケットを予約
プレゼン資料作成
雑務引継ぎ

現在、入力カーソルが行の末尾にあります。この状態で Home を押します。行の途中にカーソルがある場合でもかまいません。

タスク管理.txt - メモ帳
ファイル(F)　編集(E)　書式(O)　表示(V)　ヘルプ(H)
タスク管理

午前
新幹線のチケットを予約
プレゼン資料作成
雑務引継ぎ

カーソルが行の先頭に瞬時に移動しました。この状態で End を押すと、カーソルが行末にジャンプします。

ワンポイント

Shift を組み合わせると、さらに便利な使い方が可能です。Shift ＋ Home を押すと、カーソルから行頭までを一気に選択できます。Shift ＋ End の場合は、カーソルから行末までが選択状態になります。

タスク管理.txt - メモ帳
ファイル(F)　編集(E)　書式(O)　表示(V)
タスク管理

午前
新幹線のチケットを予約
プレゼン資料作成
雑務引継ぎ
営業先リスト作成
DM用の資料収集

SECTION 003 8.1 10

すべてのファイルを一括で選択する

ココで役立つ! 大量のファイルを1つ残さず選択したいときに時間を節約できます。

Ctrl＋Aは、「コントロール」＋「ALL（全部）」といった覚え方がおすすめです。

任意のフォルダー内にあるファイルやフォルダーを丸ごと選択することができます。大量のファイルをまとめてコピーしたり削除したりするときに便利です。

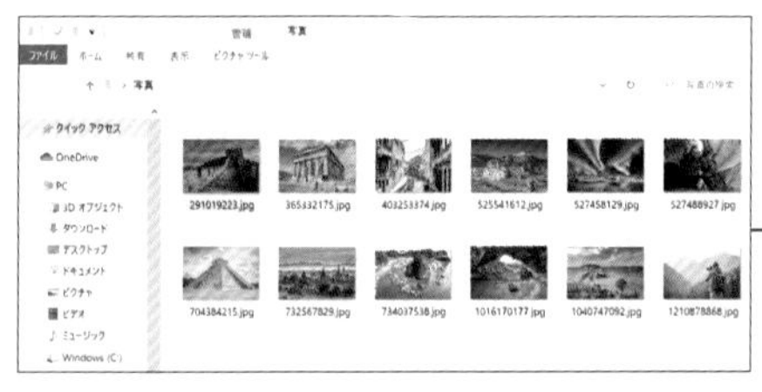

複数のファイルを含むフォルダーを開き、Ctrl＋Aを押します。ファイルのどれかが選択状態でも、何も選択されていない状態でもかまいません。

フォルダー内にあるすべてのファイルが選択状態になりました。このときにF5を押すと選択をすべて解除できます。

ワンポイント

Ctrl＋Aで選択後、Ctrlだけを押したままファイルをクリックすると、選択状態を個別に解除できます。「100個中95個だけ必要」といった場面でこの方法を活用すれば、ファイルの選別をより効率的に行えます。

SECTION 004　8.1　10

範囲を決めてファイルを選択する

ココで役立つ! すべてのファイルではなく一部をまとめて選択したいときに便利です。

このショートカットキーは、終始 Shift を押した状態で実行します。

ファイルやフォルダーの選択範囲を調整するショートカットキーです。エクスプローラーの表示スタイルによって要領が異なるので、下図で確認しましょう。

アイコン表示の場合

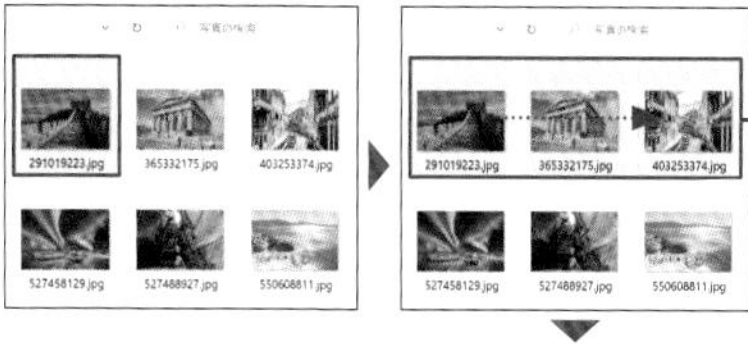

任意のファイルを選択し、Shift を押した状態で→を押します。ここでは→を2回押して、右に並ぶファイルを2つ追加選択しています。

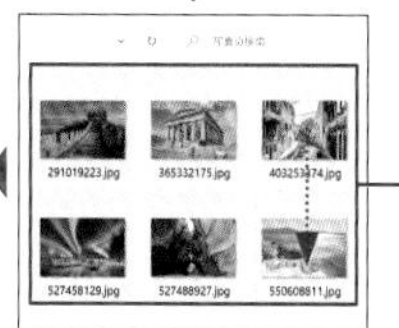

続いて↓を押すと、下の行の同じ列まで一気に選択することができます(左図)。←や↑を押すと、選択範囲を縮小できます(右図は←を2回押した状態)。

一覧(詳細)表示の場合

Shift を押しながらファイルを選択し、↑や↓を押すと、上下に並ぶファイルが選択されます(右図は↓を2回押した状態)。

SECTION 005 8.1 10

ファイルをコピーして貼り付ける

ココで役立つ! コピー作業を迅速かつ正確に行うならショートカットキーが必須です。

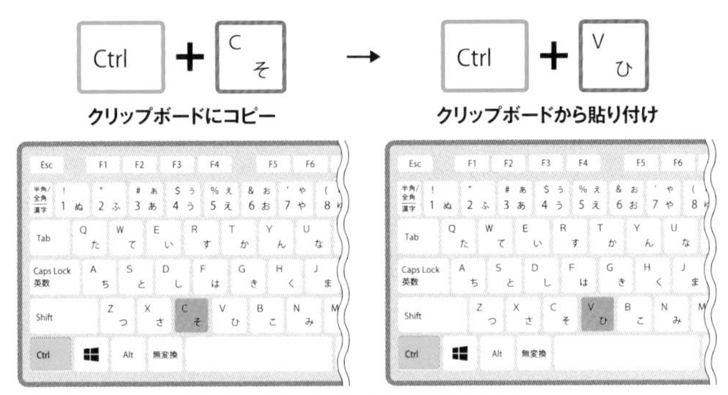

指をCtrlから離さず、CとVを素早く交互に押すのがポイントです。

右クリックメニューでおなじみの「コピー」と「貼り付け」をショートカットキーで行います。ファイル選択（P.12、13参照）と併用することでより便利になります。

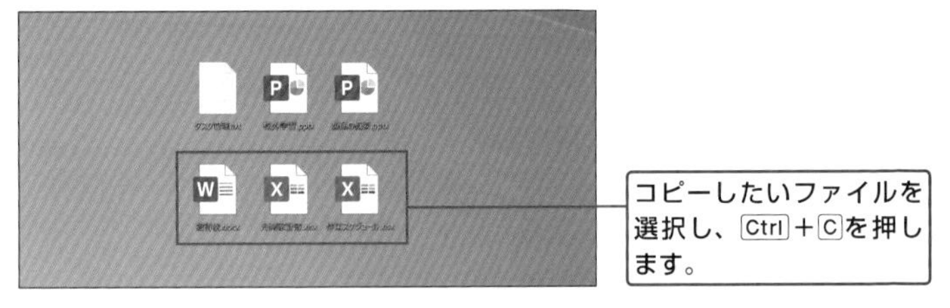

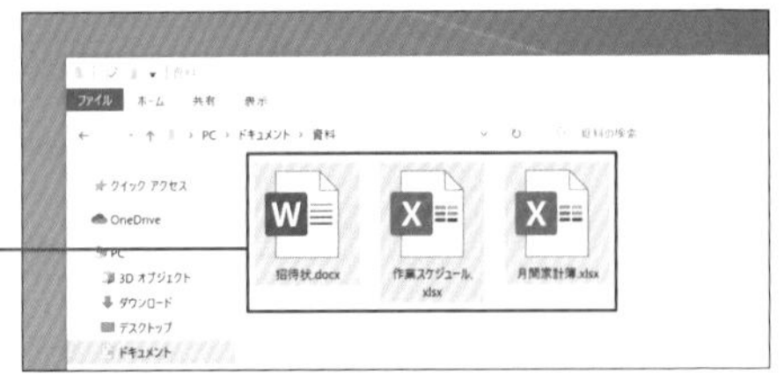

ワンポイント

Ctrl＋Xでできる「切り取り」は、コピーと同時に削除もできる便利な機能ですが、作業中にパソコンがフリーズした場合、ファイルが消えて復元できなくなることもありえます。大事なデータは必ずコピーと貼り付けを利用しましょう。

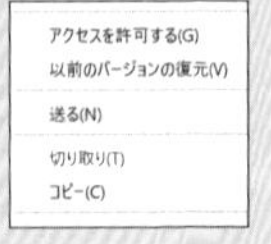

SECTION 006 8.1 10

クリップボードの履歴を表示する

ココで役立つ! 異なる複数の画像やテキストを繰り返し貼り付けたいときに便利です。

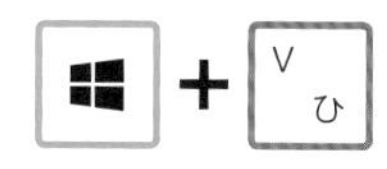

ウィンドウズ　ブイ

コピーと貼り付けを繰り返すのではなく、コピー作業をまとめて先に済ませてしまうのがコツです。

通常、クリップボードには直前にコピーした1回分の履歴しか残りませんが、この機能を使えば、さらに過去にコピーしたものから貼り付けることが可能です。

テキストや画像を連続でクリップボードにコピーしておきます。

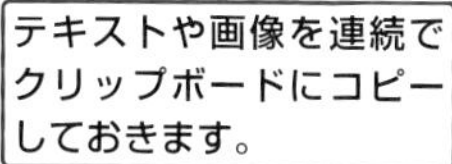

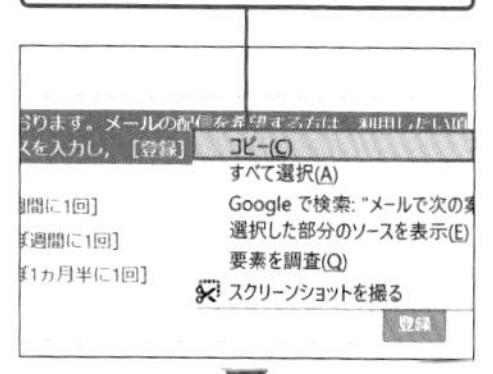

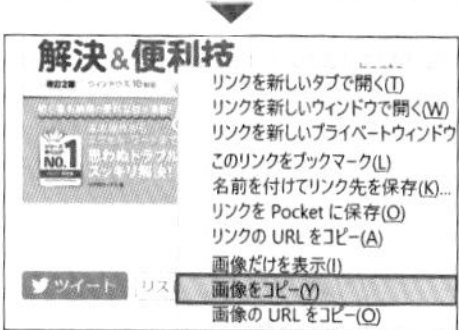

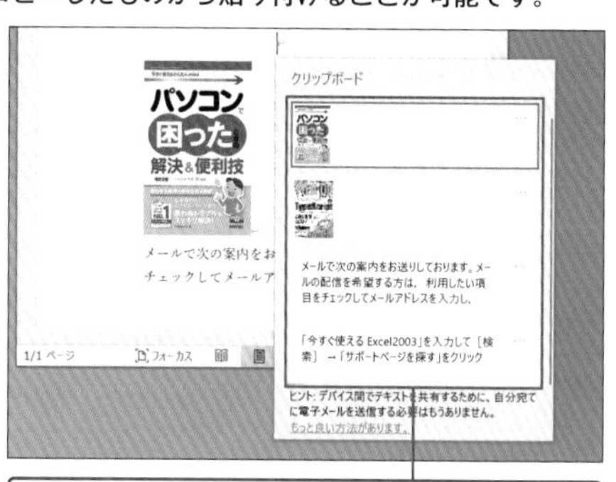

貼り付けを行いたいソフトなどを開き、⊞+V を押すと、これまでコピーしたテキストや画像の履歴が表示されます。矢印キー(↑↓)で選択し、Enter を押すと貼り付けが実行されます。

ワンポイント

このショートカットキーを初めて利用する場合、右図のような画面が表示されることがあります。クリップボードにテキストや画像をコピーする前に、⊞+V を押して、必要に応じて「有効にする」をクリックしましょう。

操作を1つ前に戻す／やり直す

ココで役立つ！ ミスしたときは慌てずにまずはこのショートカットキーを試しましょう。

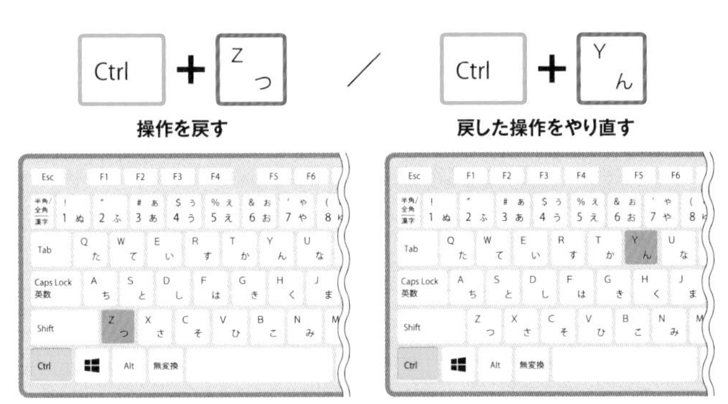

戻せる回数が1回に限られていたり、そもそも戻せなかったりする場合もあるので注意しましょう。

フォルダー名を書き換え前に戻したいが以前の名前が思い出せない……。そのトラブルは Ctrl ＋ Z で解決する場合があります。 Ctrl ＋ Y も併用しましょう。

フォルダー名をリネーム前に戻す／やり直す

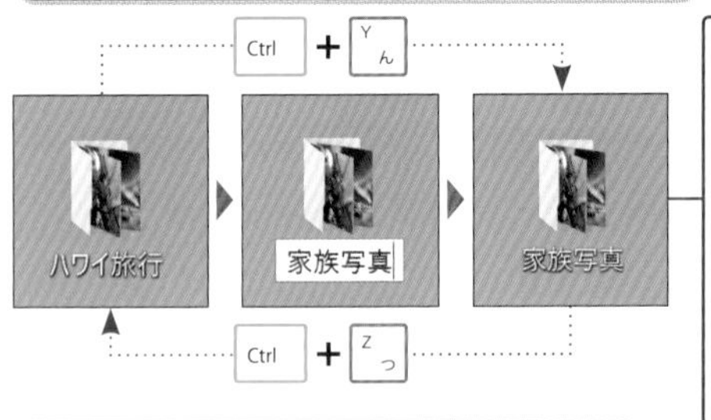

ここでは例として、「ハワイ旅行」という名前のフォルダーを使って解説します。「家族写真」に名前を変えた後、Ctrl ＋ Z を押すと、変更前（ハワイ旅行）に戻ります。さらに Ctrl ＋ Y を押すと、「家族写真」に戻ります。この作業は何度でも実行可能です。

削除したファイルを元に戻す／やり直す

誤って削除してしまったファイルも Ctrl ＋ Z で元に戻せることがあります。戻した後、Ctrl ＋ Y を押すと再び削除されますが、その後もう一度 Ctrl ＋ Z を押しても元には戻りません。上のフォルダー名を戻すケースとは異なるので注意が必要です。

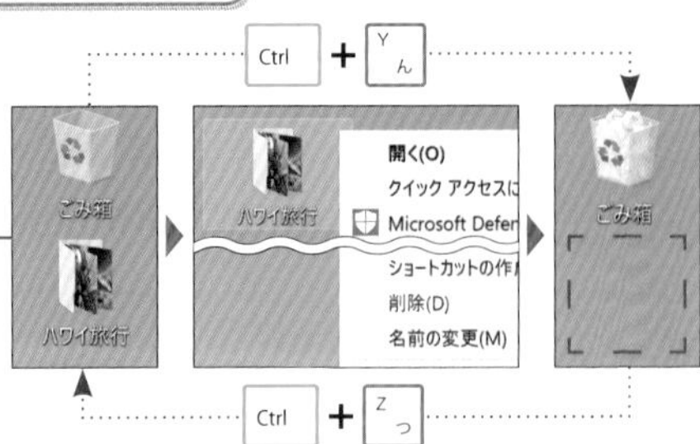

ファイルを上書き保存する／別名保存する

ココで役立つ！ つい忘れがちになる保存作業はショートカットキーで習慣化しましょう。

Ctrl + S ／ Ctrl + Shift + S

同じファイルに上書き保存する　別のファイルとして新規保存する

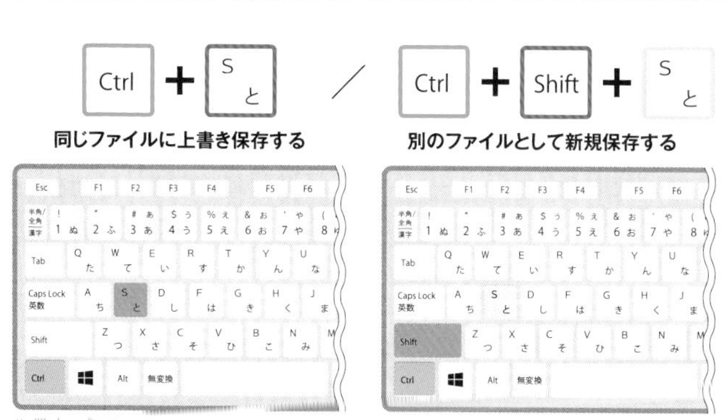

作業中はCtrl＋S、作業完了後はCtrl＋Shift＋Sといった使い分けがおすすめです。

ファイルの編集中に、保存作業を失念してやり直しになったことはありませんか？このショートカットキーを覚えれば、保存する習慣が自然に身に付きます。

通常の保存（上書き保存）

ここでは例として、テキストファイルの内容を編集した後、Ctrl＋Sを押しています。編集中はウィンドウ左上にアスタリスクが表示されていますが、保存が完了するとアスタリスクは消えます。

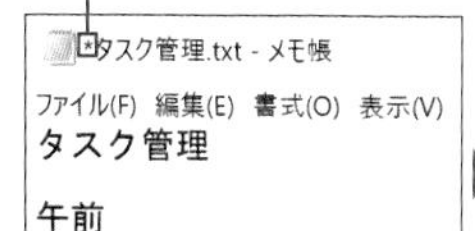

タスク管理.txt - メモ帳
ファイル(F) 編集(E) 書式(O) 表示(V)
タスク管理

午前
新幹線のチケットを予約
↑キャンセルになりました

元ファイルに上書きされるので、ファイル名などは変わりません。

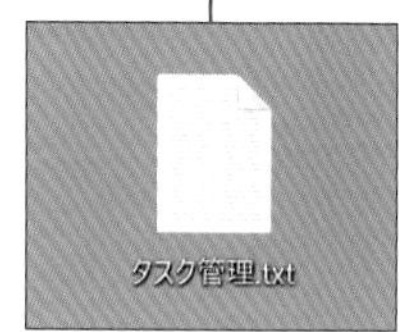

名前を付けて保存（別名保存）

元ファイルを残して別途保存したい場合はCtrl＋Shift＋Sを押します。ファイル名や保存先の指定が毎回必要です。作業中はCtrl＋Sを使い、編集完了後に実行するのがおすすめです。

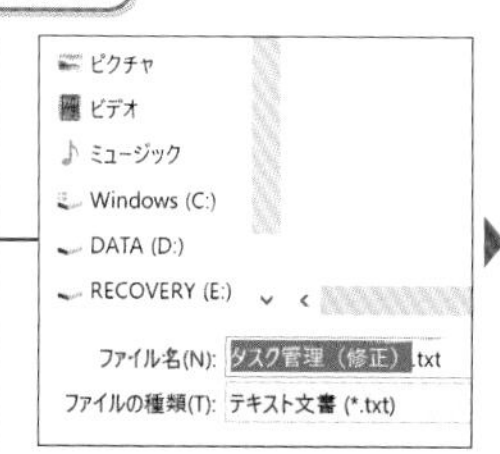

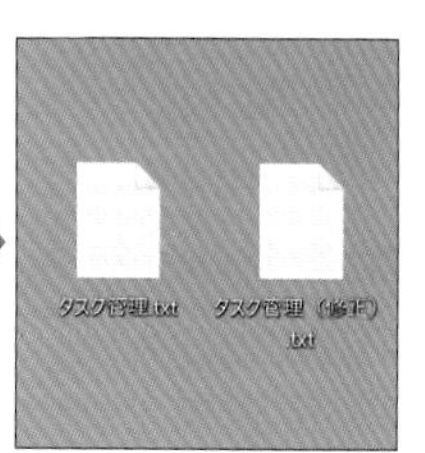

さまざまな文字種に一発変換する

ココで役立つ! カタカナや英数字の全角半角は、ワンキー操作で変換可能です。

ひらがな、全角／半角カタカナ、全角／半角英数への変換はすべてショートカットキーに対応しています。漢字変換中に押しても適用されるので便利です。

ひらがな

F6 or Ctrl + U
エフ6　コントロール　ユー

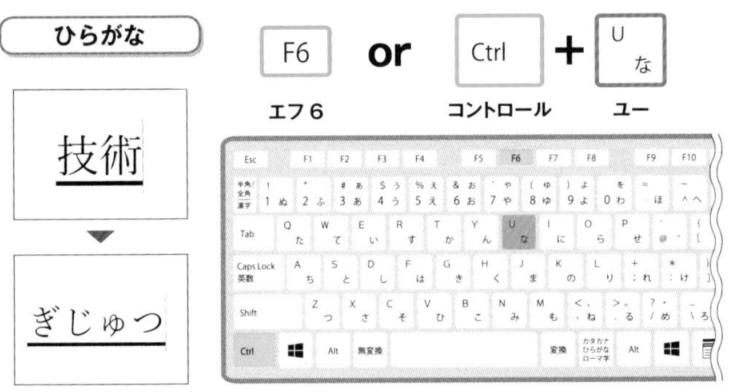

文字の入力中に F6 または Ctrl + U を押すと、ひらがなに変換されます。

全角カタカナ

F7 or Ctrl + I
エフ7　コントロール　アイ

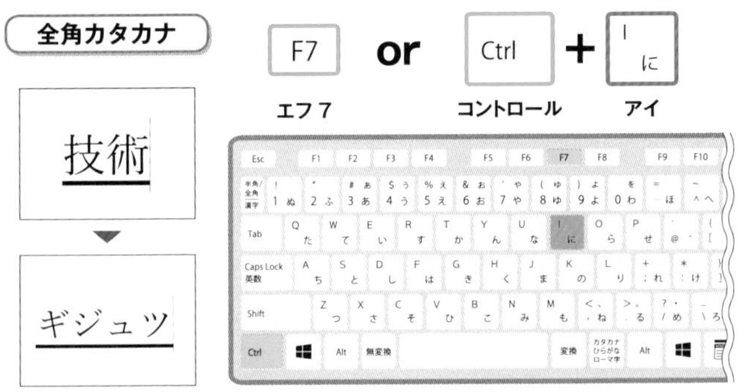

全角カタカナは使用頻度が高いので、ショートカットキーを覚えておくと便利です。

ワンポイント

英字の大文字・小文字は、F9（Ctrl + P）とF10（Ctrl + T）を繰り返し押すことで簡単に入力できます。1回押して「小文字」（P.19参照）、2回目で「大文字」、3回目で「先頭の文字のみ大文字」に変換されます。

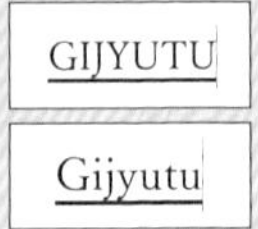

半角カタカナ

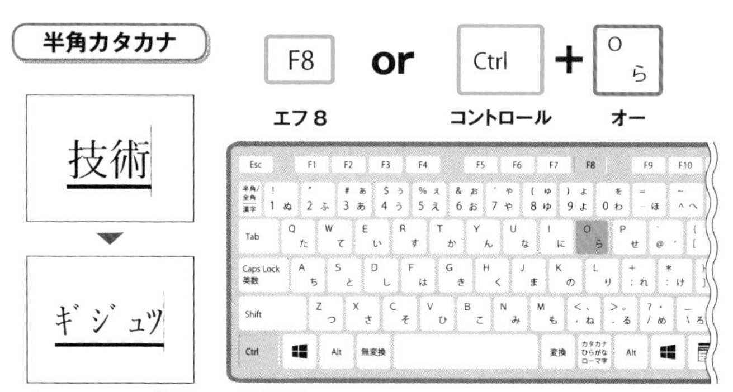

文字の入力中に[F8]または[Ctrl]+[O]を押すと、半角カタカナに変換されます。

全角英数

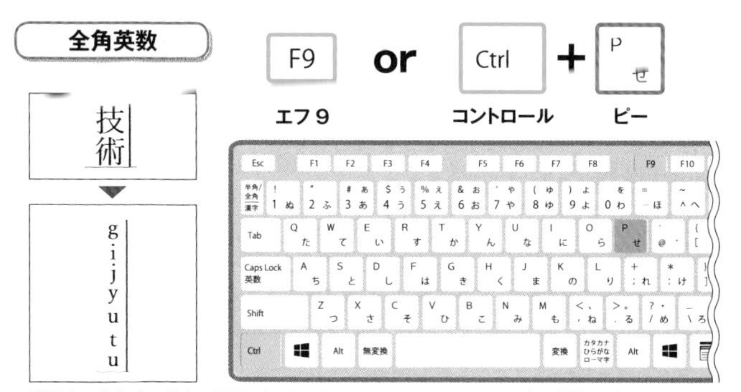

縦書きの英数字は全角の場合がほとんどです。ショートカットキーで入力が劇的に楽になります。

半角英数

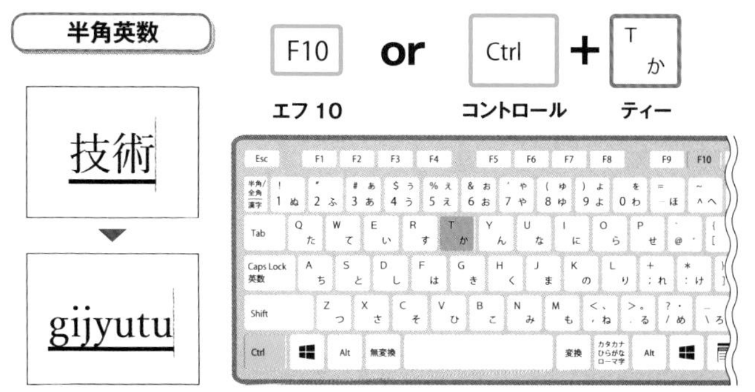

このショートカットキーを覚えておくと、日本語と英語の切り替え回数が減り、時短に役立ちます。

ファイルやフォルダーの名前を変更する

ココで役立つ! リネーム作業は文字入力が必須。ショートカットキーが真価を発揮します。

F2

エフ２

右クリックメニューにある「名前の変更」を実行するためのショートカットキーです。

ファイル選択のショートカットキー（P.12、13参照）と組み合わせれば、さらにはかどります。大量のファイルを連番で一括リネームすることもできます。

名前を変更したいフォルダーを選択し、F2 を押すと名前を編集できます。新しい名前を入力し、Enter を押すとフォルダー名が変更されます。

ワンポイント

複数のファイルの名前をまとめて変更する方法もあります。入力した名前の後ろに自動で連番が付いて一括変更されます。

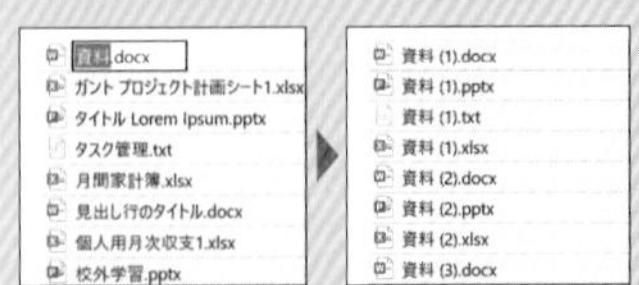

複数のファイルを選択し、F2 を押して名前を変更します。ファイル形式ごとに、1番から順に番号が自動で振られます。

名前変更時に括弧（半角）と番号を末尾に追加すれば、その番号を連番の起点にすることも可能です。

SECTION 011　8.1　10

ウィンドウやファイルを新規に開く

ココで役立つ! エクスプローラーの追加起動や、新規書類を開くときに使います。

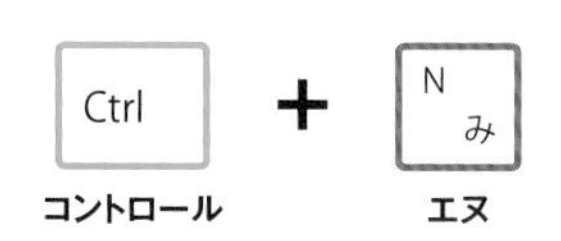

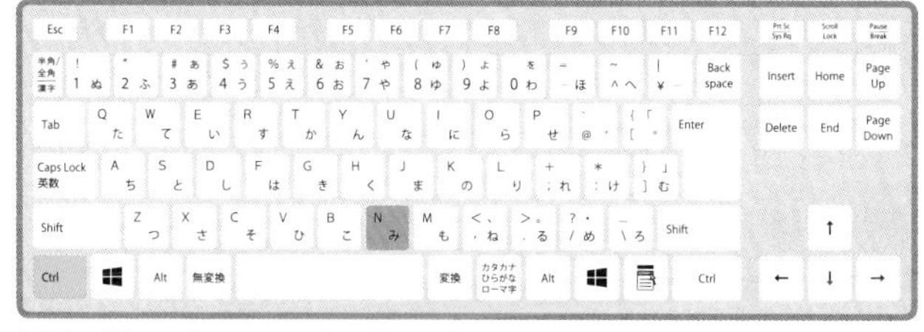

Ctrl ＋ N は、「コントロール」＋「New」で覚えると簡単です。

ファイルのコピーや移動など、エクスプローラーを複数同時に立ち上げたいときがあります。そんなときは Ctrl ＋ N でエクスプローラーを追加起動しましょう。

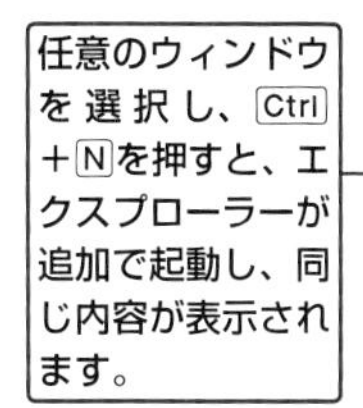

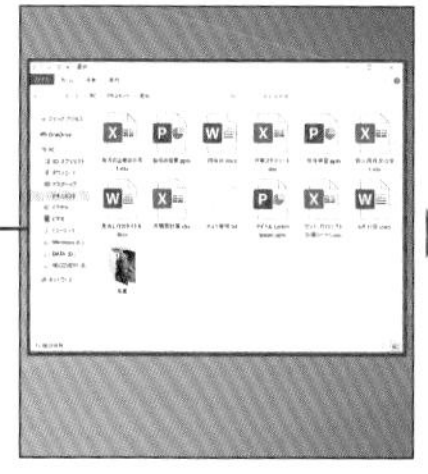

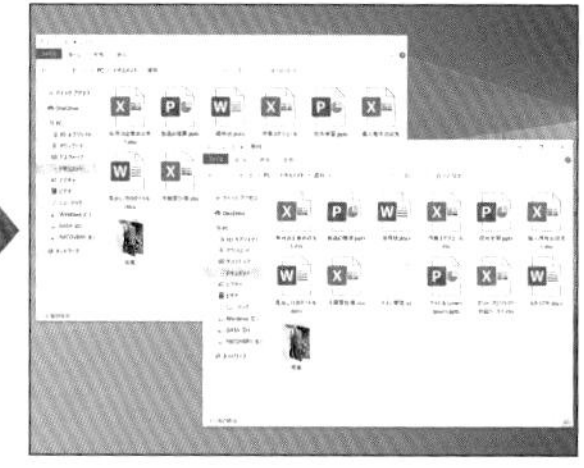

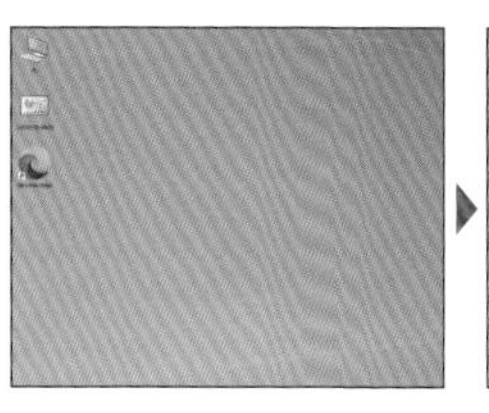

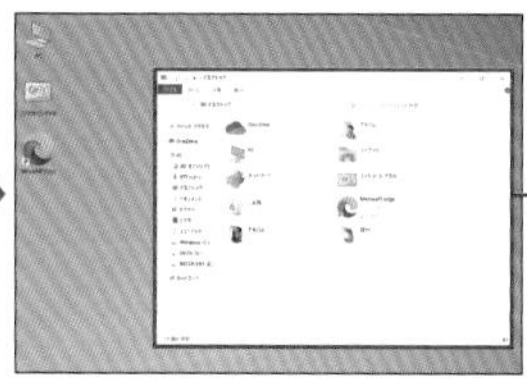

デスクトップの何もない場所で Ctrl ＋ N を押すと、エクスプローラーが新規起動し、デスクトップが表示されます。

ワンポイント

Ctrl ＋ N は、上で解説したエクスプローラー以外にもさまざまなプログラムで使用可能なショートカットキーです。ExcelやWordでは新規書類を開くときに使います。各種Webブラウザーやメールソフトにも対応し、Webページのタブ(新規ウィンドウ)や新規メール画面を開くことができます。

SECTION 012 8.1 10

ウィンドウやタブを閉じる

ココで役立つ! ウィンドウやタブを1枚ずつ確認しながら素早く閉じたいときに便利です。

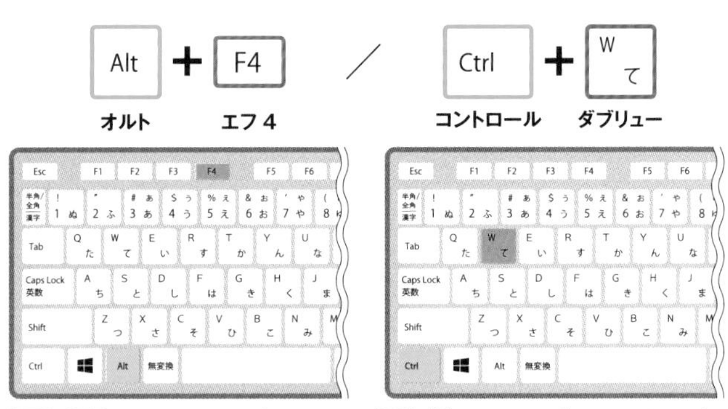

Ctrl＋F4ではウィンドウやタブのすべてを、Ctrl＋Wではアクティブなウィンドウやタブを1つずつ閉じることができます（ワンポイント参照）。

ウィンドウはマウスを使わずに閉じるほうが効率的です。Ctrl＋WまたはAlt＋F4を連打して、大量のウィンドウをサクサク片付けましょう。

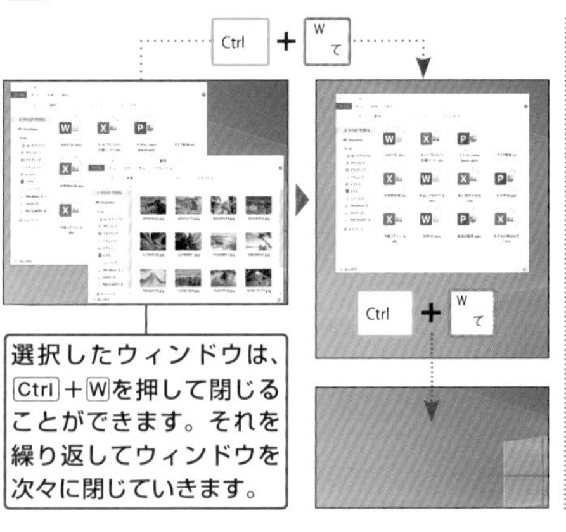

選択したウィンドウは、Ctrl＋Wを押して閉じることができます。それを繰り返してウィンドウを次々に閉じていきます。

デスクトップの何もない場所でAlt＋F4を押すと、「Windowsのシャットダウン」が表示されます。Alt＋F4は、ウィンドウだけでなくプログラムそのものを閉じることができます。

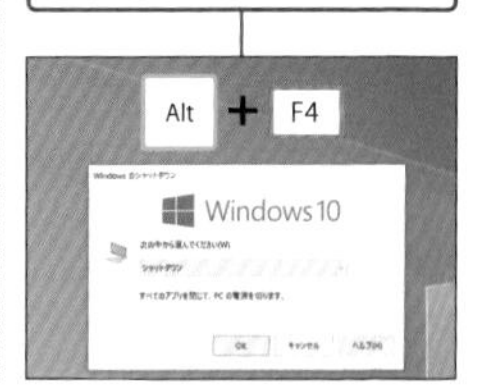

ワンポイント

ExcelやWebブラウザーでは、Alt＋F4ではなくCtrl＋Wを使うようにしましょう。Alt＋F4はプログラムそのものを終了させるので、Excelのようにタブを用いるソフトでAlt＋F4を押すと、すべてのタブが一気に閉じてしまいます。「ウィンドウはCtrl＋W」、「ソフトはAlt＋F4」といった具合に使い分けることをおすすめします。

SECTION 013 8.1 10

エクスプローラーを操作する

ココで役立つ! ファイルの移動などは複数のエクスプローラーを併用しましょう。

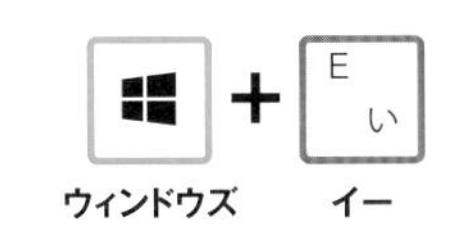

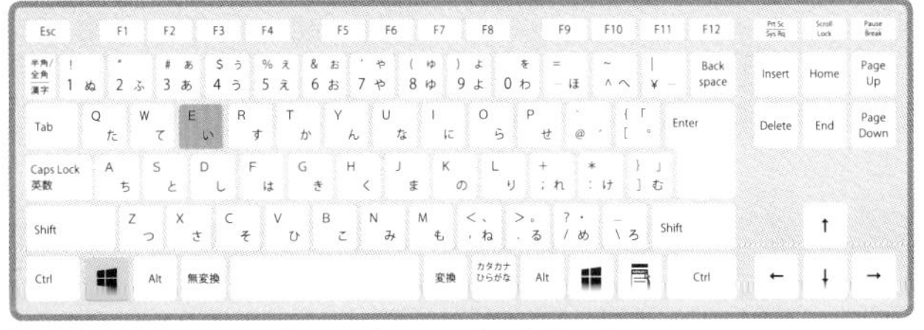

⊞+Eの「E」は、エクスプローラー(Explorer)を意味します。

エクスプローラーは、最も頻繁に使う機能といっても過言ではありません。ショートカットを覚えて作業が滞ることなく起動できるようにしましょう。

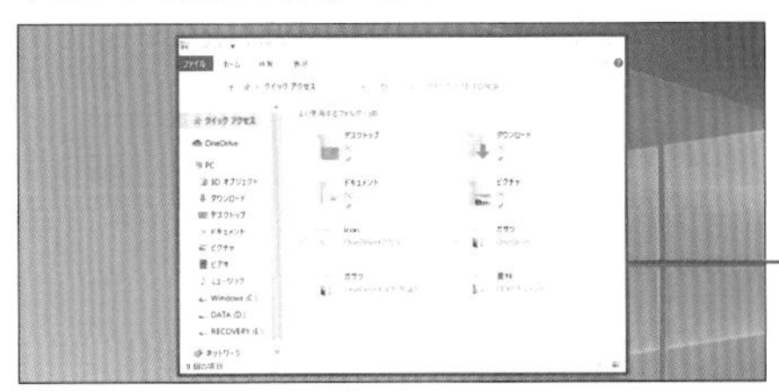

エクスプローラーは、⊞+Eを押せばいつでも呼び出すことができます。初期設定では「クイックアクセス」を表示します。

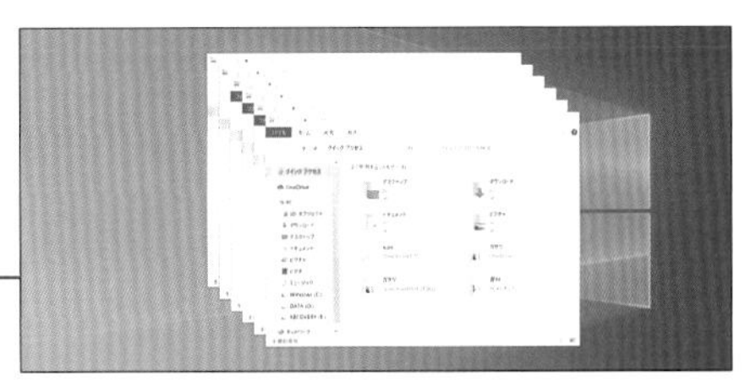

⊞+Eを繰り返し押すことで、エクスプローラーを追加で複数起動することが可能です。

ワンポイント

エクスプローラーを開き、Altを押すと、「ファイル」や「ホーム」などのメニューにアルファベットが表示されます。該当するキーを押していくことで、マウスを使わずにエクスプローラーを操作することが可能です。

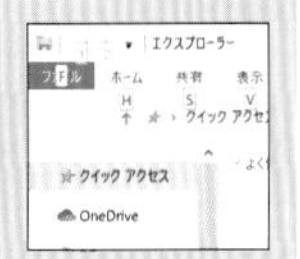

Fnキーとキーボード

Fnキーとは

[Fn]は「ファンクションキー」の一種で、「エフエヌキー」とも呼ばれます。[Fn]は設定によっては単体でも機能するキーですが、[F1]～[F12]などのキーを組み合わせることで、画面の明るさや音量設定などの操作を行えるようになります。なお、[F1]～[F12]のキーの組み合わせによる動作はパソコンやキーボードの種類によって異なります。多くのキーボードには[F1]～[F12]にイラストやマークが表示されているので、自身のキーボードの動作を確認してみましょう。

パソコンやキーボードの種類によりますが、[Fn]はわかりやすく色が付いていたり、文字が枠で囲まれていたりします。また、[F1]～[F12]も[Fn]と同様のデザインになっているものが多いです。

Fn キーの組み合わせの例

ショートカットキー	内容
[Fn] + [F2]	音量を下げる
[Fn] + [F3]	音量を上げる
[Fn] + [F4]	ミュートにする／解除する
[Fn] + [F7]	音楽や映像を一時停止する／再生する
[Fn] + [F9]	使用しているソフトの文字や画像を縮小する
[Fn] + [F10]	デスクトップでコンテキストメニューを表示する
[Fn] + [F11]	エクスプローラーの PC フォルダーを表示する
[Fn] + [Num Lock]	テンキーでの数字の入力を有効にする

※ ELECOM TK-FDM110TBK の場合

第2章

Windowsを便利にするショートカットキー

Windowsでは、数多くのショートカットキーが標準で用意されています。本章ではWindowsの操作に特化したショートカットキーを解説します。ショートカットキーを利用すれば、デスクトップの操作やウィンドウのサイズ変更、機能の呼び出しなど、あらゆる作業の効率を大幅にアップできます。

スタートメニューを表示する

ココで役立つ! 表示からソフトの実行までをキーボードだけで完結できます。

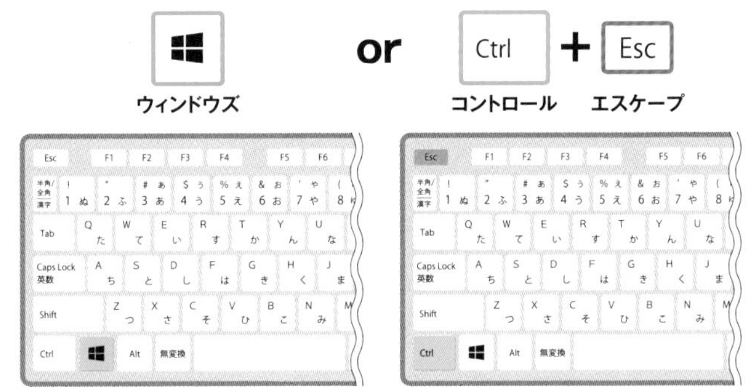

⊞を使うショートカットの中で唯一、代用のキー（Ctrl＋Esc）が用意されています。

スタートメニューは、⊞またはCtrl＋Escで開くことができます。さらに、矢印キー（↑↓←→）などを併用すれば、項目の選択から実行までをキーボードだけで行えます。

このキーは、スタートメニュー専用として作動し、いつでもスタートメニューを呼び出すことができます。タスクバーを非表示に設定にしている場合に便利です。

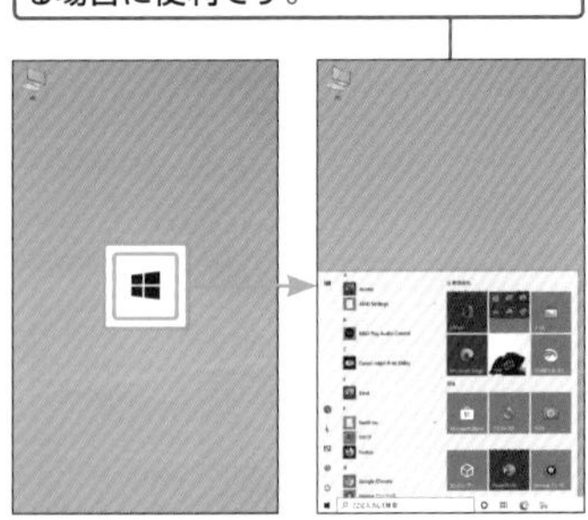

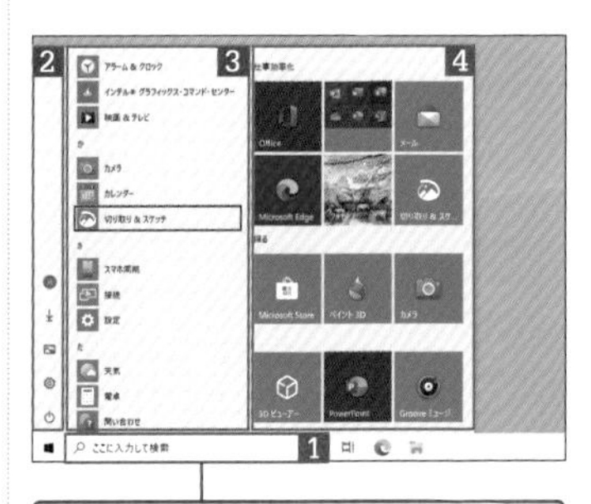

スタートWindowsメニューの4つの領域は、Tabで移動できます（上図の番号順で移動）。項目の選択と実行は、矢印キー（↑↓←→）とEnterで行います。

ワンポイント

スタートメニューのリストを選択した状態で、キーボードで任意のアルファベットのキーを押すと、そのアルファベットから始まるグループにジャンプできます（右図はGを押した状態）。

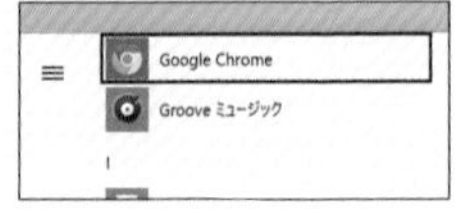

SECTION 015 8.1 10

「設定」画面を開く

ココで役立つ! 使用頻度の高い「設定」画面を一発で起動できます。

⊞+Iは、「Windows」+「インフォメーション(Information)」と覚えましょう。

⊞+Iを押すと、「設定」画面を表示させることができます。Tabと矢印キー(↑↓←→)、Enterを併用すれば、設定項目の選択や実行をキーボードだけで行えます。

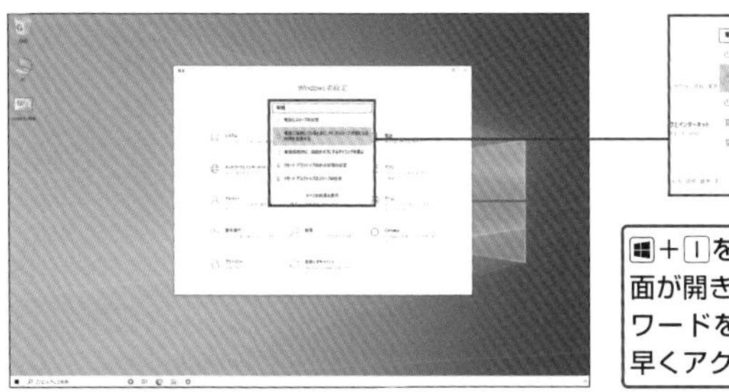

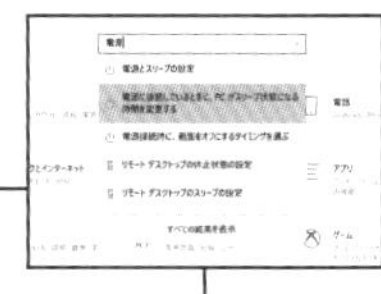

⊞+Iを押すと、「設定」画面が開きます。そのままキーワードを入力して項目に素早くアクセスできます。

Tabを押すと、矢印キー(↑↓←→)で項目を選択できます。Enterを押すと、選択している項目が開きます。

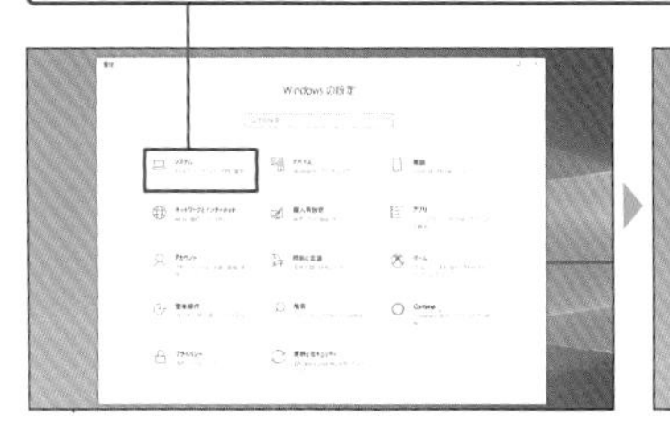

デスクトップを表示する

ココで役立つ! ウィンドウで隠れてしまったデスクトップを全面に表示します。

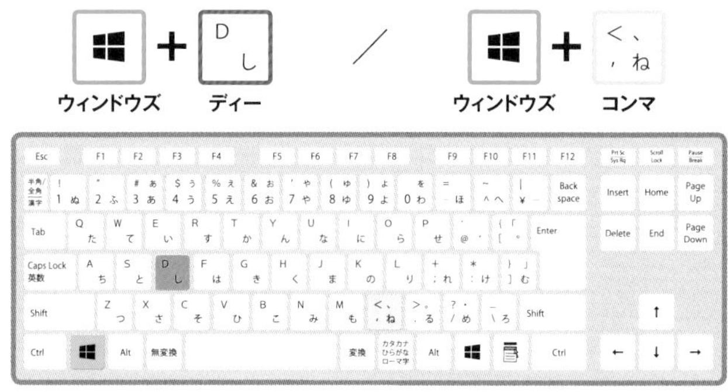

⊞＋Dと異なり、⊞＋,は“表示する”だけで操作はできません。

デスクトップ上のファイルを操作したいときや、デスクトップの状態を目視したいときに押します。どちらも同じキーで元の状態に戻せます。

⊞ + D で最小化

⊞＋Dを押すと、表示されていたウィンドウがすべて最小化され、デスクトップ画面だけになります。もう一度⊞＋Dを押すと、元の状態に戻ります。

⊞ + , で透明化

⊞＋,を押すと、ウィンドウが透明になり、デスクトップ画面が確認できるようになります。⊞を押している間だけ作動し、⊞から指を離すと元に戻ります。

SECTION 017 8.1 10

検索ボックスを利用する

ココで役立つ! さまざまな検索をまとめて行いたいならこの方法がおすすめです。

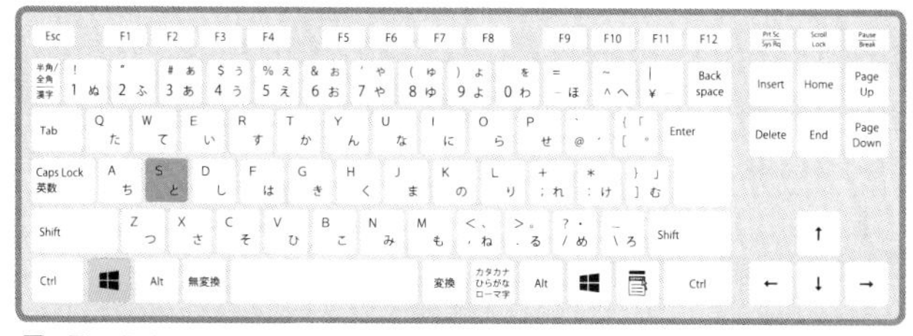

⊞+Sの「S」は、「サーチ（Search）」を意味します。

タスクバーの検索ボックスは、⊞+Sを押すと一発でアクティブ状態になります。検索結果が表示されたら、矢印キー（↑↓←→）とEnterで選択・実行を行いましょう。

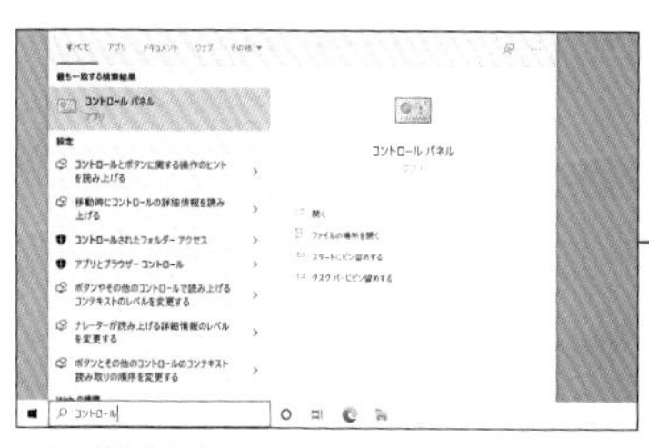

タスクバーにある検索ボックスは、⊞+Sを押すと即座にアクティブ状態になります。後は検索したいキーワードを入力するだけです。矢印キー（↑↓←→）とEnterを併用すれば、検索から実行までの一連の作業がすべてキーボードだけで完結します。

ワンポイント

検索結果がうまく表示されないときは、「インデックスオプション」を確認します。初期設定では検索対象が限定されているので、パソコン全体を検索したい場合は「拡張」に切り替える必要があります。

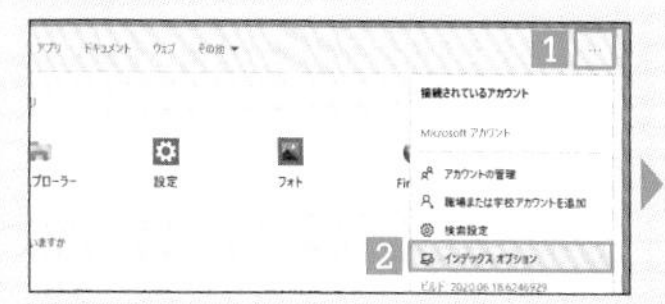

検索ボックスの右上にある「…」をクリックし、「インデックスオプション」を選択します。

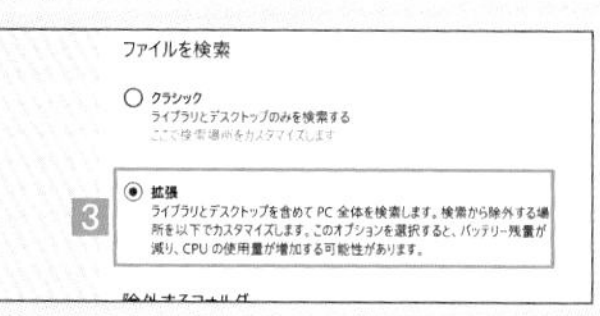

設定画面が開くので、「ファイルを検索」項目を「クラシック」から「拡張」に切り替えます。

第2章 Windowsを便利にするショートカットキー

別のウィンドウに切り替える

ココで役立つ! 複数のウィンドウを何度も行き来する作業が劇的に楽になります。

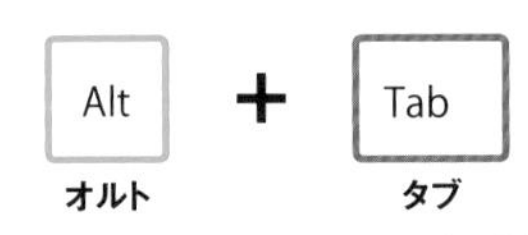

メモ帳をExcelで表にするときなど、2つのウィンドウを行き来する作業がはかどります。Ctrl＋CやCtrl＋Vと併用することの多いショートカットです。

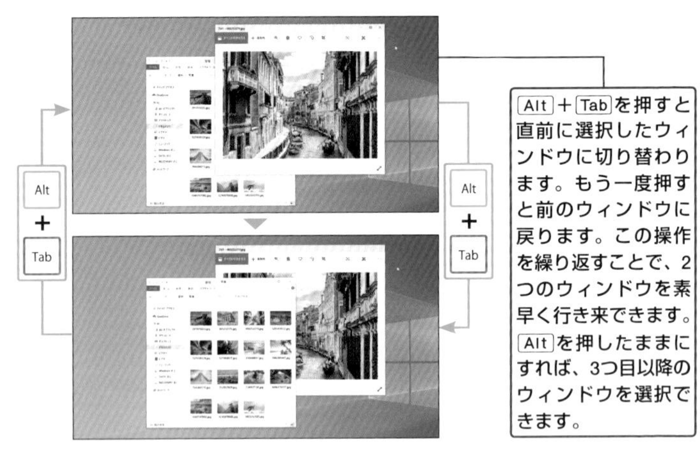

ワンポイント

3つ以上のウィンドウを切り替えながら作業したい場合は、Altは押したまま、Tabだけを連打します。ウィンドウのサムネイルが表示され、それぞれのウィンドウを選択できます。また、複数のウィンドウを開いているときにAlt＋Shiftを押したままTabを押すと、左方向にウィンドウを選択できます。

SECTION 019 8.1 10

クイックリンクメニューを表示する

ココで役立つ! Windowsの設定に関するさまざまなプログラムにすぐアクセスできます。

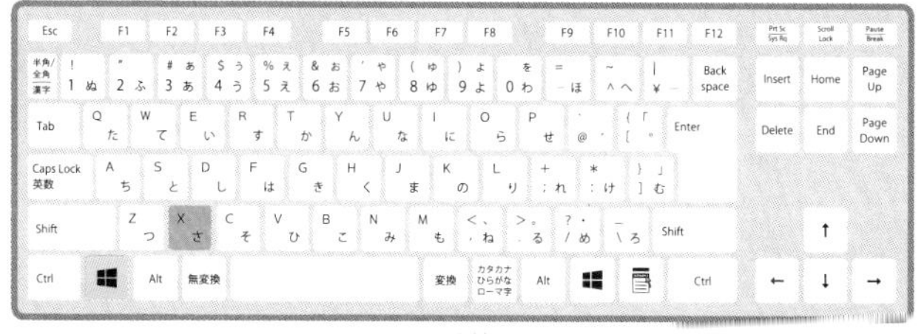

クイックリンクメニューは、スタートボタンを右クリックして表示することもできます。

⊞+Xで表示されるシステムメニュー(スタートボタンの右クリックメニュー)を活用できるようになれば、設定画面やコントロールパネルを開く回数が減り、作業効率が上がります。

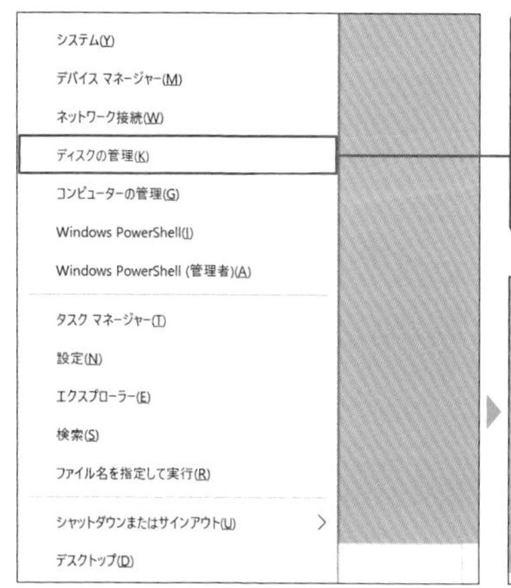

システムメニューは、⊞+Xで一発で呼び出すことができます。下図は、システムメニューを開いた後、「ディスクの管理」を矢印キー(↑↓)で選び、Enterを押した状態です。

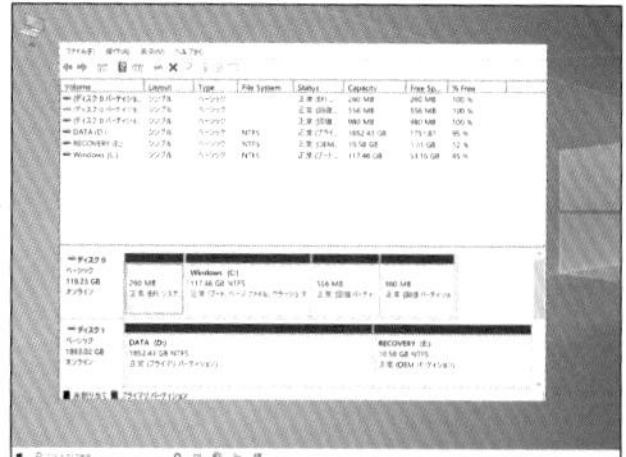

ワンポイント

システムメニューの選択は、各項目に割り振られているアルファベットのキーを押すことでも可能です。たとえばシステムメニューを表示した状態でKを押すと、「ディスクの管理」画面が瞬時に表示されます。

SECTION 020 8.1 10

ウィンドウを最大化／最小化する

ココで役立つ！ ウィンドウ右上をクリックしてサイズ変更をする必要がなくなります。

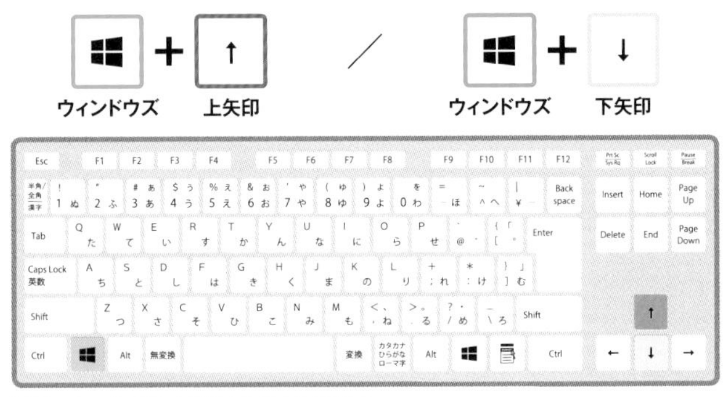

⊞は、キーボードの右側にある場合もあります。

⊞＋↑を押すと、ウィンドウのサイズを最大にしたり、元に戻したりできます。その逆の⊞＋↓は、ウィンドウをタスクバーに収納します。

⊞＋↑（上矢印）でウィンドウを最大化

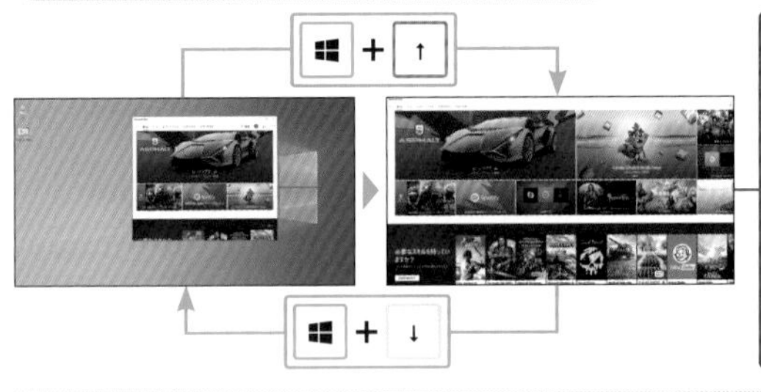

任意のウィンドウを選択し、⊞＋↑を押すと、ウィンドウが最大化し、全画面に表示されます。もう一度⊞＋↓を押すと、ウィンドウが元のサイズに戻ります。

⊞＋↓（下矢印）でウィンドウを最小化

⊞＋↓を押すと、ウィンドウがタスクバーに収納（最小化）されます。すぐに⊞＋↑を押すか、タスクバーのアイコンをクリックすると元に戻ります。

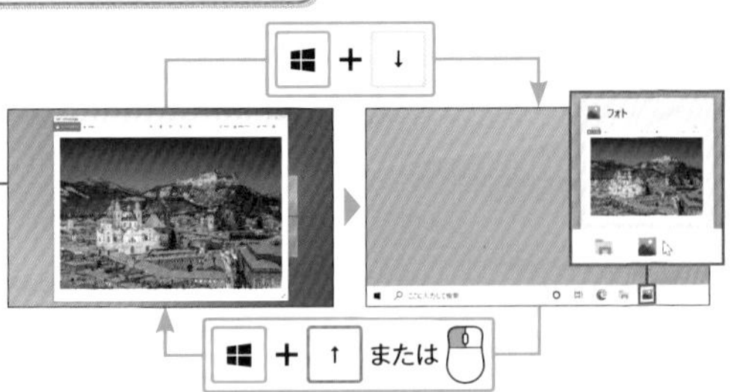

SECTION 021 8.1 10

最前面のウィンドウ以外を最小化する

ココで役立つ! ウィンドウを1つだけ残してデスクトップを片付けたいときに便利です。

すべてのウィンドウを最小化するには、⊞+D(P.28参照)か、⊞+M(P.41参照)を押します。

任意のウィンドウを選択し、⊞+Home を押すと、そのウィンドウ以外がまとめて最小化されます。元の状態に戻すには、もう一度 ⊞+Home を押します。

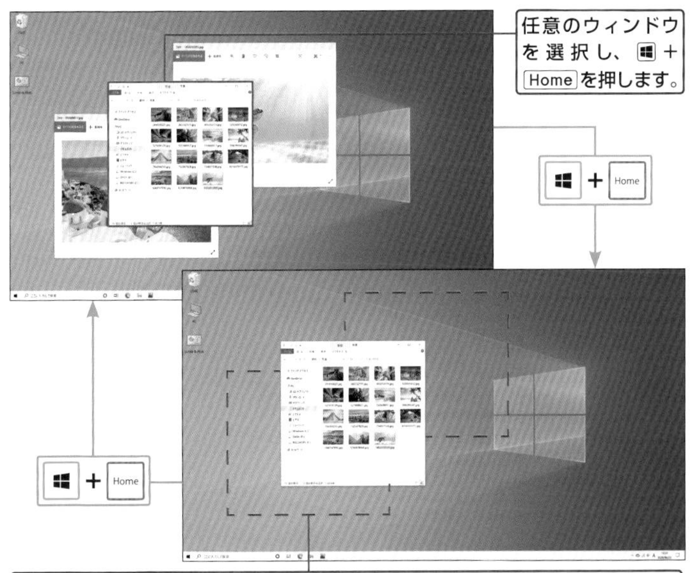

第2章 Windowsを便利にするショートカットキー

ウィンドウを左半分／右半分に配置する

ココで役立つ! 2つのウィンドウを左右に大きく並べて見比べたいときに便利です。

左半分または右半分にしたウィンドウも、⊞+↑で全画面表示、⊞+↓で最小化できます(P.32参照)。

任意のウィンドウを選択し、⊞ + ←を押すと、ウィンドウがデスクトップの左半分いっぱいに拡大表示されます。もう一度 ⊞ + ←を押すと、右半分の表示になり、さらにもう一度押すと元に戻ります。⊞ + →はその逆で、右半分表示、左半分表示、元のサイズといった順番で表示が切り替わります。

ワンポイント

このショートカットキーを押して、キーボードから指を離すと、ウィンドウの選択画面が表示されることがあります。ウィンドウを選択して Enter を押すと、左右いっぱいに2つのウィンドウが配置されます。

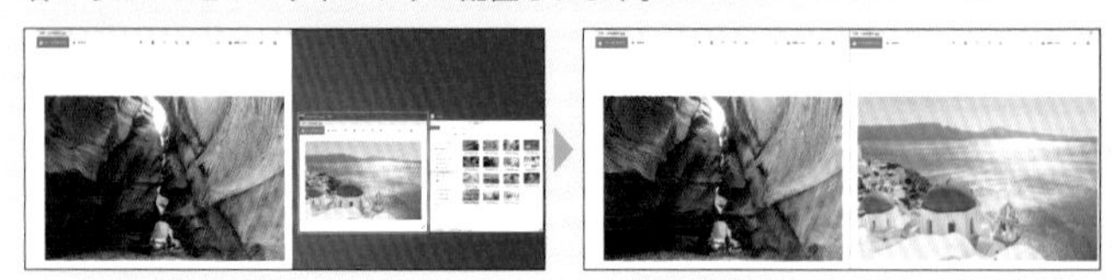

SECTION 023 8.1 10

ウィンドウを上下いっぱいに配置する

ココで役立つ! エクセルのリストなど、縦に長い資料を確認するときに便利です。

ウィンドウ最大化(⊞+↑)の拡張キーです。Shiftを押すことで左右幅が固定されます。

任意のウィンドウを選択し、⊞+Shift+↑を押すと、左右のサイズはそのままでデスクトップ画面上下いっぱいに最大化します。

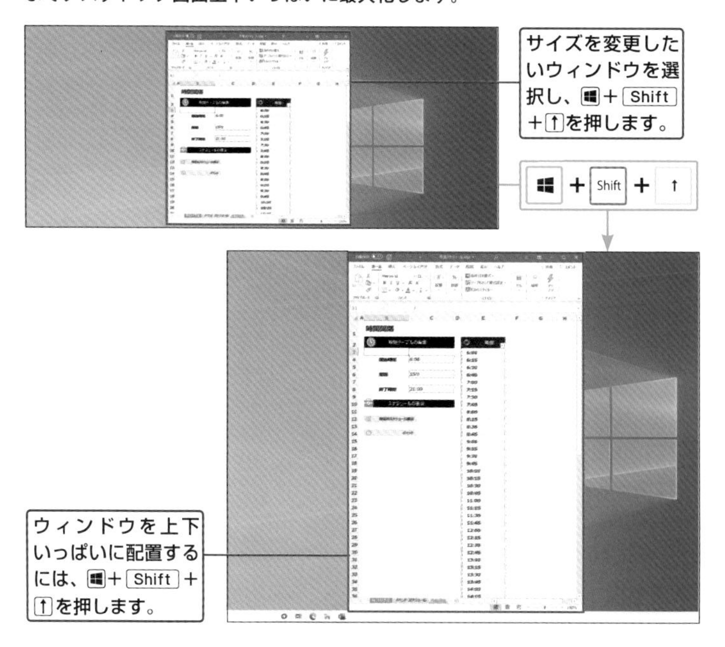

「システム」を開く（コントロールパネルを開く）

ココで役立つ! コントロールパネルは「システム」画面から起動するのがおすすめです。

Pause 非搭載のパソコンは別のキーで対応可能です。マニュアルを確認しましょう。

⊞＋Pause を押すと表示される「システム」画面は、パソコンの基本スペックをまとめて確認できる“パソコンの履歴書”です。Windowsのエディションをはじめ、搭載CPUやメモリなどのハードウェア情報を確認可能です。ソフトのインストール時に必要なビット数も把握できます。コントロールパネルもここから起動すると便利です。

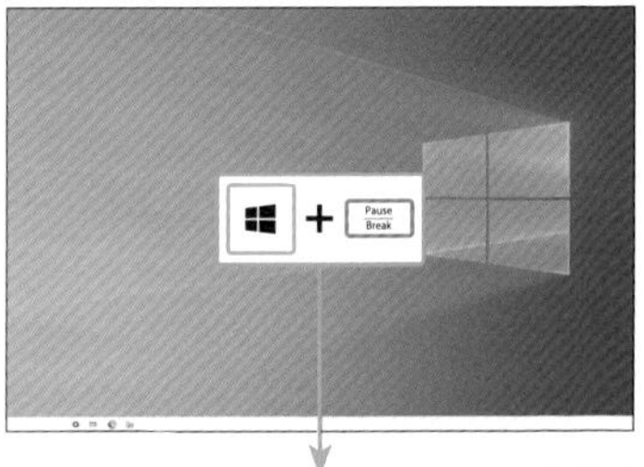

⊞＋Pause を押すと、「システム」画面が表示されます。画面左上の「コントロールパネルホーム」から、コントロールパネルを呼び出せます。

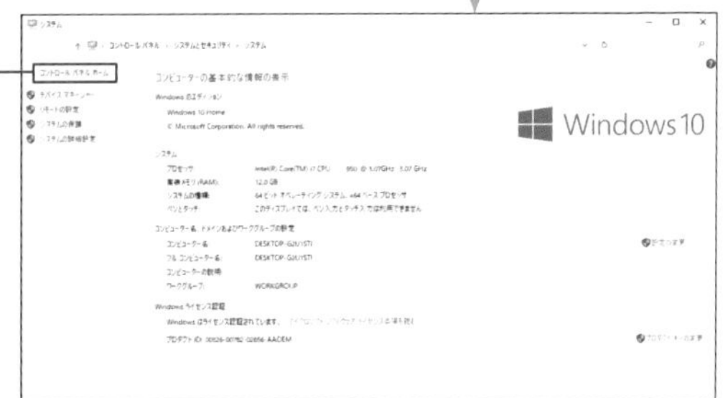

ワンポイント

パソコンの種類によっては、⊞＋Pause を押すと「詳細情報」画面（「バージョン情報」画面）が表示されます。この画面でも使用しているパソコンのスペックを確認できます。

SECTION 025 8.1 10

アクションセンターを開く

ココで役立つ！ メールの受信などを通知するアクションセンターをキーボードで開きます。

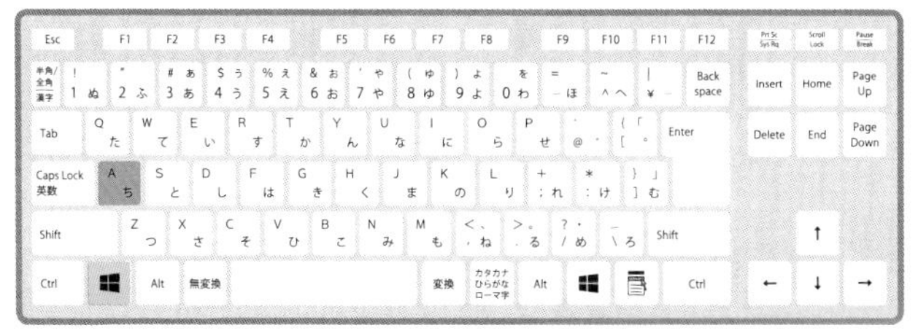

⊞＋Aは、「Windows」＋「アクション（Action）」と覚えましょう。

アクションセンターからは、各種通知のほかに「集中モード」や「夜間モード」などを切り替えるクイックアクションボタンも操作可能です。

未読の通知がある場合は、デスクトップ画面右下に通知マークが表示されます。⊞＋Aを押すとアクションセンターが出現し、通知を確認できます。

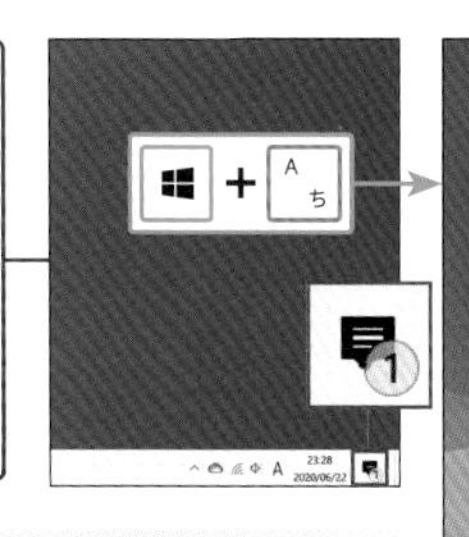

ワンポイント

アクションセンターの右上にある「通知の管理」から、通知量を調整できます。通知がひっきりなしに届いてストレスを感じるなら、必要なアプリだけを残してスイッチを「オフ」に切り替えましょう。

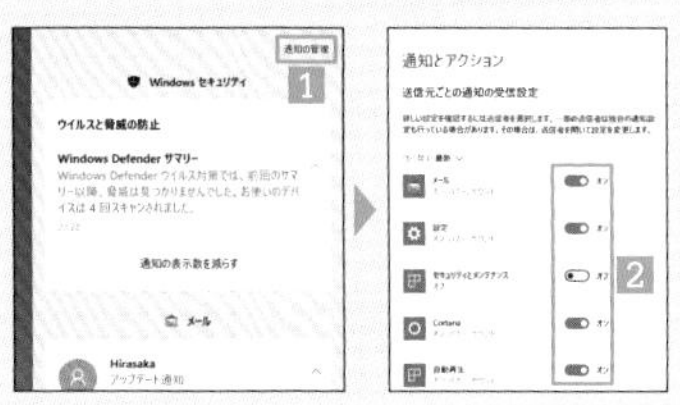

第2章 Windowsを便利にするショートカットキー

SECTION 026 8.1 10

タスクバーのアプリを起動する

ココで役立つ! タスクバーのピン留めしたアプリをショートカットキーで起動します。

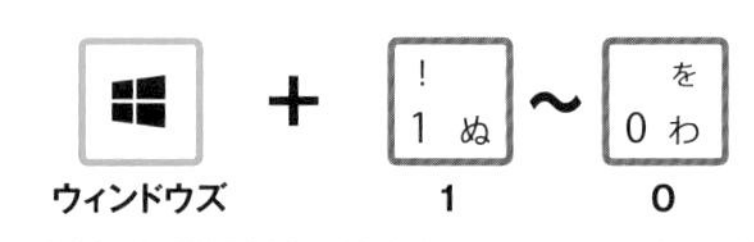

1から0までの数字キーどれか1つと、⊞を組み合わせるショートカットです。

タスクバーにピン留めしたアプリは、⊞と1～0の数字キーを組み合わせて一発起動できます。一番左のアプリが⊞+1で、10番目のアプリは⊞+0が割り振られています。なお、⊞+Tを押せば、タスクバー上を自由に移動して選択できるので、10番目以降のアプリもキーボードで起動することができます。

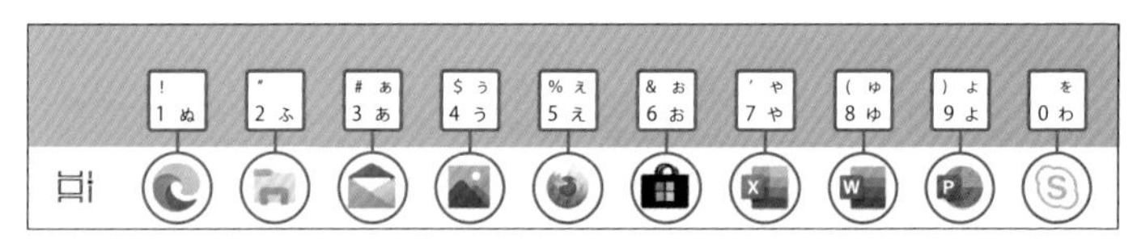

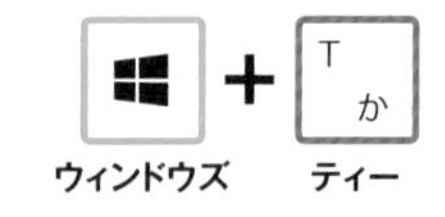

⊞+Tを押した後、→で移動します。

⊞+Tを押すと、タスクバーのアイコンを矢印キー(←→)で選択できるようになります。Enterを押すと選択したアプリを起動できます。

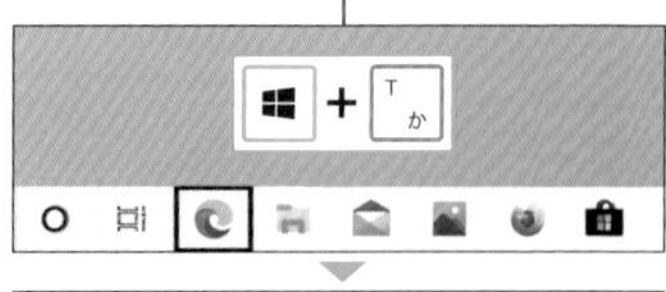

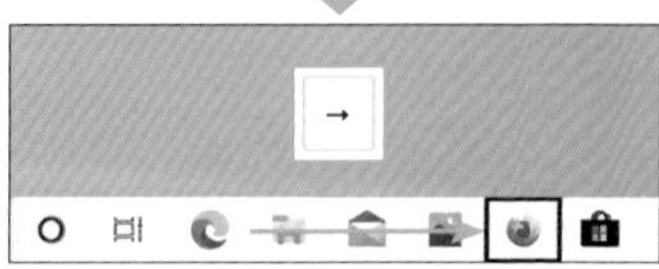

SECTION 027　8.1　10

ジャンプリストを開く

ココで役立つ! タスクバーから目的のアプリのジャンプリストをピンポイントで表示できます。

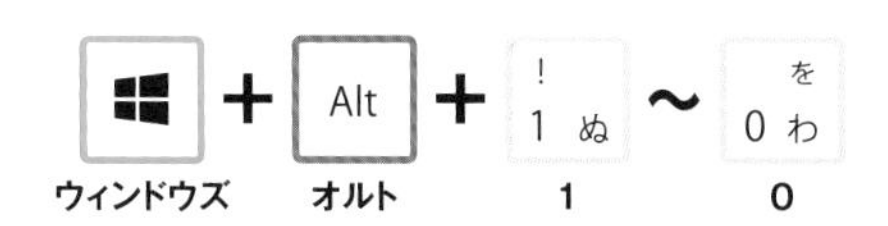

割り振られる番号は、タスクバーのアプリを起動するときと同じ仕様です(P.38参照)。

このショートカットキーは、アプリ起動のショートカット(⊞+数字)の拡張版です。タスクバーにピン留めしたアプリのジャンプリストを素早く表示できます。

ここでは例として、⊞+Alt+2を押しました。「2」というのは、左から2番目のアイコン(ここではエクスプローラー)を指します。矢印キー(↑↓)とEnterで、選択したフォルダーが開きます。

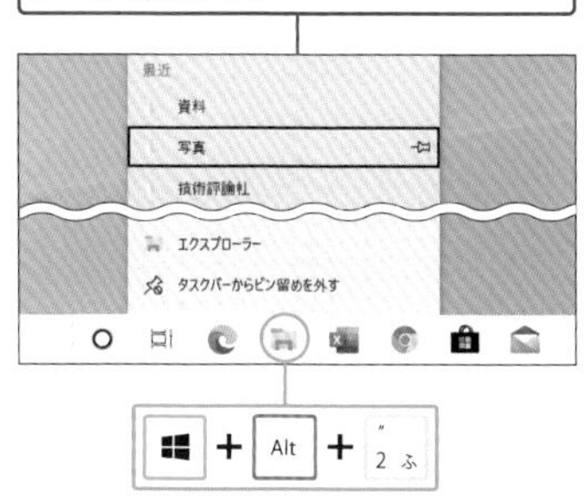

アプリによっては、「最近使ったアイテム」にファイルの使用履歴が表示されます。矢印キー(↑↓)とEnterで実行可能です。

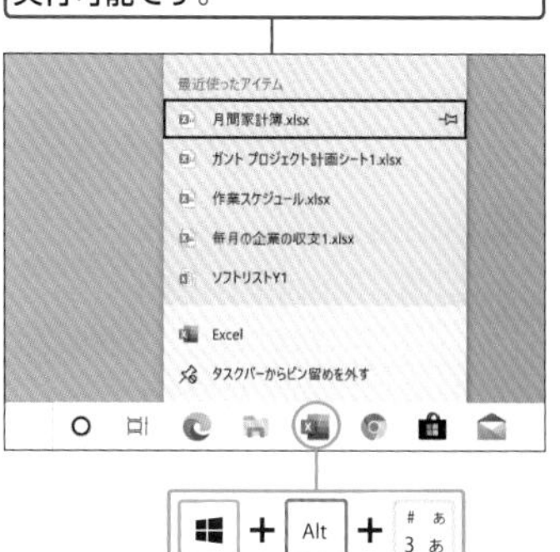

ワンポイント

ジャンプリストに履歴が表示されない場合は、「設定」画面の「個人用設定」から、「スタートメニューまたは…」のスイッチを「オン」にします。

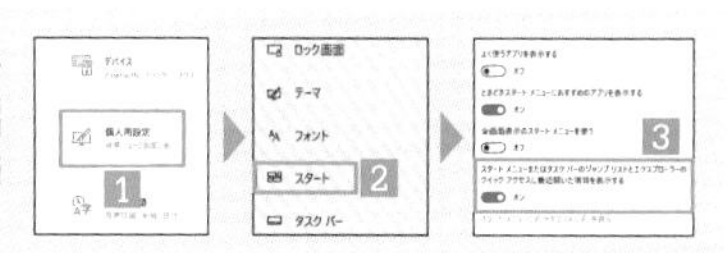

第2章　Windowsを便利にするショートカットキー

タスクビューでウィンドウを切り替える

ココで役立つ！ タスクビューを活用すれば開いたウィンドウの管理をまとめて行えます。

タスクビューでは、仮想デスクトップやWebページの履歴を確認することもできます。

タスクビューでは、最小化になっているウィンドウを含むすべてのウィンドウを大きなサムネイルで確認しながら切り替えることができます。ほかにもウィンドウを閉じたり、デスクトップ画面の左右にスナップするなど（P.34参照）、ウィンドウの管理をまとめて行うことが可能です。

⊞＋Tabを押すとタスクビューが起動し、ウィンドウをサムネイルで確認できます。矢印キーで選択してEnterを押すと、ウィンドウがアクティブになります。

右クリックメニュー（Shift＋F10）を表示すると、ウィンドウを閉じたり、左右にスナップしたりと、さまざまな管理が可能です。

SECTION **029** 8.1 10

すべてのウィンドウを最小化する

ココで役立つ! 全部のウィンドウを閉じることなく一旦片付けたいときに便利です。

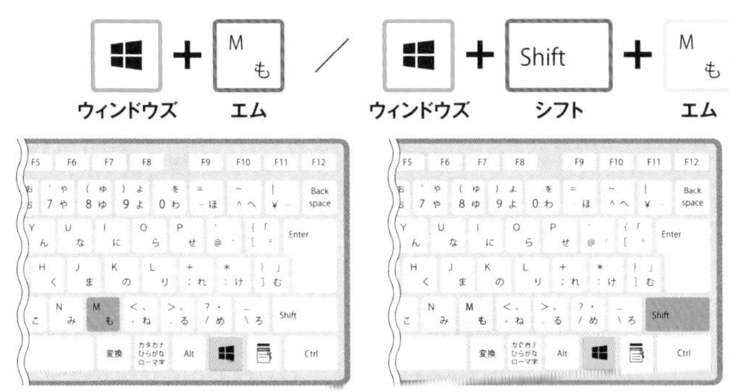

⊞+Mは全ウィンドウを最小化し、⊞+Shift+Mで最小化したウィンドウを元に戻します。
キーボードによっては⊞が左側のみにある場合もあります。

⊞+Dでもウィンドウを最小化できますが(P.28参照)、元に戻すのが少し面倒なのがネックです。すべてのウィンドウをすぐに元に戻すことがあらかじめ決まっているのであれば、⊞+Mを使ったほうが便利です。

仮想デスクトップを操作する

ココで役立つ! 仮想デスクトップを使いこなすにはショートカットキーの習得が必須です。

仮想デスクトップは、1つのディスプレイで複数のデスクトップを切り替えて使える大変便利な機能です。タスクやアプリによってデスクトップを分けて使うことで、デスクトップが散らかりにくくなるだけでなく、作業効率もアップします。

仮想デスクトップを追加する

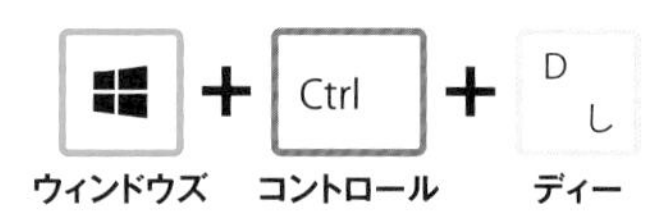

タスクビュー(P.40参照)を開かなくても仮想デスクトップを追加できます。

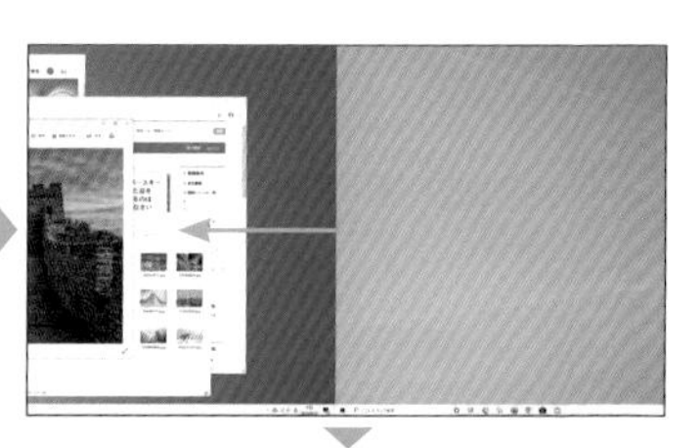

⊞+Ctrl+Dを押すと、現在のデスクトップが左にスライドし、右から新規の仮想デスクトップが現れます。

⊞+Tabでタスクビューを確認すると、「デスクトップ2」という仮想デスクトップが追加されていることが確認できます。

仮想デスクトップを切り替える

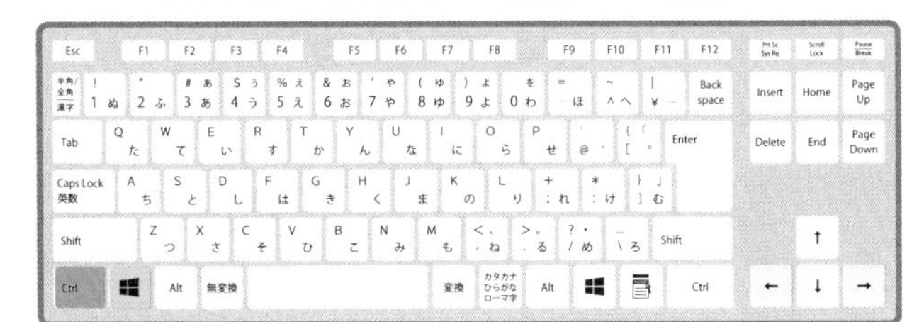

⊞+Ctrl+←と⊞+Ctrl+→で、デスクトップが左右の仮想デスクトップに切り替わります。

ここでは例として、「デスクトップ2」の左右に「デスクトップ1」と「デスクトップ3」がある状態を作っています。

⊞+Ctrl+←と⊞+Ctrl+→で、左右のデスクトップに移動できます。

仮想デスクトップを閉じる

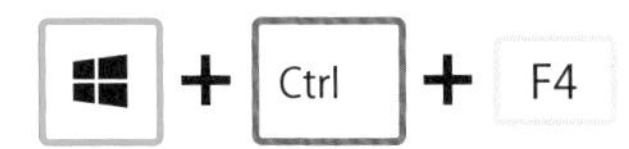

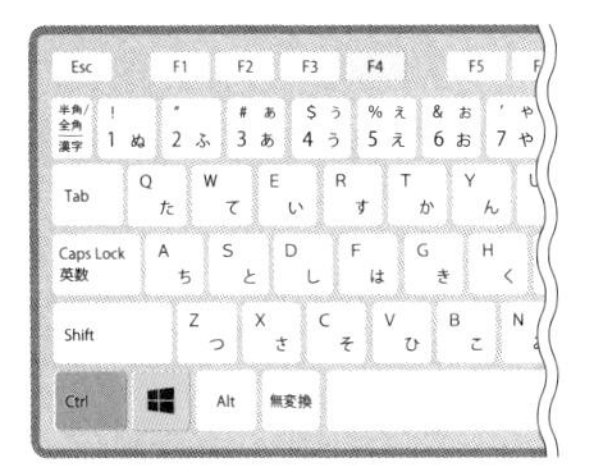

⊞+Ctrl+F4を押すと、その仮想のデスクトップが閉じて、「デスクトップ1」に統合されます。

通知領域にフォーカスする

ココで役立つ! 音量や常駐アプリなどを管理する通知領域をキーボードだけで操作できます。

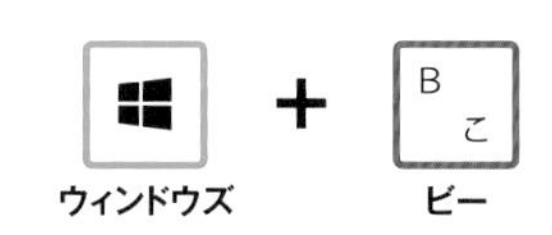

普段は裏に隠れているということで、「バックグラウンド(Background)」で覚えましょう。

⊞+Bを押すと、通知領域に選択枠が現れます。そのまま矢印キー(↑↓←→)で移動し、任意の項目でEnterを押すとパネルが表示され、操作することができます。操作が完了したら、Escを押すと選択を解除できます。

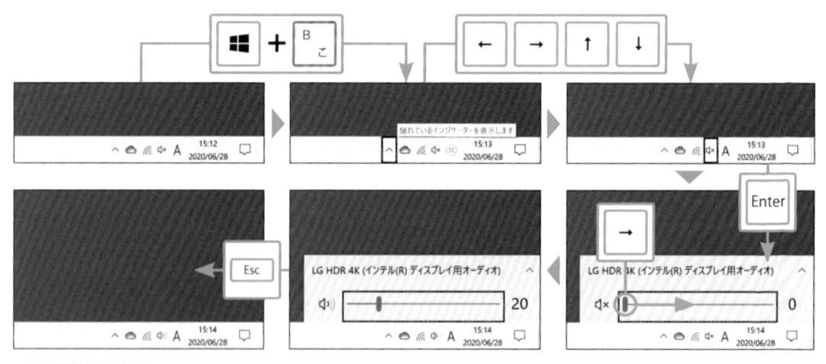

ワンポイント

通知領域のアイコンは表示/非表示を切り替えることができます。使用頻度が高いものを有効にして、あまり使わないものは無効にしましょう。タスクバーの右クリックメニューの「タスクバーの設定」から設定することができます。

SECTION 032 8.1 10

日付と時刻（カレンダー）を表示する

ココで役立つ！ 日付と曜日を確認できる通知領域のカレンダーを素早く開くことができます。

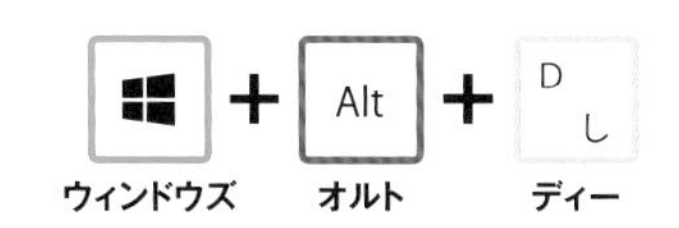

通知領域のカレンダーは、⊞＋B（P.44参照）で選択・表示することも可能です。

Windows標準のカレンダーを確認する人は意外と少なく、機能として使えることを知らない人も多くいます。このショートカットキーを覚えれば、ストレスを感じることなく瞬時にカレンダーを開けるようになります。

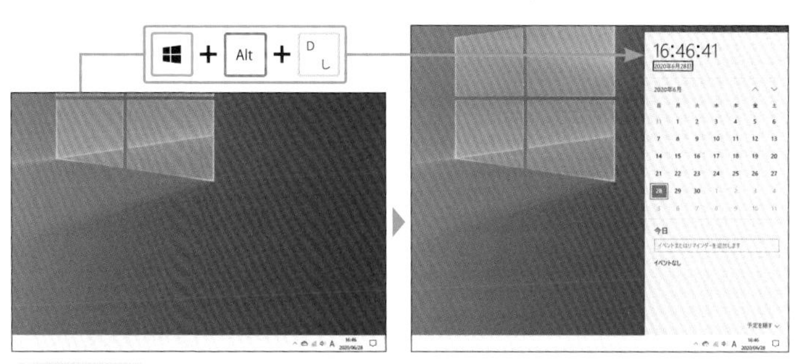

ワンポイント

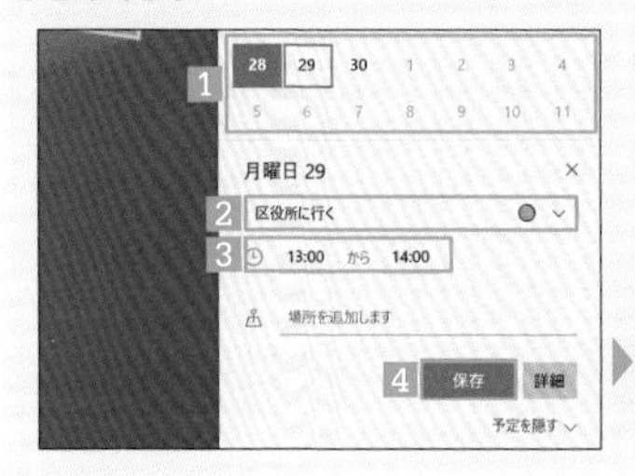

開いたカレンダーから、直接予定を追加できます。予定名と日時を入力・設定し、「保存」をクリックするだけです。「詳細」からアラームを設定すれば、リマインダーとしても活用できます。

ファイル名を指定して実行する

ココで役立つ! スタートメニューやエクスプローラーを使わずにプログラムを起動できます。

検索ボックス（⊞+S）では表示されないシステムフォルダーなどにもアクセスできます。

コマンドを直接入力することで、ファイルやフォルダーへのアクセスが劇的に早くなります。また、深い階層にあるため見つけづらい各種システムフォルダーも、この方法で簡単に開くことができます。

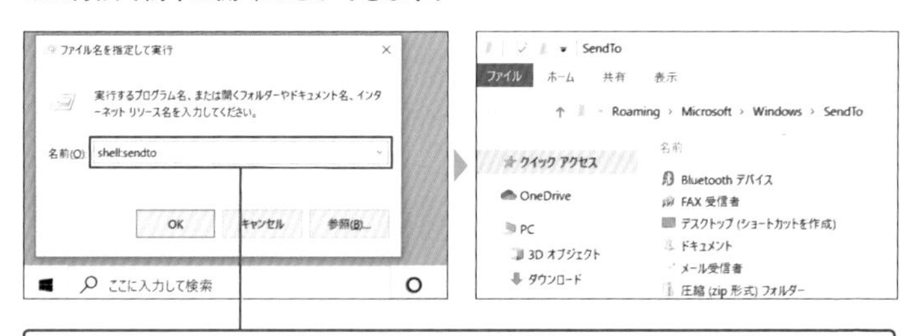

⊞+Rを押すと、「ファイル名を指定して実行」ダイアログが表示されます。「名前」欄に任意のコマンド（下表参照）入力し、Enterを押して実行します。

覚えておくと便利なコマンド一覧

電卓	calc	コントロールパネル	control
ペイント	mspaint	「送る」メニュー	shell:sendto
メモ帳	notepad	ダウンロードフォルダー	shell:Downloads
エクセル	excel	PC	shell:MyComputerFolder
ワード	winword	マイドキュメント	shell:Personal
パワーポイント	powerpnt	コマンドプロンプト	cmd

SECTION 034　8.1　10

エクスプローラーをキーボードで操作する

ココで役立つ！ エクスプローラーをキーボードだけで操作するためのモードを有効化します。

Alt

オルト

Office製品も除くエクスプローラー以外のアプリでは使用できないことが多いです。

エクスプローラーで Alt を押すと、ツールバーにアルファベットが表示され、キー操作モードになります。 Esc を押すとキー操作モードが解除されます。アルファベットのキーを押すと、サブメニューやリボンが表示されます。ここでは例として、 H を押し、「ホーム」リボンを開いています。モードを解除しない限り、リボンにもアルファベットが表示され、そのままキーボードで操作可能です。

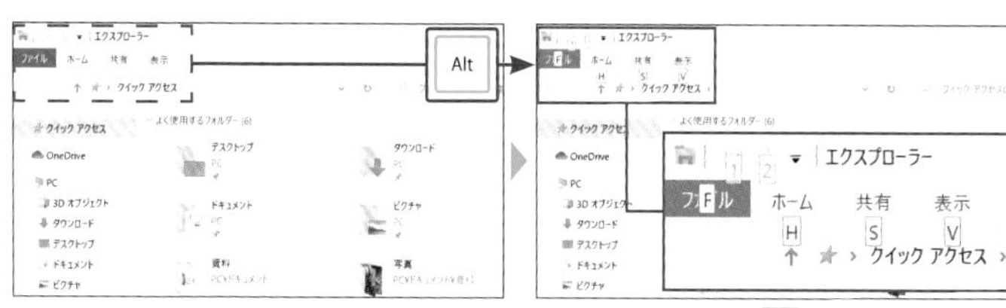

アルファベットが2文字1組の場合は、キーを1つずつ押すことで作動します。1つ前の状態（リボンを開く前の状態）に戻るには Esc を押し、もう一度 Esc を押すと、キー操作モードが解除されます。

ワンポイント

リボンを先に表示してから、キー操作を行いたい場合は、リボンの表示／非表示を切り替えるショートカットキーを併用しましょう。 Ctrl ＋ F1 で作動します。

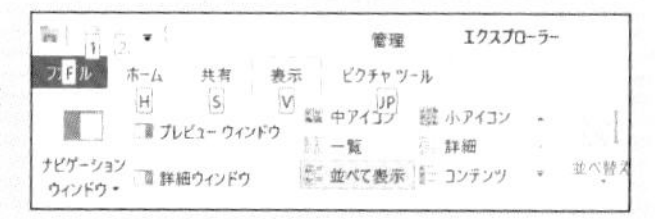

エクスプローラーのアドレスバーを選択する

ココで役立つ! 今開いているフォルダーの階層情報を素早く確認したいときに便利です。

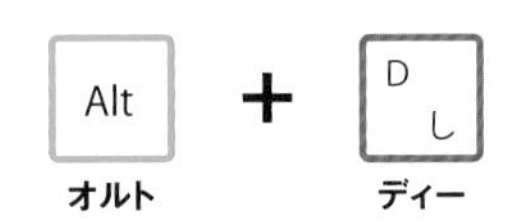

Alt + D は、「Directory(ディレクトリ)」で覚えましょう。

フォルダーの階層情報(ディレクトリ)が記載された、アドレスバーを素早く選択します。アドレスバーの文字はコピーできるので、Ctrl + C や Ctrl + V と組み合わせて使うことが多いショートカットキーです。

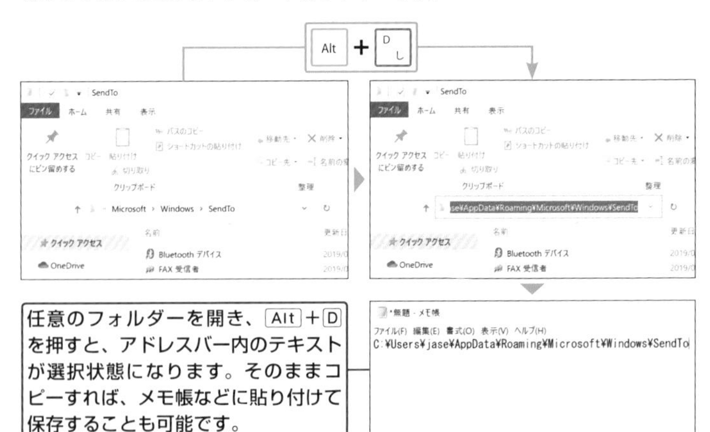

任意のフォルダーを開き、Alt + D を押すと、アドレスバー内のテキストが選択状態になります。そのままコピーすれば、メモ帳などに貼り付けて保存することも可能です。

ワンポイント

ディレクトリ情報は、アドレスバーに貼り付けることで当該フォルダーに直接アクセスできますが、「ファイル名を指定して実行」(⊞ + R)でも同様のことができます。エクスプローラーを起動していない場合はこのほうが便利です。

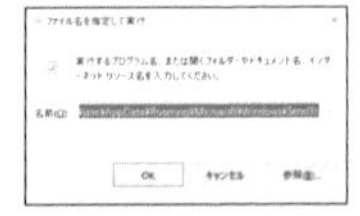

SECTION 036　8.1　10

任意のフォルダーの中を検索する

ココで役立つ! パソコン全体ではなく、選択中のフォルダーの内部に限定して検索を行います。

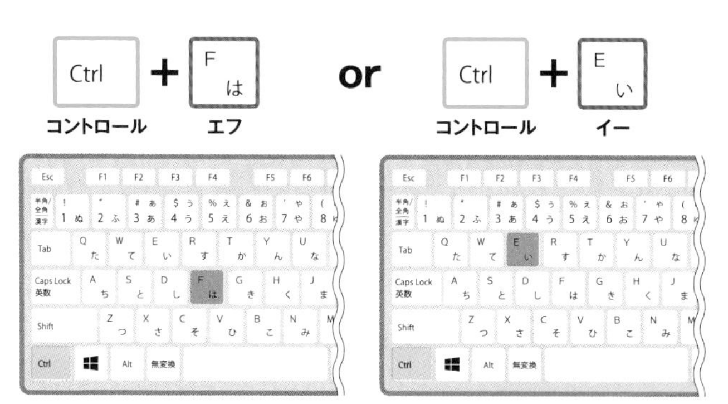

Ctrl＋Fは、エクスプローラーのみならず、ほとんどのアプリで「検索」として使用可能ですが、Outlookでは、「検索」がCtrl＋Eとなっています。（Ctrl＋Fは転送）。Outlookで検索機能を頻繁に利用する人は、混乱を避けるためにも、Ctrl＋Eで覚えておくとよいでしょう。

ファイルやフォルダーの検索は、検索ボックス（⊞＋S）でも行えますが、検索対象が広範囲なので、検索結果の絞り込みが難しい場合があります。特定のフォルダーに限定して検索をかけたい場合は、そのフォルダーをエクスプローラーで開き、このショートカットキーを押した後、キーワードを入力すればOKです。

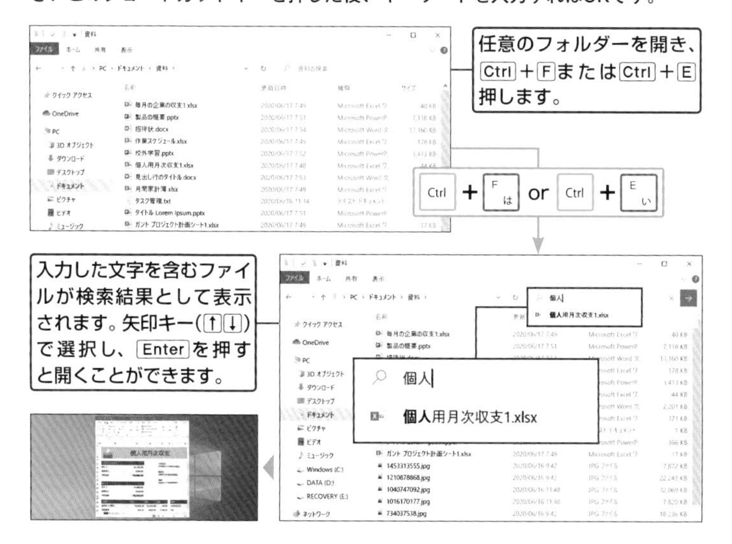

SECTION 037 8.1 10

新規フォルダーを作成する

ココで役立つ! 新規フォルダーの作成はキーボードだけで実行できます。

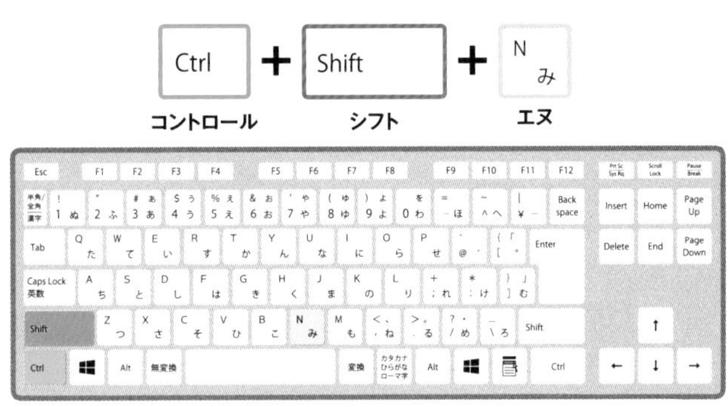

Ctrl + Shift + Nは、「New」で覚えましょう。

フォルダーを新たに作成したいとき、通常は右クリックメニューの「新規作成」から実行しますが、このショートカットを使えば一瞬でフォルダーを作成できます。

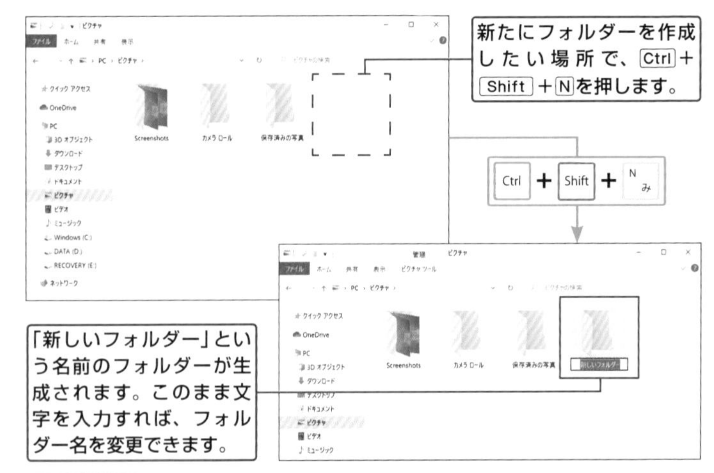

ワンポイント

デスクトップでCtrl + Shift + Nを押しても、エクスプローラー同様、新規フォルダーが作成できます。うまく表示されない場合は、デスクトップの右クリックメニューで表示設定を確認しましょう。

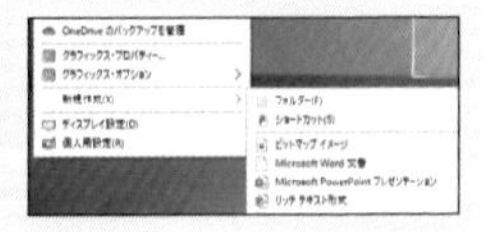

SECTION 038 8.1 10

アイコンの表示サイズを変更する

ココで役立つ! アイコンのサイズを目で確認しながら拡大／縮小したいときに便利です。

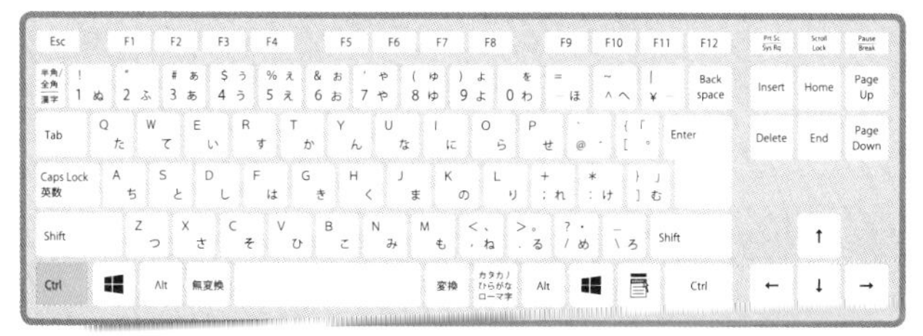

マウスホイールを上方向（奥）に回すと拡大、下方向（手前）に回すと縮小します。

Ctrl を押した状態で、マウスのホイールを上もしくは下に回すと、アイコンのサイズを細かく調整できます。

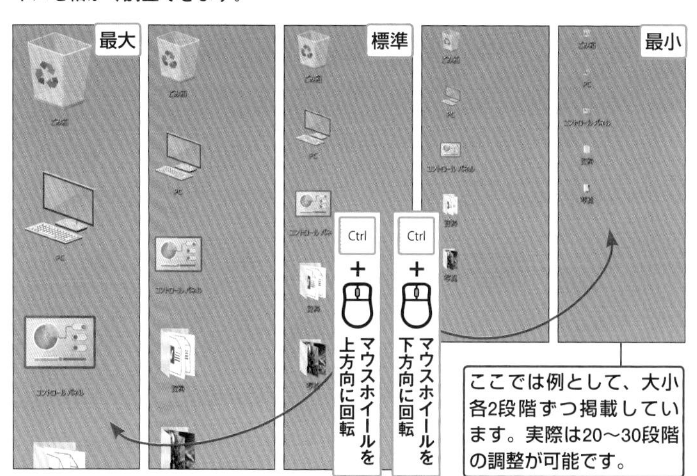

ワンポイント

アイコンのサイズを標準に戻したい場合は、デスクトップの右クリックメニューから、「表示」→「中アイコン」を選択します。ほかに、「大アイコン」や「小アイコン」もここから選択可能です。

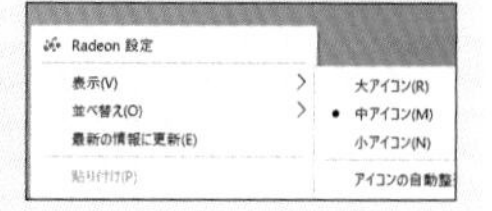

アイコンの表示スタイルを切り替える

ココで役立つ! エクスプローラーで確認できる情報の種類と数は簡単に調整可能です。

エクスプローラー上のファイルやフォルダーの表示方法は全部で8種類あり、すべてショートカットキーが割り当てられています。作業の種類やファイル操作に応じて柔軟に対応し、さらなる効率化を目指しましょう。

Ctrl + Shift に、1～8の数字キーを組み合わせる、全8種類のショートカットキーです。ただし、テンキーの数字キーには反応しないので注意しましょう。

アイコン表示(特大)

アイコンのサイズが最も大きく、サムネイル画像も容易に確認できます。

アイコン表示(大)

Ctrl + Shift + 2 ふ

ファイルをより多く表示します。サムネイル画像も難なく確認できます。

ワンポイント

変更した表示形式をすべてのフォルダーに適用するには、エクスプローラーで Alt→F→O を順に押し、「フォルダーオプション」の「表示」タブで「フォルダーに適用」を押します。フォルダー表示のリセットもここで行うことができます。

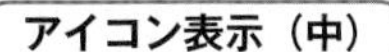

アイコン表示（中）

サムネイル画像が確認できる最も小さいサイズです。

アイコン表示（小）

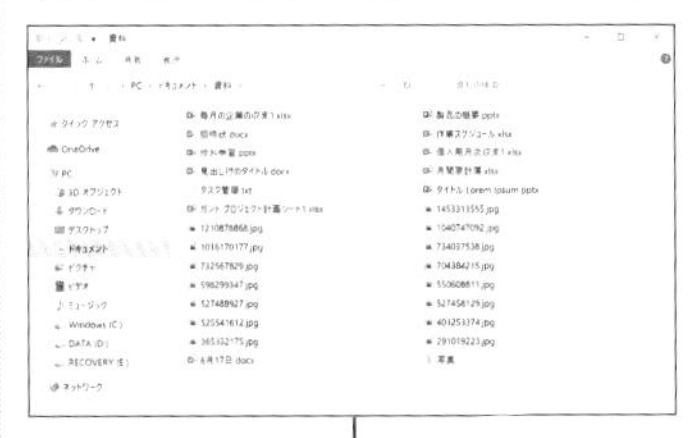

アイコン表示のまま、文字で内容を把握したいときに便利です。

一覧表示

1行あたり1つのファイルが上から順にリスト表示されます。

詳細表示

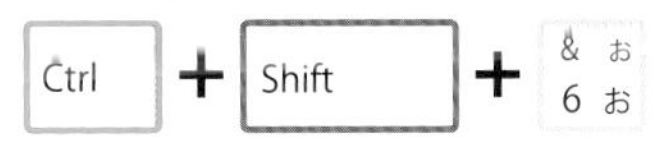

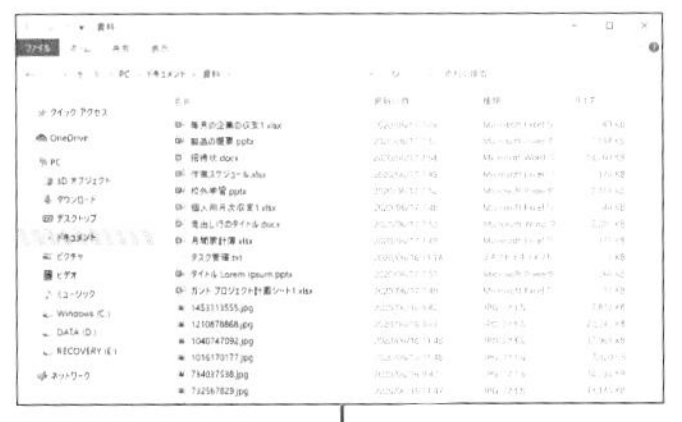

ファイルの更新日時や容量など、さまざまな情報を一緒に確認可能です。

並べて表示

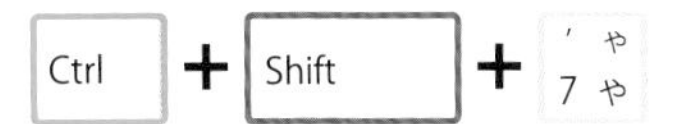

中サイズのアイコンとともに、ファイルの種類や容量が確認できます。

コンテンツ表示

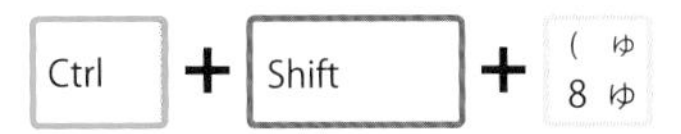

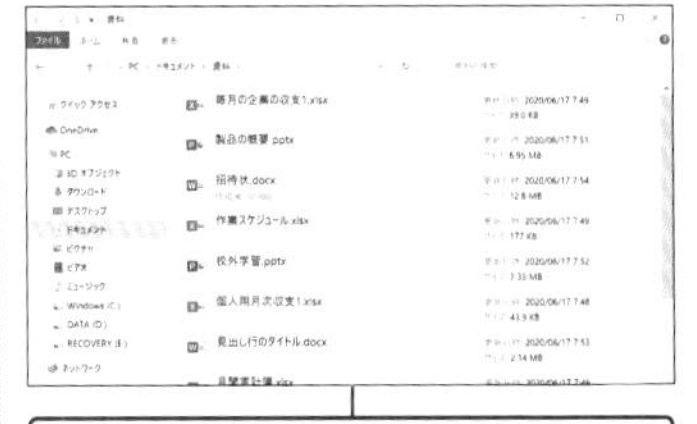

中サイズのアイコンとともに、更新日時や作成者情報を確認できます。

SECTION 040 8.1 10

プレビューウィンドウを表示する

ココで役立つ! プレビューウィンドウを活用して、ファイルを開かずに内容を確認しましょう。

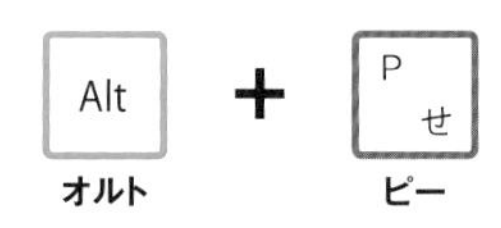

画像や動画ファイルをはじめ、PDFも確認できます。ただし、Officeファイルは、アプリ本体がパソコンにインストールされている必要があります。

エクスプローラーの「プレビューウィンドウ」を有効化すると、ウィンドウの右側にプレビューウィンドウが表示され、ファイルを選択するだけで、アプリを起動することなくファイルの中身を閲覧することができるようになります。

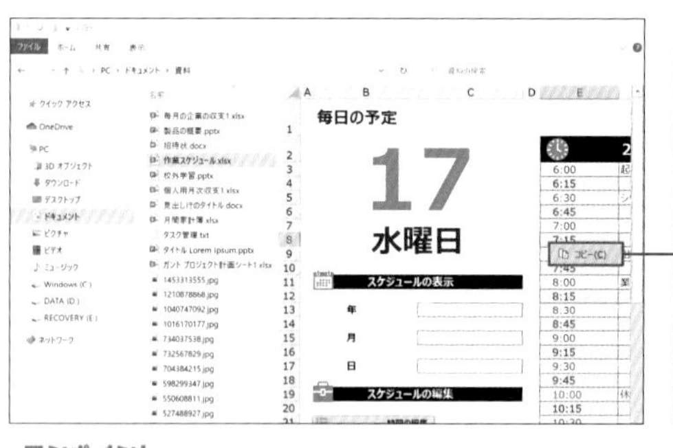

エクスプローラー上でAlt＋Pを押すと、ウィンドウ右側にプレビューが表示され、ファイルを選択するだけで内容を確認できます。プレビューだけでなく、テキストをコピーすることも可能です。

ワンポイント

動画のプレビューが表示されない場合は、既定のアプリを変更すると解決することがあります。「設定」画面の「アプリ」を開き、「既定のアプリ」メニューの「ビデオプレーヤー」をクリックし、「Windows Media Player」などに変更しましょう。

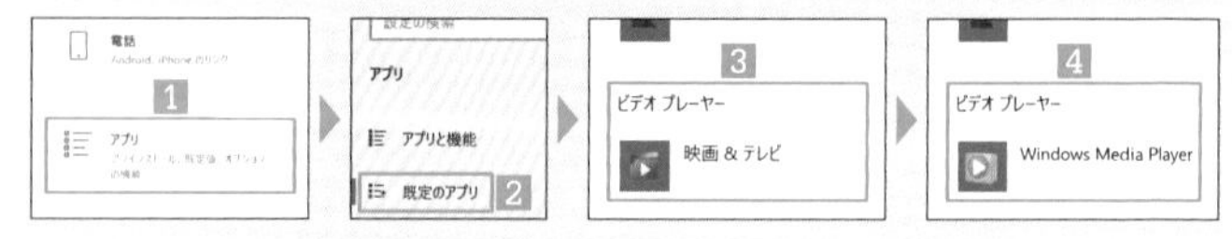

詳細パネルを表示する

ココで役立つ! どのパソコンでファイルが扱われたかなど、細かい情報を確認できます。

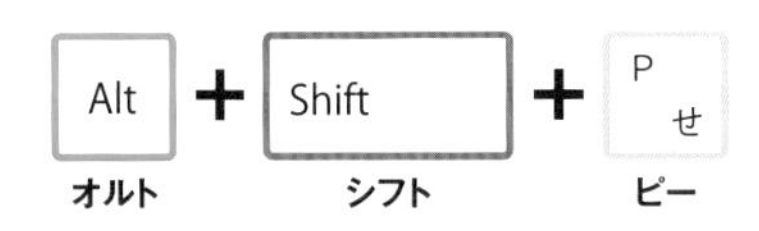

プレビューウィンドウを表示するショートカットキー（P.54参照）に Shift を組み合わせています。ビジュアルでなく、ファイルに記録された情報をプレビューします。

エクスプローラーの「詳細ウィンドウ」を有効化してファイルを選択すると、作成者や更新日時といった基本情報をはじめ、アクセス履歴や編集の際に使用したコンピューターの名前など、ファイルに関する詳細な情報を確認できます。

Alt ＋ Shift ＋ P を押すと、エクスプローラーウィンドウの右側に詳細パネルが表示されます。ファイルを選択すると、さまざまな情報を表示します。項目をクリックして編集・保存することもできます。

ワンポイント

詳細パネルに表示される内容はプライバシーに関わるものもあります。削除したい場合は、ファイルのプロパティ（P.56参照）を開いて、「詳細」タブの一番下にある「プロパティや個人情報を削除」をクリックします。

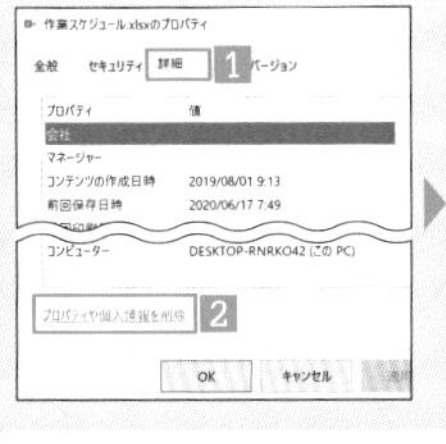

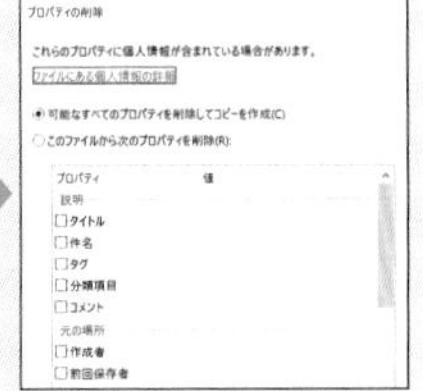

プロパティを表示する

ココで役立つ! ファイル管理に欠かせないプロパティを一発で呼び出すときに便利です。

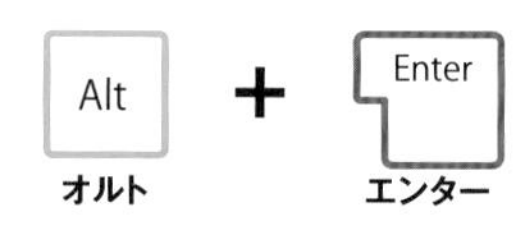

選択したファイルのプロパティを表示します。ファイルが複数選択されている場合は、選択した順番が最も遅いファイルのプロパティが表示されます。

プロパティは、ファイルに関する詳細情報をはじめ、ファイルの属性やアプリとの関連付け設定など、さまざまな場面で必要になります。プロパティ表示のショートカットキーを覚えて、ファイル操作を効率化しましょう。

プロパティを表示したいファイルやフォルダーを選択し、Alt+Enterを押すと、ファイルのプロパティが開きます。Tabや矢印キー(←→↑↓)を利用し、そのままキーボードだけで操作を続けることもできます。

SECTION 043 8.1 10

ファイルやフォルダーの情報を更新する

ココで役立つ! 編集内容が反映されていない場合などに手動で更新を行います。

F5

エフ5

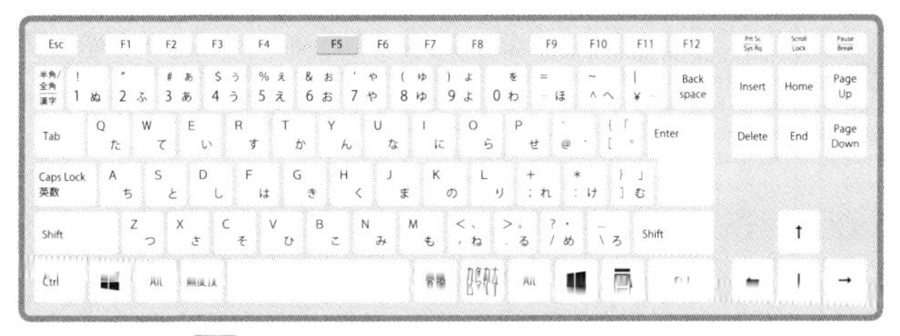

Webブラウザーで F5 を押すと、閲覧中のページを最新の状態に更新できます。

情報の再読み込みを直ちに実行するためのショートカットキーです。コピーしたファイルがフォルダーに反映されていないときなど、読み込みの遅延に関する問題のほとんどを、ウィンドウを開き直さずに解決できます。

ファイルのショートカットを作成する

ココで役立つ! ファイルやフォルダーのショートカットを最も簡単に作成する方法です。

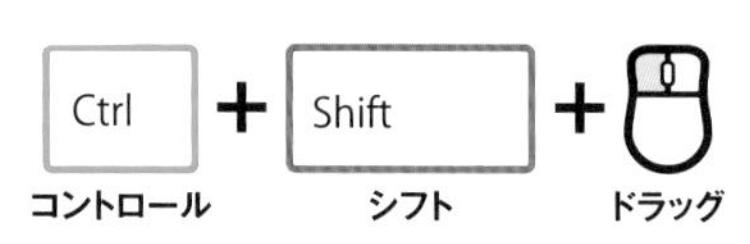

ファイルやフォルダーのショートカットは、キーボードとマウスの組み合わせで簡単に作成できます。データへのアクセスルートを増やしたいときに便利です。

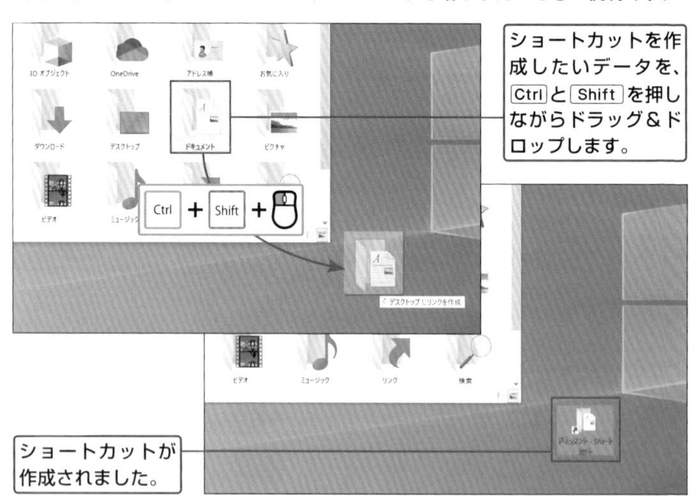

ワンポイント

通常のドラッグ&ドロップはマウスの左ボタンで行いますが、マウスの右ボタンでドラッグ&ドロップする方法もあります。この場合はドロップ後に、コピー、移動、ショートカット作成からどれか1つ選択します。

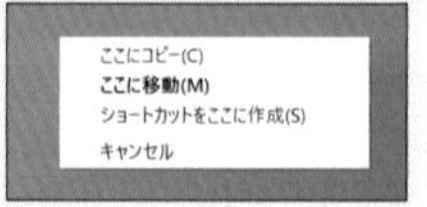

SECTION 045 8.1 10

ウィンドウの右クリックメニューを表示する

ココで役立つ! ウィンドウで作業中に素早くメニューを表示したいときに便利です。

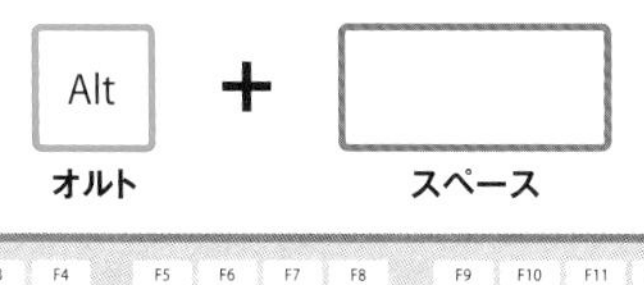

Shift + F10 やアプリケーションキー（P.10参照）とは異なり、Alt + Space では常にウィンドウのメニューが表示されます。

ウィンドウのコンテキストメニューでは、ウィンドウの最小化や最大化などが実行可能です。ショートカットキーを使ってキーボードのみで行ってみましょう。

SECTION 046 8.1 10

1つ前に開いていたフォルダーに戻る

ココで役立つ! エクスプローラーでのフォルダー移動をキーボードで素早く行いましょう。

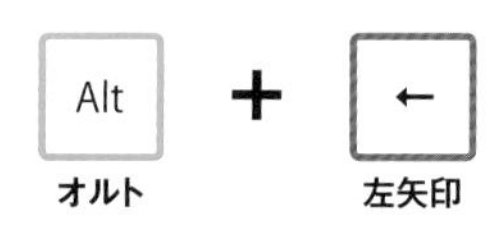

このショートカットキーを使って何度でもフォルダーを行き来できますが、一度別のフォルダーを開いた場合、履歴が途切れて元のフォルダーには戻れなくなります。注意しましょう。

フォルダーを次々に移動しているとき、1つ前のフォルダーに戻るためのショートカットキーです。再び先のフォルダーに進むには、Alt+→を押します。

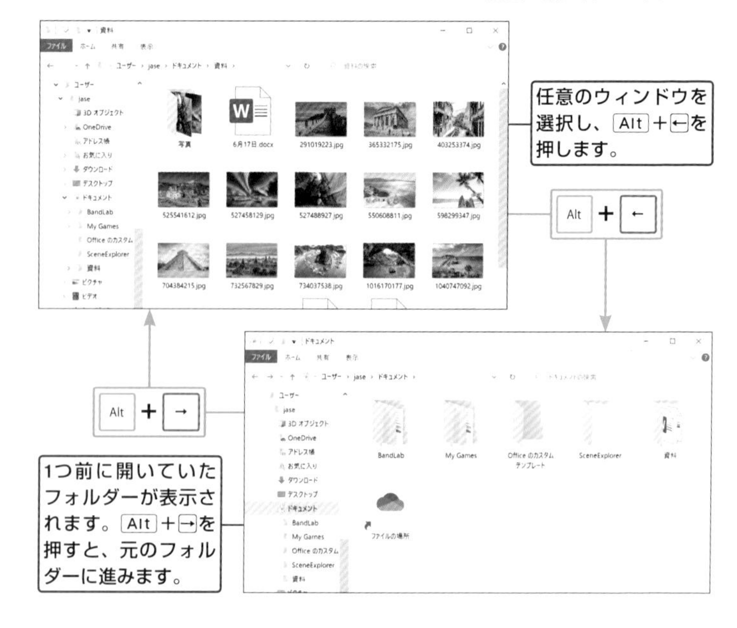

SECTION 047　8.1　10

1階層上のフォルダーに移動する

ココで役立つ! エクスプローラーをキーボードだけで操作するためのモードを有効化します。

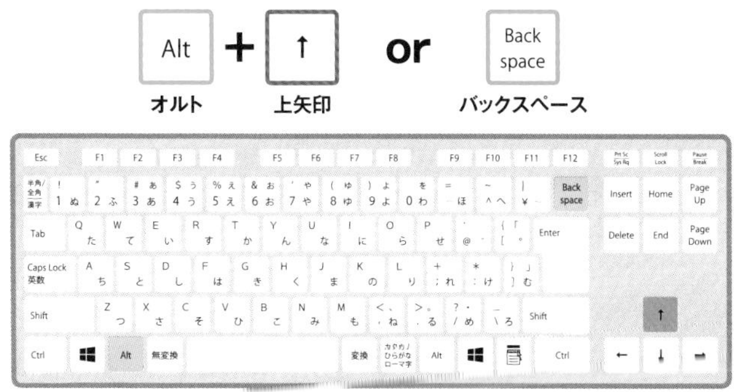

どちらのショートカットキーでも1つ上の階層に移動できます。ただし、Back Spaceの場合はAlt＋←で元のフォルダーに戻れますが、Alt＋↑の場合は戻れません。注意しましょう。

これまで開いたフォルダーの履歴と関係なく、シンプルに1つ上の階層に移動するためのショートカットキーです。

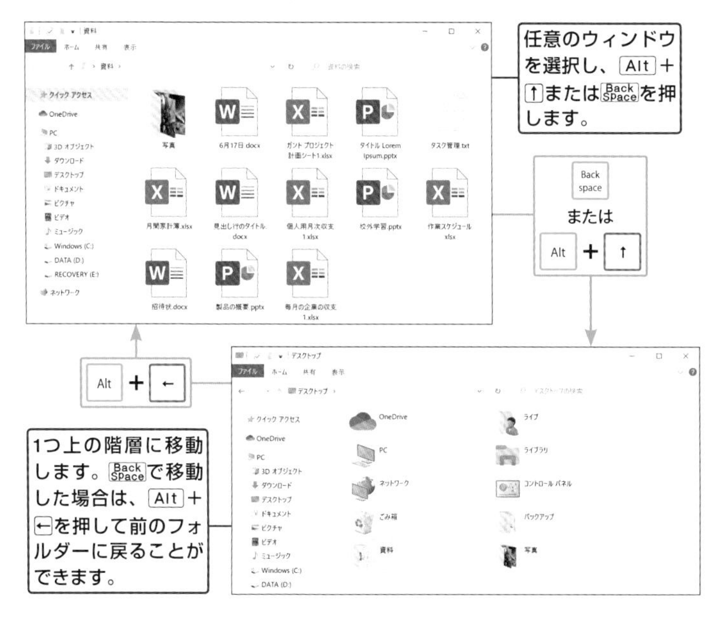

スクリーンショットを撮影する

ココで役立つ! スクリーンショットの2つの基本をショートカットキーで覚えましょう。

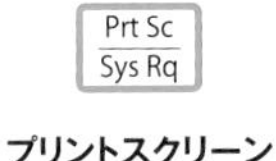

プリントスクリーン / **オルト　プリントスクリーン**

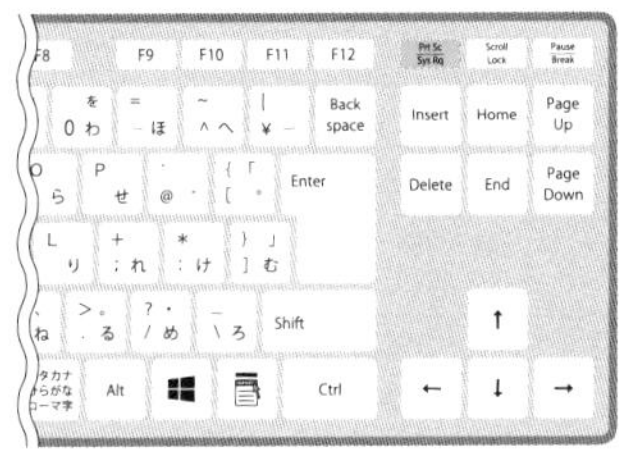

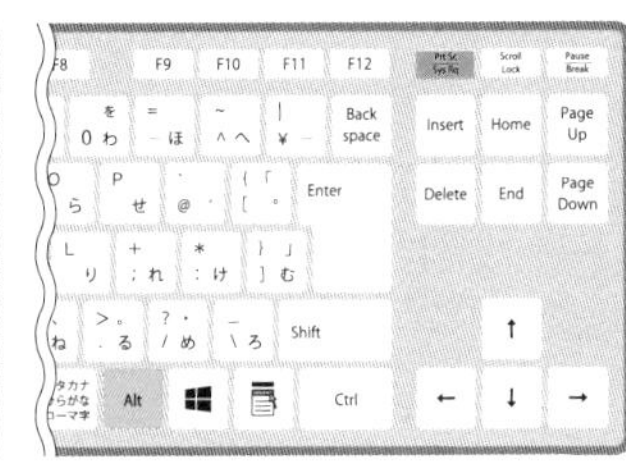

PrintScreenで撮影したデスクトップ画面全体のスクリーンショットは、クリップボードに保存されるので、画像アプリなどに貼り付けて利用します。このとき、クリップボードの履歴機能（P.15参照）を併用すると便利なのでおすすめです。アクティブウィンドウのみ撮影したい場合は、Alt＋PrintScreenで撮影しましょう。

PrintScreen で撮影した場合

PrintScreenを押して、デスクトップ画面全体を撮影した後、「ペイント」などの画像アプリを起動し、Ctrl＋Vを押して貼り付けます。デスクトップ画面の背景と一緒に写り込んでいるのがわかります。

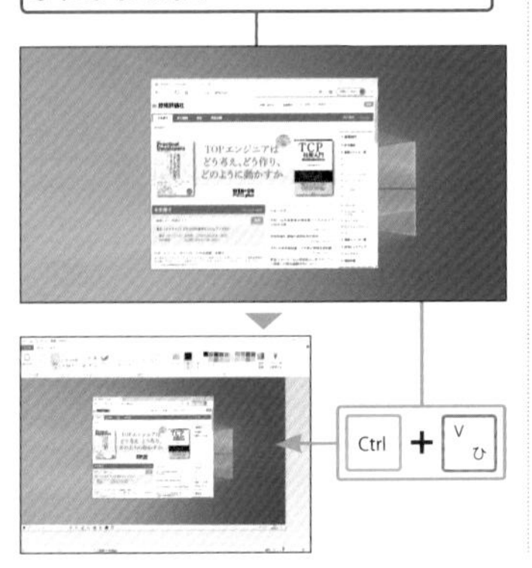

Alt ＋ PrintScreen で撮影した場合

Alt＋PrintScreenを押すと、アクティブウィンドウのみ撮影されます。「ペイント」に貼り付けると、PrintScreenで撮影したときと異なりデスクトップ画面の背景が写り込んでいないことが確認できます。

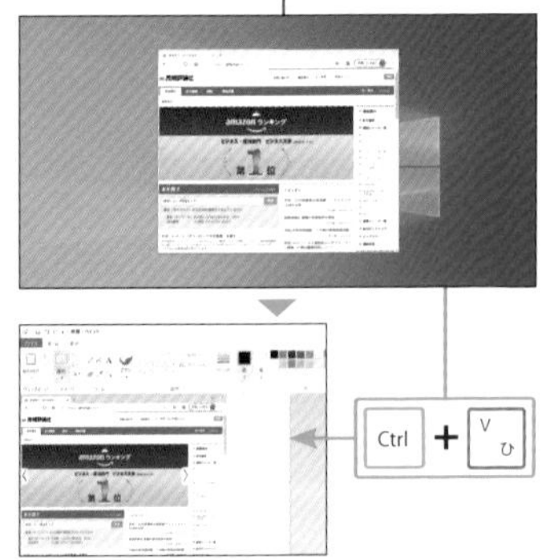

SECTION 049 8.1 10

スクリーンショットを撮影して保存する

ココで役立つ! スクリーンショットの撮影と同時にPNG形式で保存する方法を覚えましょう。

ウィンドウズ　プリントスクリーン

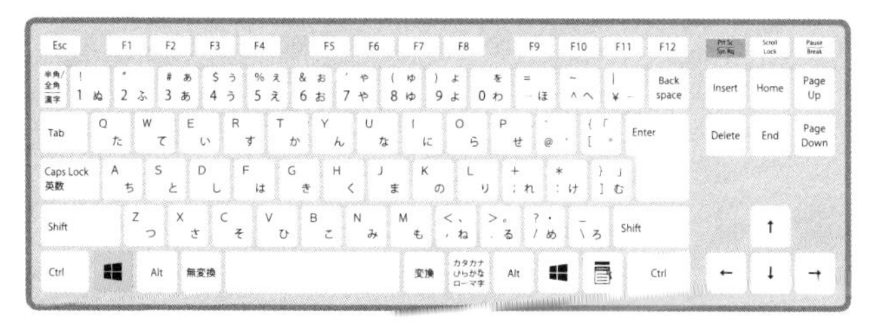

Print Screen や Alt + Print Screen は、保存の際にファイル形式を選択できたり、ファイル名を自分で決めたりといったメリットがありますが、連続でスクリーンショットを撮影するときには適していません。そんなときは ⊞ + Print Screen で、ダイレクトにファイル保存しましょう。ただし、デスクトップ全画面のみの撮影になります。

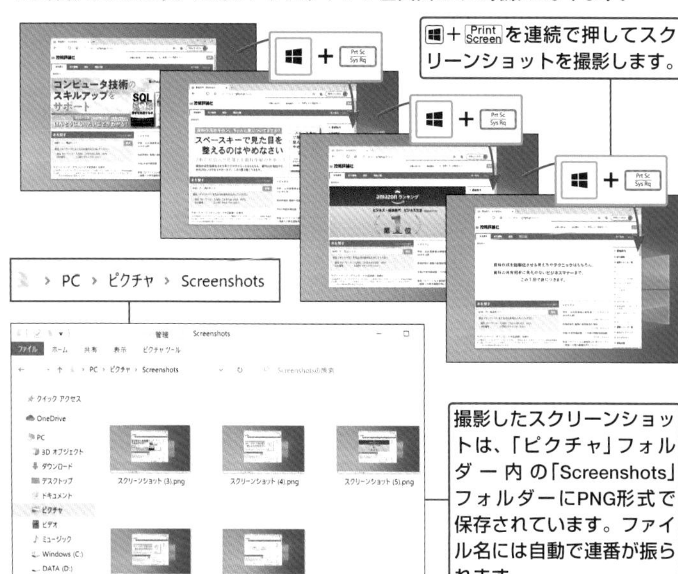

指定した範囲のスクリーンショットを撮影する

ココで役立つ! マウスでスクリーンショットを撮影したい範囲を選択できます。

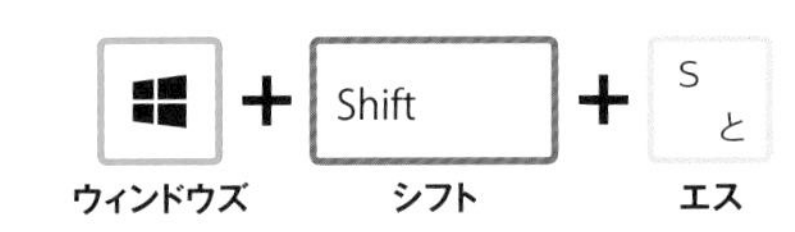

⊞+Shift+Sを押すと、画面全体にグレーのフィルターがかかります。画面上部のメニューから切り取り領域の種類(既定では「四角形の領域切り取り」)を選択し、スクリーンショットを撮影したい範囲をマウスをドラッグして指定します。切り取った範囲のスクリーンショットはほかと同様にクリップボードに保存されるほか、「切り取り&スケッチ」で表示、保存できます。

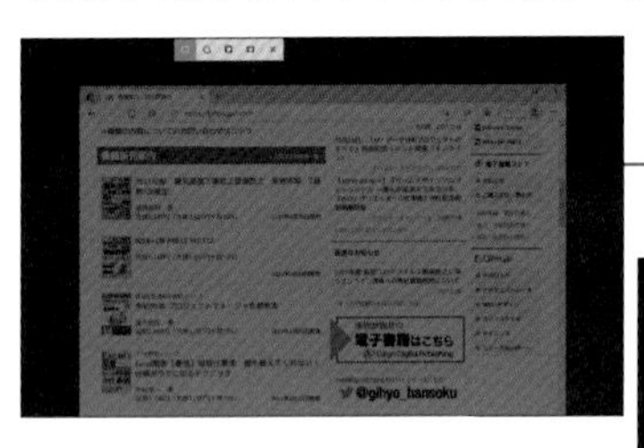

⊞+Shift+Sを押すと、画面全体がグレーになります。

マウスでスクリーンショットを撮影したい範囲を選択します。なお、このショートカットキーで画面上部に表示されるメニューから、切り取りの形や領域を選択することもできます。

ワンポイント

スクリーンショットが完了するとデスクトップに通知されます。通知をクリックすると「切り取り&スケッチ」が表示されるので、保存や追加の切り抜きを行います。

SECTION 051　8.1　10

ファイルを削除する

ココで役立つ! ごみ箱を経由させるかどうかで、ショートカットキーがそれぞれ異なります。

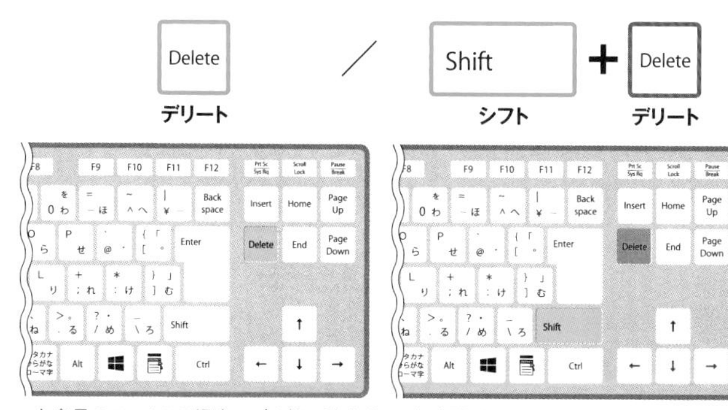

大容量のファイルの場合、ごみ箱に移すだけでも時間がかかるので、復元の可能性がないなら、Shift＋Delで、ごみ箱を経由せず削除したほうが確実に時短になります。

ごみ箱を空にしない限りパソコンの空き容量は確保されません。確実に不要なファイルをごみ箱に入れるのが面倒なときは、Shift＋Delを押してごみ箱を経由させないのも手です。ただし、この方法で削除したファイルは基本的に復元できないので、普段はできるだけDelを押して削除するようにしましょう。

Delで削除する

削除したいファイルやフォルダーを選択し、Delを押します。すると、ファイルやフォルダーがその場所から消え、ごみ箱に移動します。

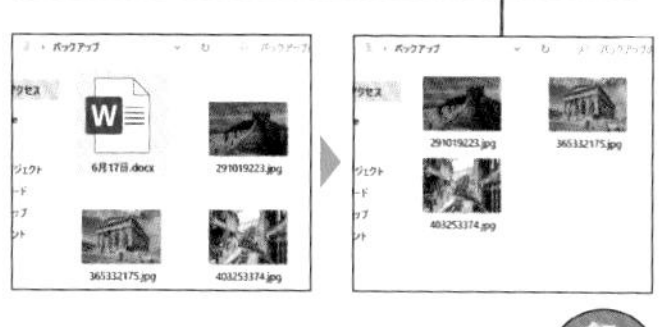

ごみ箱を開き、ファイルの右クリックメニューから「元に戻す」を選ぶと復元されます。

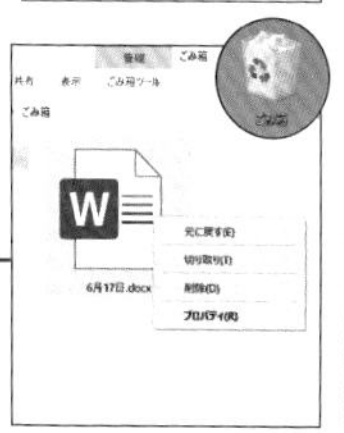

Shift＋Delで削除する

Shift＋Delを押して削除したファイルやフォルダーは、ごみ箱に入ることなく直ちに消えてなくなります。Ctrl＋Zを押しても戻せません。

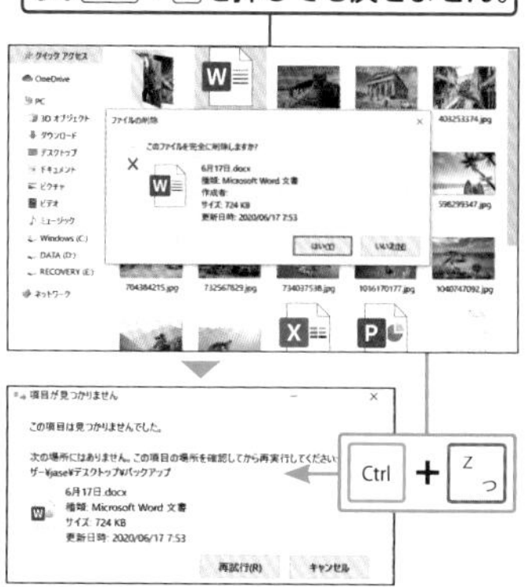

第2章　Windowsを便利にするショートカットキー

SECTION 052 8.1 10

Windowsを手動でロックする

ココで役立つ! 離席するときなど、パソコンをすぐにロックしたいときに便利です。

⊞+Lは、「Windows」+「Lock(ロック)」と覚えましょう。

Windowsは、初期設定では一定時間が経過すると自動でロック画面に切り替わりますが、急に離席したいときなど、自動ロックまでの間無防備になることもあります。そんなときは手動でロック画面に切り替えてしまいましょう。

ワンポイント

Windowsのサインインオプションは、「設定」の「アカウント」から、「サインインオプション」を選択して設定します。顔認証や指紋認証など多くの選択肢があるので、自分に合ったものを選びましょう。

応答しなくなったアプリを強制終了する

ココで役立つ! 反応しないアプリを強制的に閉じたいときに使います。

プログラムを強制的に終了するためのショートカットキーです。このショートカットキーすら応答しない場合は、セキュリティオプションを起動し、Windowsを強制的に再起動しましょう(P.68参照)。

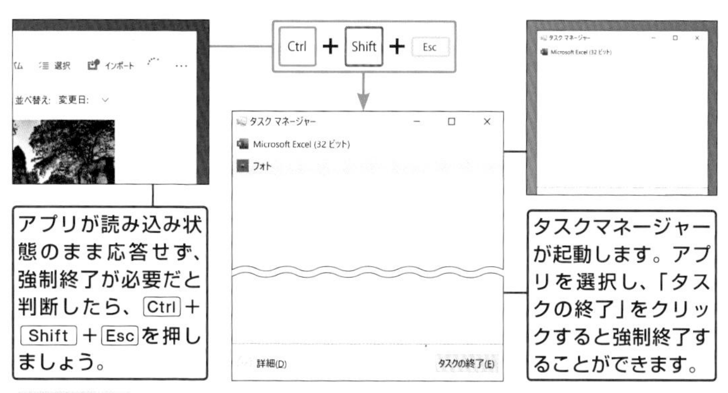

アプリが読み込み状態のまま応答せず、強制終了が必要だと判断したら、Ctrl+Shift+Escを押しましょう。

タスクマネージャーが起動します。アプリを選択し、「タスクの終了」をクリックすると強制終了することができます。

ワンポイント

タスクマネージャーの左下にある「詳細」をクリックすると、アプリだけでなく、バックグラウンドプログラムも管理できます。項目の右クリックメニューを開き、「タスクの終了」をクリックして終了します。

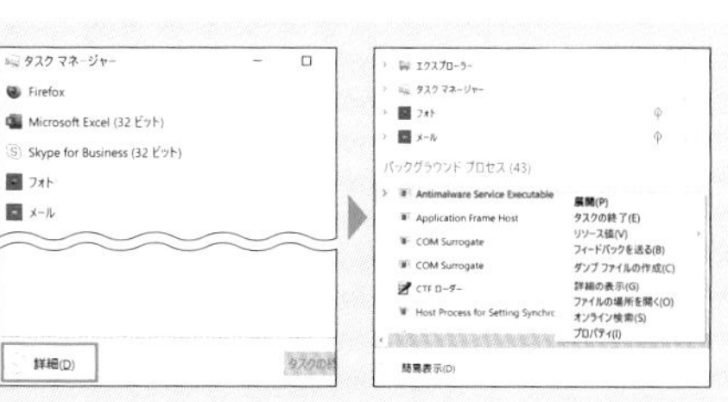

Windowsを強制的に再起動する

ココで役立つ! パソコンがフリーズしてマウスすら動かないときのレスキュー方法です。

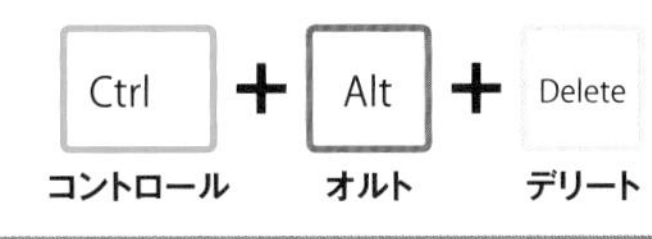

Windowsそのものが応答しなくなった場合は、セキュリティオプションを起動して右下の電源から、「シャットダウン」もしくは「再起動」を選びましょう。マウスポインターが動かなくなった場合でもTabや矢印キー(↑↓)で操作できます。

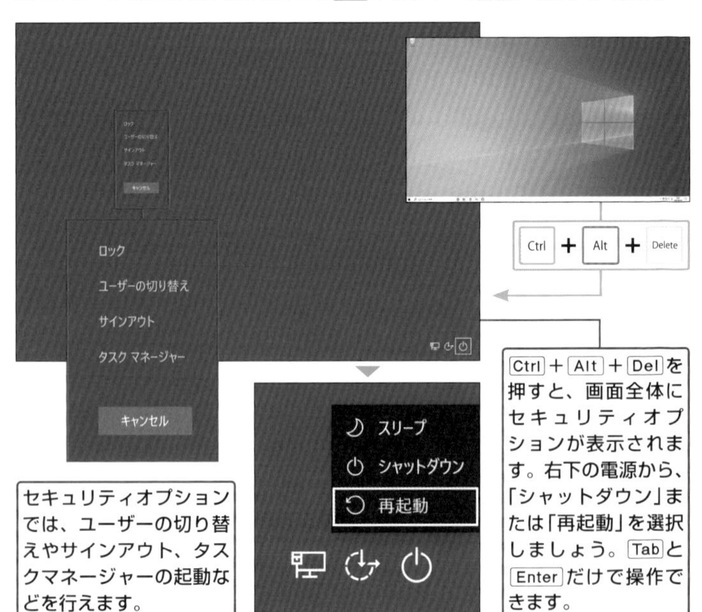

セキュリティオプションでは、ユーザーの切り替えやサインアウト、タスクマネージャーの起動などを行えます。

Ctrl＋Alt＋Delを押すと、画面全体にセキュリティオプションが表示されます。右下の電源から、「シャットダウン」または「再起動」を選択しましょう。TabとEnterだけで操作できます。

SECTION 055 8.1 10

拡大鏡を起動する／切り替える

ココで役立つ! 文字が小さくて読みづらいとき、一番効果的なのは「拡大鏡」の有効化です。

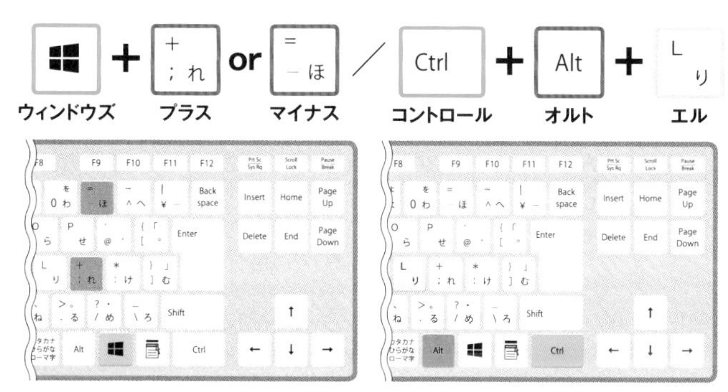

+と−は、テンキーにあるものを使用しても同じように反応します。

画面を拡大表示する「拡大鏡」を起動できます。拡大率は最大16倍で、+と−で調整します。拡大鏡をオフにするには、⊞＋Escを押します。画面全体ではなく、マウスポインター周辺だけをルーペのように拡大したい場合は、拡大鏡が有効の状態で、Ctrl＋Alt＋Lを押して切り替えます。

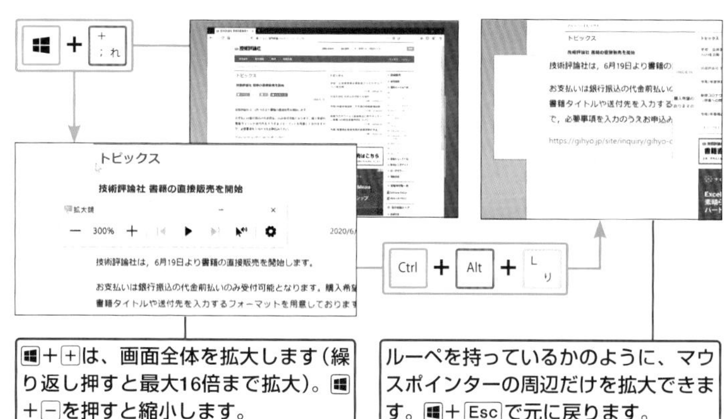

⊞＋+は、画面全体を拡大します（繰り返し押すと最大16倍まで拡大）。⊞＋−を押すと縮小します。

ルーペを持っているかのように、マウスポインターの周辺だけを拡大できます。⊞＋Escで元に戻ります。

ワンポイント

拡大鏡はほかにも種類があり、有効の状態でCtrl＋Alt＋Dを押すと、画面上部に横長の拡大鏡を固定することができます。再び、初期状態（画面全体拡大）に戻したい場合は、Ctrl＋Alt＋Fを押します。

SECTION 056　8.1　10

見失ったマウスポインターを知らせる

ココで役立つ!「マウスポインターはどこ？」といった状態から一瞬で脱却できます。

コントロール　※ただし、事前設定が必要

大画面かつ高解像度のモニターの場合、デスクトップの広さに比べ、マウスポインターがとても小さく、時折見失ってしまうことがあります。そこで役立つのが、このショートカットです。あらかじめ設定が必要ですが、Ctrl を押すだけで、水面の波長のような効果でマウスポインターの位置を知らせてくれます。

設定方法

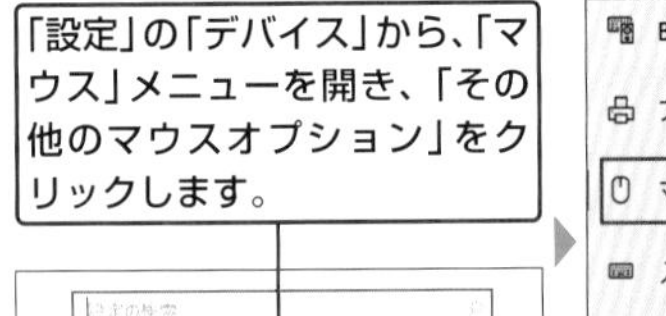

「設定」の「デバイス」から、「マウス」メニューを開き、「その他のマウスオプション」をクリックします。

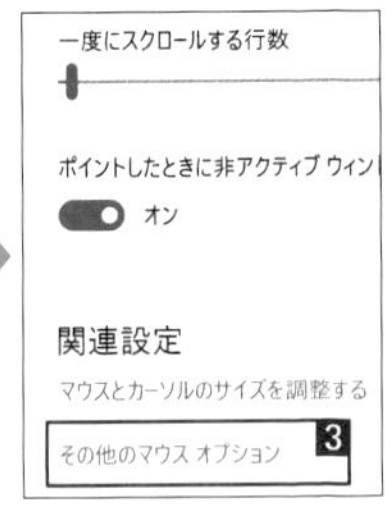

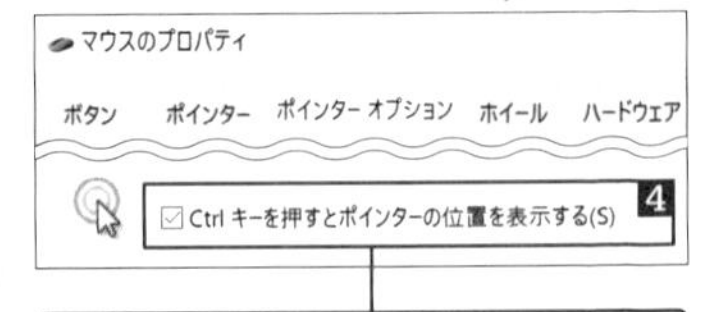

「マウスのプロパティ」が開いたら、「ポインターオプション」タブを開き、「Ctrlキーを押すと…」にチェックを入れましょう。これで設定は完了です。

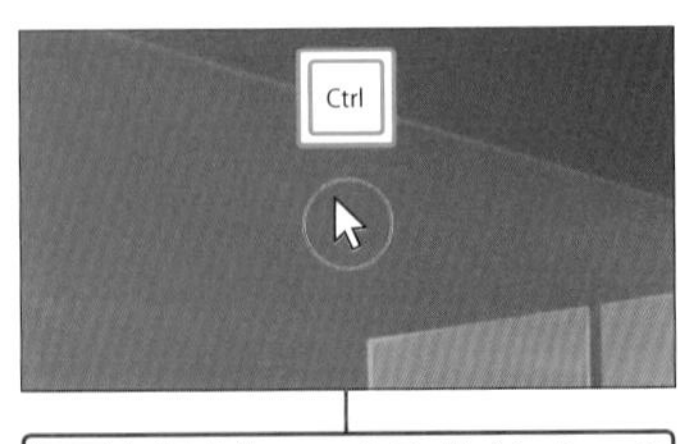

Ctrl を押すと、マウスポインターの周辺にサークルが表示されます。

第3章

ブラウザーを便利にするショートカットキー

インターネットに必須のWebブラウザーにも、情報収集の高速化を実現するためのショートカットキーが用意されています。本章では、Google Chrome(Chrome)、Internet Explorer(IE)、Microsoft Edge(Edge) の3つのWebブラウザーで使用できるショートカットキーを解説します(画面はEdgeを利用します)。

SECTION 057 Chrome IE Edge

新規ウィンドウを開く／新規タブを開く

ココで役立つ! Webページの種類によってウィンドウとタブで効率よく管理しましょう。

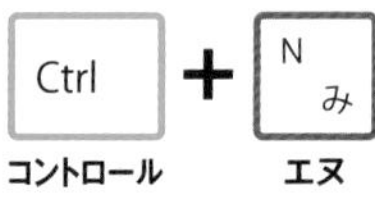

／

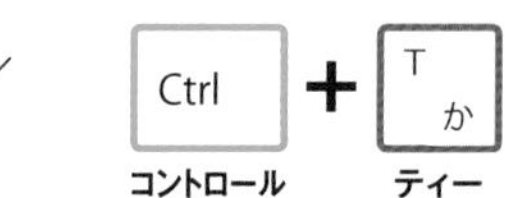

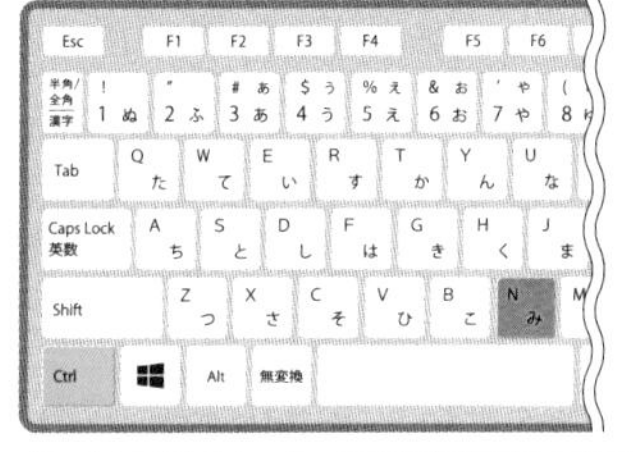

Ctrl + Nは「New」、Ctrl + Tは「Tab」で覚えましょう。

新規“ウィンドウ”は Ctrl + N

Ctrl + Nを押すと、新規ウィンドウが開きます。連続して押すことで複数の新規ウィンドウを開けます。

新規“タブ”は Ctrl + T

Ctrl + Tを押すと、新たなタブが追加されます。連続して押すことで複数のタブを追加できます。

ワンポイント

ウィンドウやタブを閉じるショートカットキーは、Ctrl + WまたはCtrl + F4です（P.22参照）。閉じたタブの右側にあるタブが優先的に表示されます。タブをすべて閉じてWebブラウザーも終了したいときはAlt + F4を押します。

SECTION 058 Chrome IE Edge

複数のタブを行き来する

ココで役立つ! たくさんのタブから、目的のWebページを見つけたいときに力を発揮します。

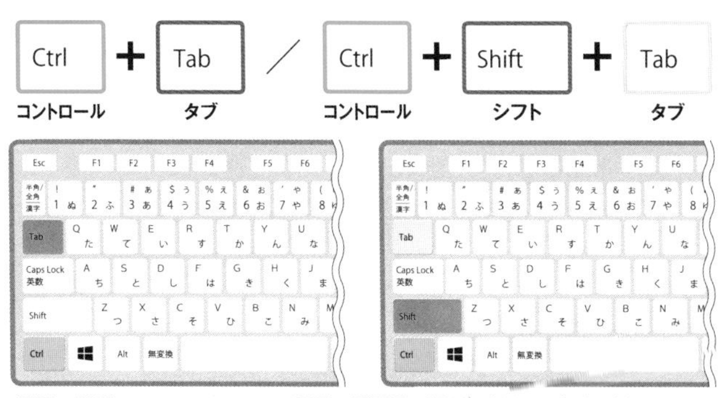

Ctrl + Tab を押すと右側のタブに、Ctrl + Shift + Tab は左側のタブに切り替わります。

タブに記載されたサイト名やアイコンだけでは、ページの内容まで把握できず、結局タブを1つずつ開いて確認することに……。この問題を解決するのが、Ctrl + Tab と Ctrl + Shift + Tab です。タブを左右にサクサク切り替えられるので、Webページを確認しながら目的のタブに素早くたどり着けます。

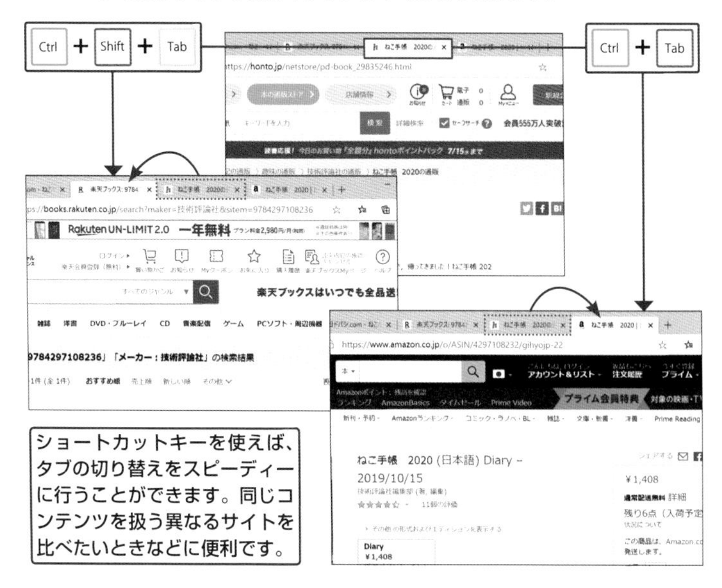

目的のタブにジャンプする

ココで役立つ! タブには番号が振られており、ショートカットキーで開くことが可能です。

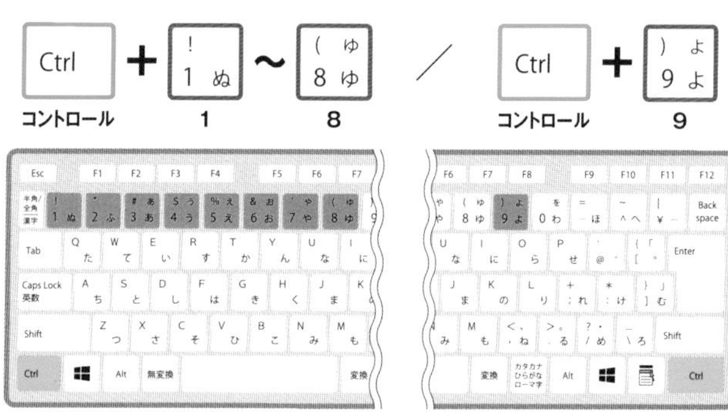

Webブラウザーのタブは、左から順に[1]~[8]の番号が振られています。[Ctrl]+[9]は少し特殊で、9枚目のタブに移動するショートカットキーではなく、「タブの枚数に関係なく、最も右側に位置するタブにジャンプ」するショートカットキーです。

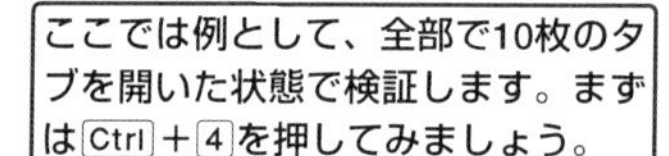

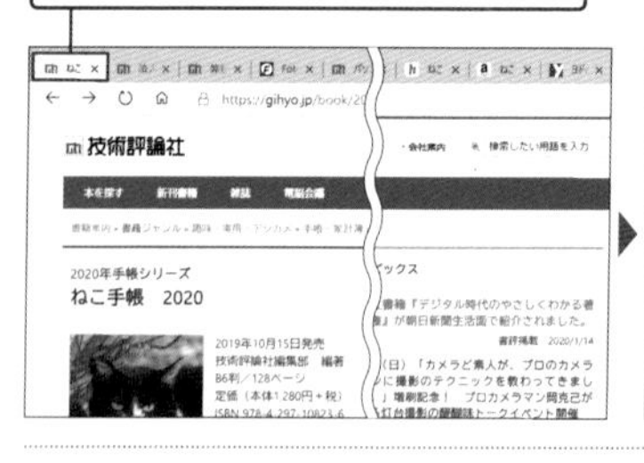

左から数えて4番目のタブが一発で開きました。

同じく10枚のタブを開いた状態で、今度は[Ctrl]+[9]を押してみましょう。

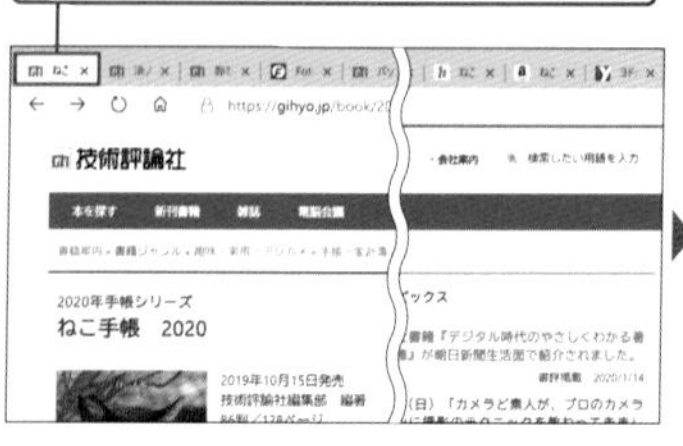

タブの枚数と無関係に、一番右に位置する10番目のタブが開きました。

SECTION 060 Chrome IE Edge

リンクを新規タブで開く／タブを複製する

ココで役立つ! 再度たどり着けないかもしれないWebページは、一旦複製しておきましょう。

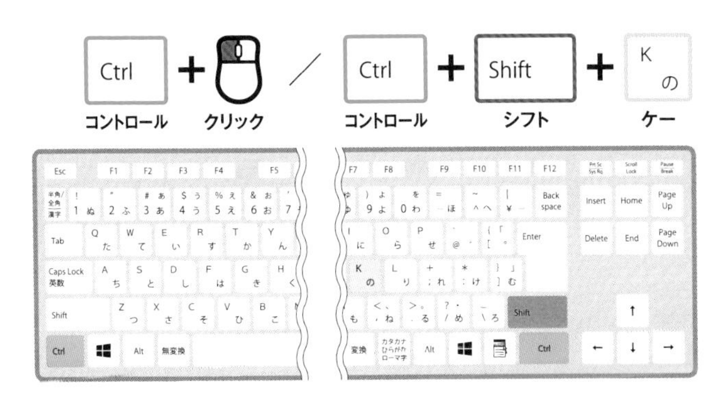

新規のタブを追加するショートカットキー（P.72参照）のほか、特定のWebページを表示させて追加するものや、まったく同じURLのタブを増やして追加する方法もあります。どちらも使用頻度は高いので、ショートカットキーを覚えましょう。

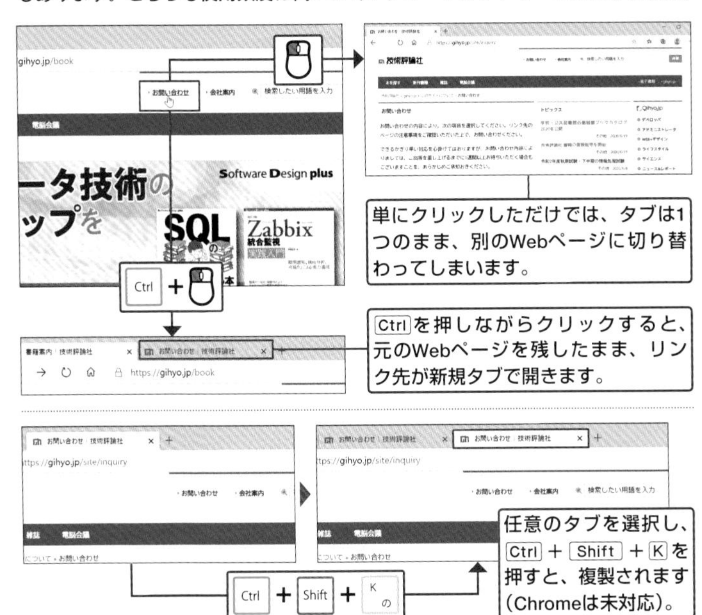

SECTION 061 Chrome IE Edge

閉じたタブを復活させる

ココで役立つ! 直近で表示していたWebサイトを再確認したいときに重宝します。

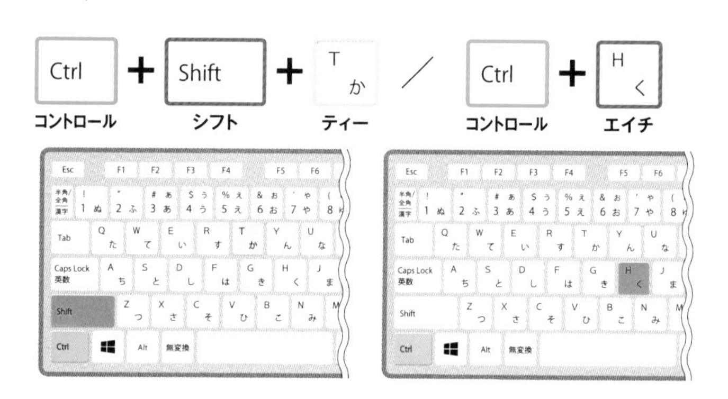

Ctrl + Shift + Tは、Ctrl + T（新規タブを追加、P.72参照）にShiftを組み合わせた、Ctrl + Tと真逆のショートカットキーです。間違えてタブを閉じてしまった直後に実行するとタブが同じ場所に復活します。この方法で復活できない場合はCtrl + Hを使います。Webページのアクセス履歴を開くショートカットキーです。「History（履歴）」で覚えましょう。

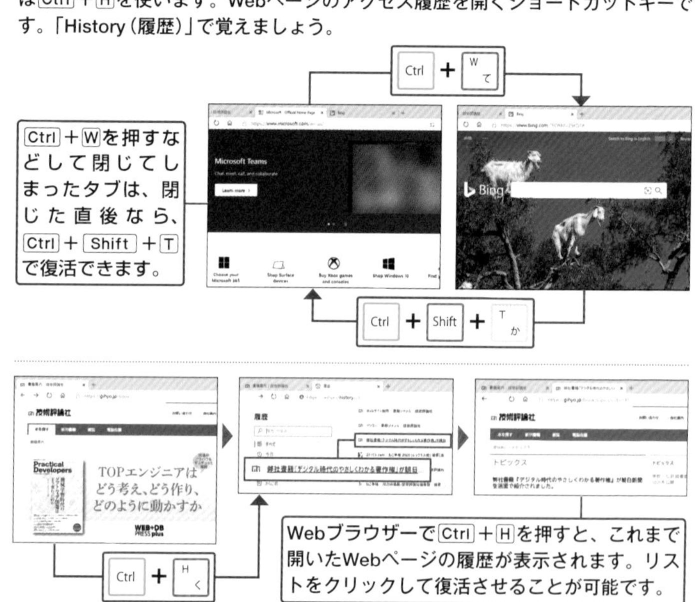

SECTION 062　Chrome　IE　Edge

Webページをパソコンに保存する

ココで役立つ！ Webページをダウンロード保存し、オフラインでも閲覧できるようにします。

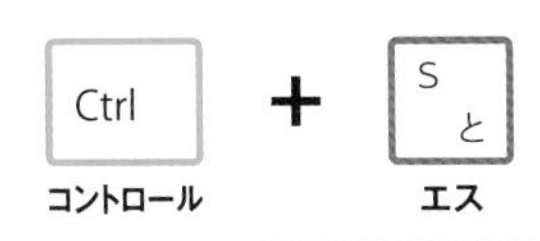

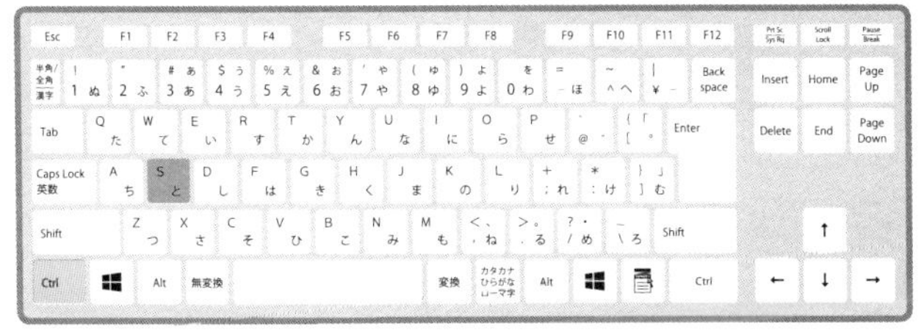

Ctrl＋Sは、ファイルを上書き保存する際にも使われます。「Save（セーブ）」で覚えましょう。

表示中のWebページは、Ctrl＋Sを押して、パソコンのハードディスクにダウンロードできます。HTML形式で保存されたWebページは、ネット上で見るものとまったく同じというわけにはいきませんが、テキスト情報などはほぼ忠実に再現されるので、期間限定記事を保存して後からゆっくり読む、といったことができます。

SECTION 063 Chrome IE Edge

Webページをお気に入りに追加する

ココで役立つ! よく訪れるWebサイトをお気に入りに登録してページを素早く表示します。

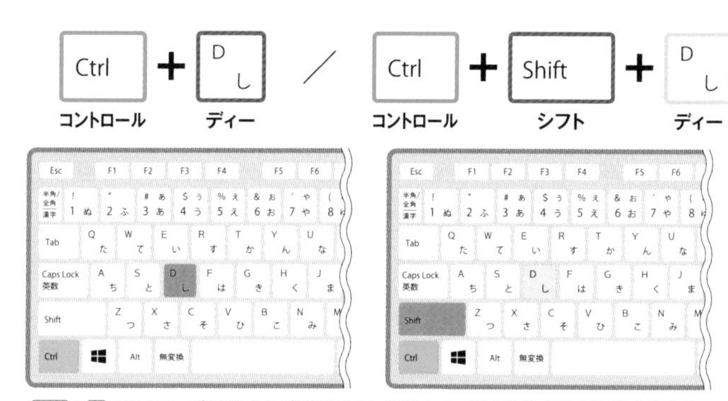

Ctrl＋Dはアクティブ状態のタブに表示されたWebページをお気に入りに追加します。Ctrl＋Shift＋Dは、開いているすべてのWebページを一括で追加します（Edgeのみ）。

閲覧中のWebページをお気に入りに追加する

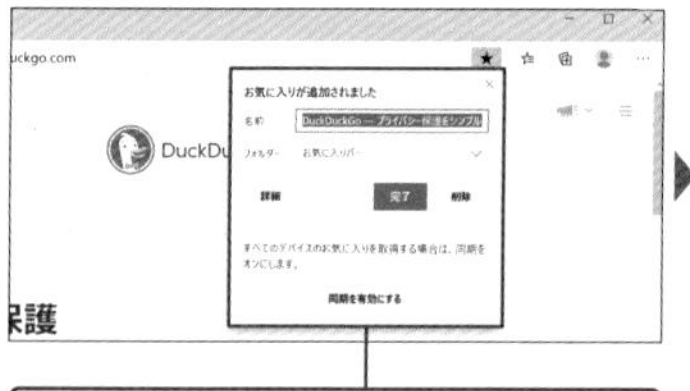

Webページを開き、Ctrl＋Dを押します。フォルダーは「お気に入りバー」を設定し、「完了」をクリックします。

登録後は、ウィンドウ上部の「お気に入りバー」に表示され、クリックするだけでWebページが開きます。

開いているタブすべてのWebページをまとめてお気に入りに追加する

複数のタブが開いている状態で、Ctrl＋Shift＋Dを押します。フォルダーを設定し、「完了」を押します。

「お気に入りバー」に登録されたフォルダーをクリックすると、追加した複数のWebページが確認できます。

SECTION 064 Chrome IE Edge

お気に入りを管理して使いやすくする

ココで役立つ! Webページをダウンロード保存し、オフラインでも閲覧できるようにします。

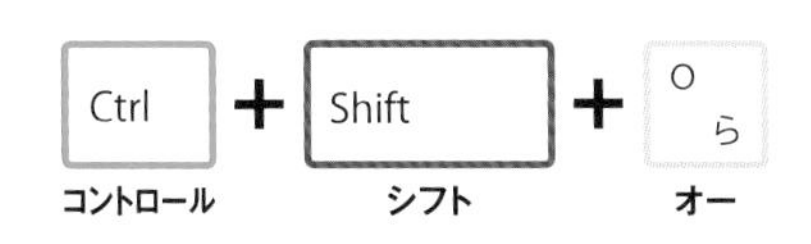

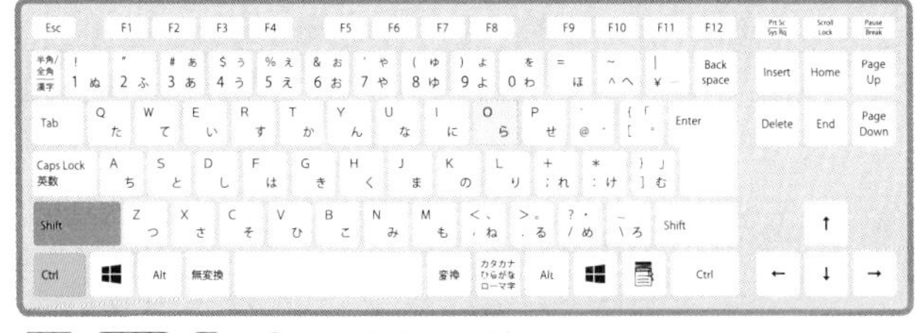

Ctrl＋Shift＋Oは、「Okiniiri（お気に入り）」と覚えましょう。

Webブラウザーに登録したすべてのお気に入りは、Ctrl＋Shift＋Oで表示される、「ブックマークマネージャー」画面で一括管理できます。登録したお気に入りをキーワード検索して開くのはもちろん、お気に入りの追加や編集、削除もここで行えます。フォルダーの内容を編集すれば、お気に入りバーの項目を見直すこともできます。

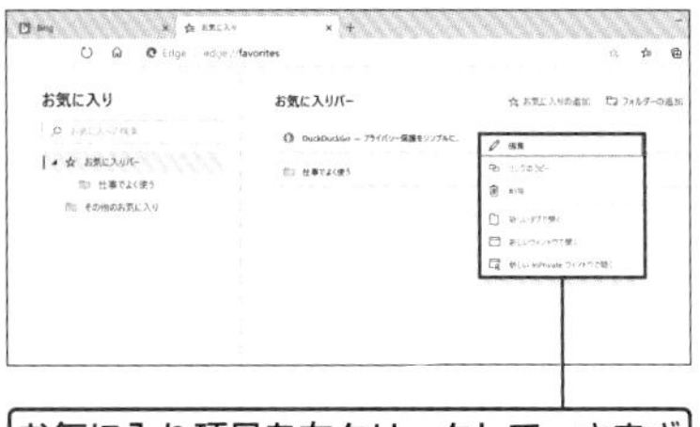

お気に入り項目を右クリックして、さまざまな管理を行えます。

ワンポイント

Webブラウザーに「お気に入りバー」が見当たらない場合は？

「お気に入りバー」は表示されている状態がデフォルトなので、通常は別途設定は必要ありません（P.78参照）。もし見当たらない場合は、なんらかの理由で非表示になってしまった可能性があります。Ctrl＋Shift＋Bで有効化できます。

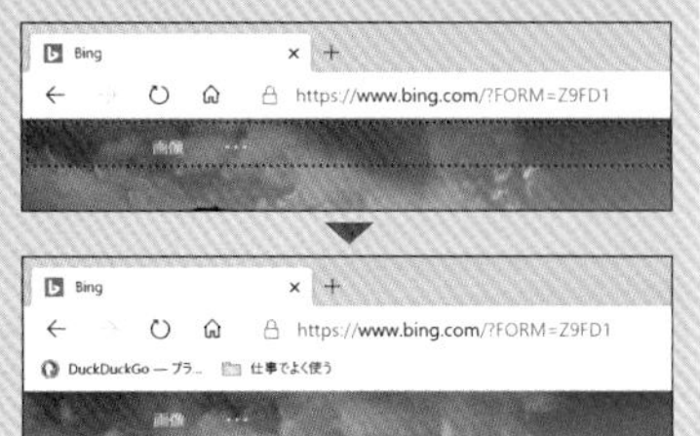

Webページを拡大(縮小)表示する

ココで役立つ! Webページの文字や写真が小さくて見にくいときに使うと便利です。

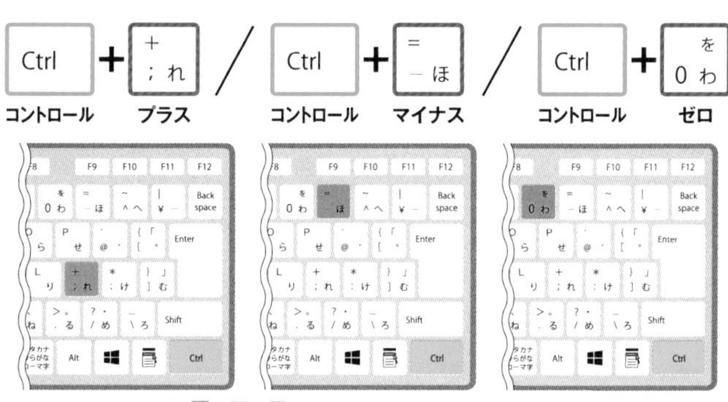

このショートカットで使う+、-、0は、テンキーから押しても問題なく作動します。

ウィンドウのサイズはそのままで、Webページの表示サイズを調整して見やすくするショートカットキーです。Ctrl+＋で拡大、Ctrl+－で縮小します。調整前の表示サイズ(100%表示)に戻す場合はCtrl+0(ゼロ)を押します。

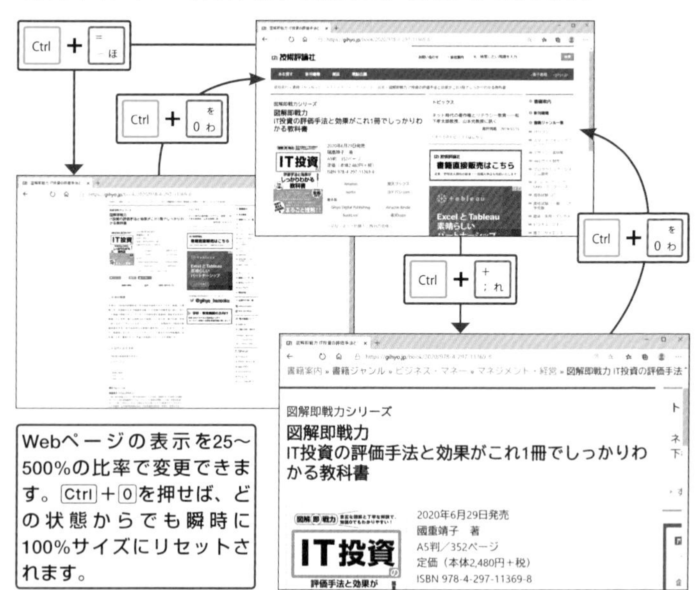

Webページの表示を25～500%の比率で変更できます。Ctrl+0を押せば、どの状態からでも瞬時に100%サイズにリセットされます。

SECTION 066 Chrome IE Edge

Webページを全画面表示する

ココで役立つ! プレゼンで使われることが多い機能ですが、実はWeb検索でも力を発揮します。

F11

エフ 11

Webウィンドウの最大化(P.32参照)とは異なり、ウィンドウの枠部分も取り払って最大化します。ウィンドウの内容を最も大きく表示できる方法です。

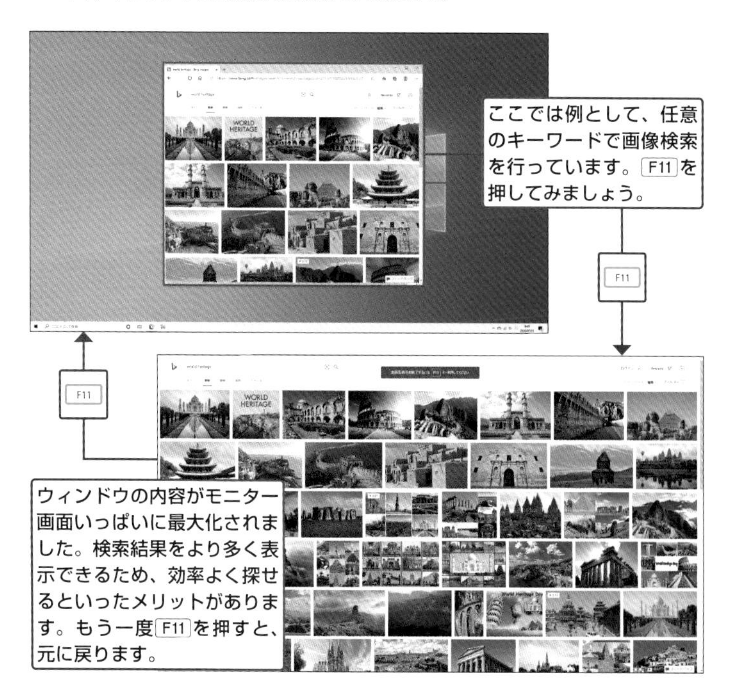

SECTION 067 Chrome IE Edge

Webページを上下に効率よく移動する

ココで役立つ! ネット閲覧で必須の"下方向スクロール"は、キーボードでも行えます。

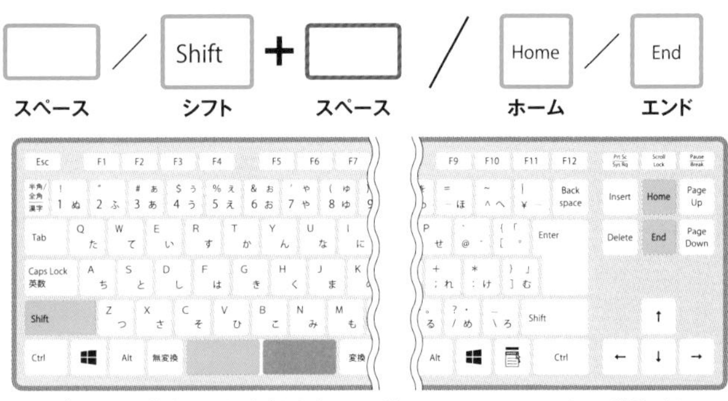

Webブラウザーの検索欄などに文字を入力している際、これらのショートカットキーは利用できません。

Space の1回押しで、1画面分が下にスクロールされます。逆に、上方向にスクロールするには、 Shift を押した状態で Space を押します。また、 Home を押すとWebページの一番上に、 End を押すと一番下までジャンプします。

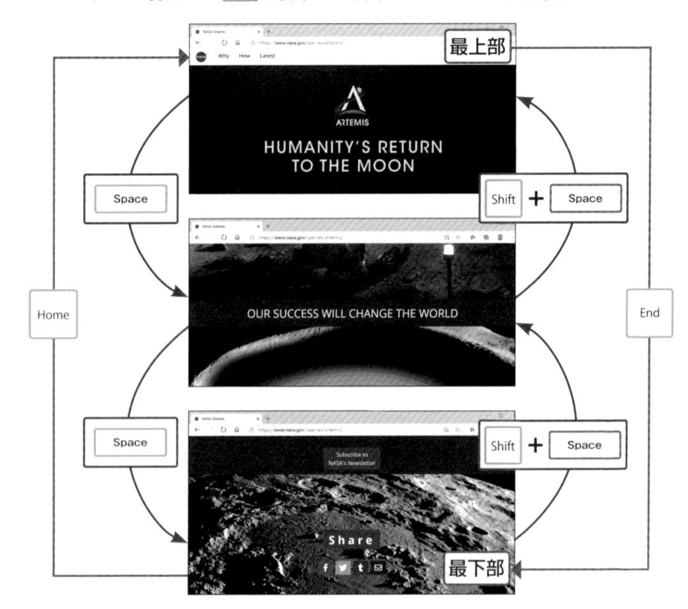

Webページを1つ前に戻す／進む

ココで役立つ! Webページの切り替えをキーボードで行うと、ネット閲覧が効率化します。

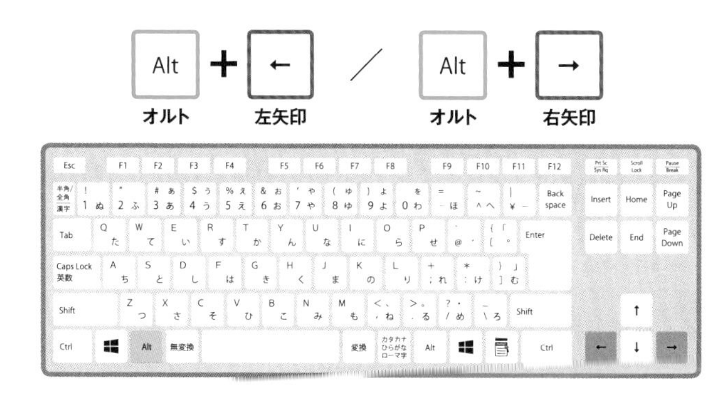

Webブラウザーで最もクリックするボタンといえば、画面左上にある「戻る」と「進む」ボタンです。使用頻度が高いということは、費やす時間も多いということ。ショートカットキーで操作する習慣を付けるだけでかなり時間を節約できます。

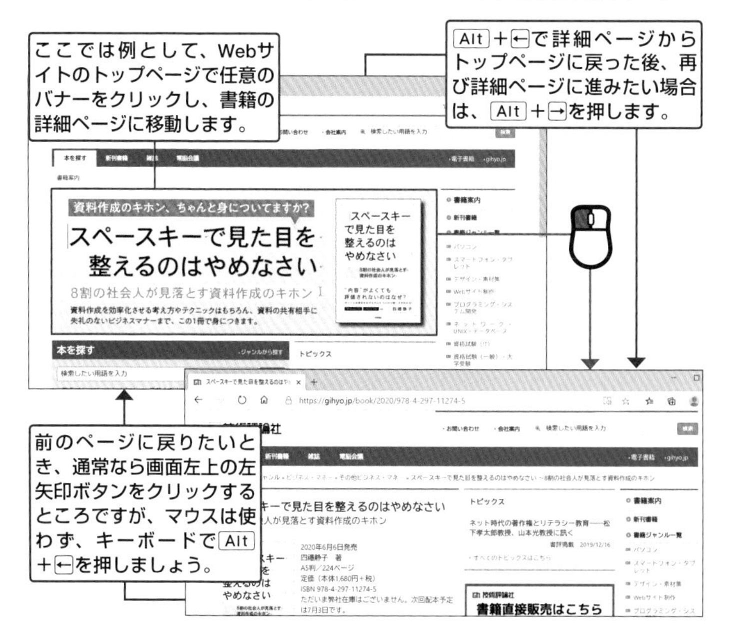

Webページを最新の状態に更新する

ココで役立つ! ニュースなど、更新頻度の高いWebページを閲覧するときに役立ちます。

エクスプローラーを更新する際にも使用できます(P.57参照)。F5がロックされて反応しない場合はCtrl+Rを使います。「Reload(リロード)」で覚えましょう。

Webページは開いた時点が最も新しく、再読み込みを行わない限り、時間の経過とともにどんどん古くなります。開いたままになっているWebページは自動更新されないので、F5を押して最新の状態にリフレッシュする必要があります。

ここでは例として、ビットコインのレート情報をリアルタイムで配信するWebサイトを使います。ページを開いて数秒後にF5を押します。

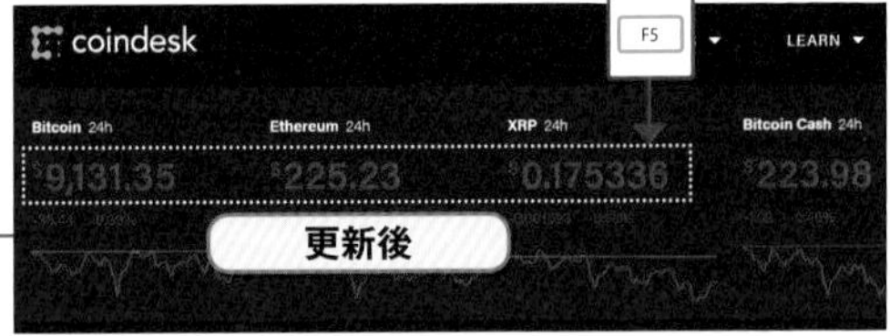

わずか数秒の間にさまざまな情報が更新されたことが確認できます。

ワンポイント

Chromeの場合、Ctrl+Rと同時にShiftを押すことで、現在表示しているWebページのキャッシュを利用せずに画面を再表示できる「ハード再読み込み(スーパーリロード)」を実行することができます。

SECTION 070 Chrome IE Edge

Webページ上の文字列を検索する

ココで役立つ! 検索対象が定まっているなら、検索機能を活用して時間を節約しましょう。

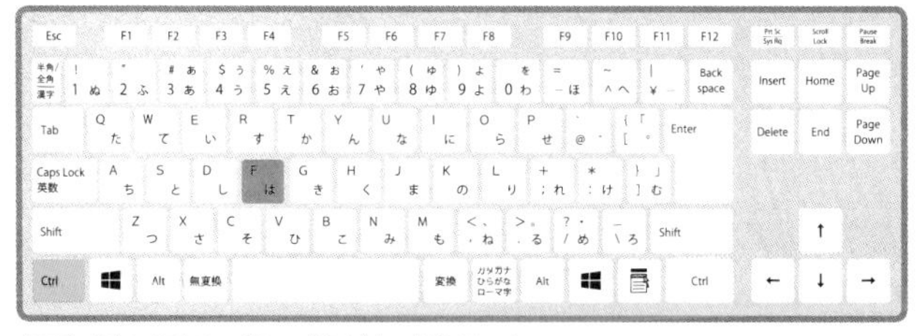

Ctrl+Fの「F」は、「Find(探す)」で覚えましょう。

Webブラウザーでは、表示中のWebページ上に記載されたテキスト情報を対象に、キーワード検索を行うことができます。ただし、写真に写り込んだ文章など、データ化されていない文字は検索できないので注意が必要です。

SECTION 071 Chrome IE Edge

アドレスバーを選択する

ココで役立つ! カーソルをアドレスバーに瞬時に移動できるので検索が効率化します。

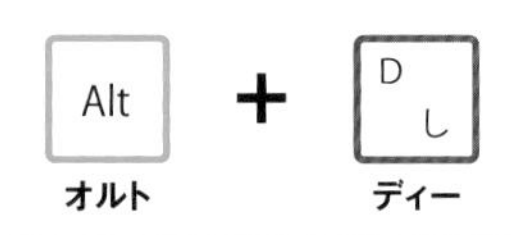

一部のIEでは利用できません。

アドレスバーでは、現在開いているWebページのURLが確認できるほか、文字を入力してWeb検索を行うこともできます。このショートカットキーを押すと、アドレスバーの内容が全選択状態になるので、そのまま文字入力を行えます。また、選択状態ですぐにCtrl+Cを押せば、URLをまるごとコピーできます。

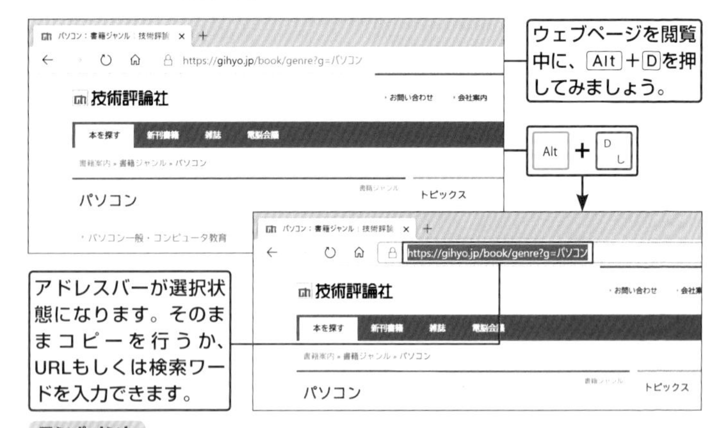

ワンポイント

アドレスバーで文字を入力する際、Ctrl+Enterを押すと、「www.」と「.com」が文字の前後に自動追加されます。URLを直接入力してWebページを開くときに便利なので、Alt+Dと一緒に覚えましょう。また、Ctrl+Enterは、一部のIEでは対応していません。ChromeやEdgeを使用するときに活用しましょう。

次の入力欄を選択する／前の欄に戻る

ココで役立つ! Webサイトの問い合わせフォームなど、入力欄が複数あるときに便利です。

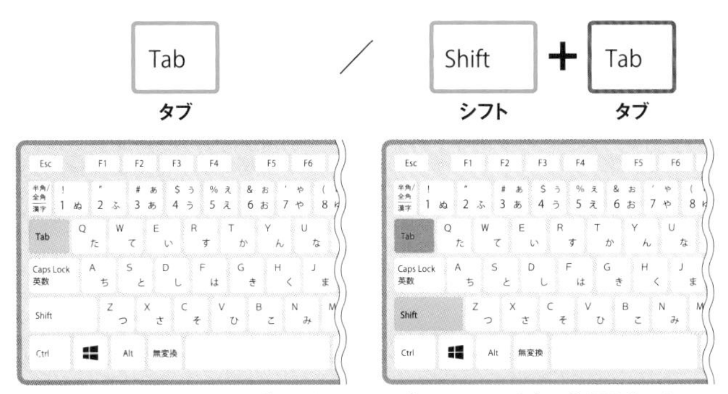

このショートカットキーは、Webブラウザーのみならず、Windows全般で使用可能です。

会員登録やお問い合わせなど、さまざまな情報をいくつもの入力欄に分けて入力しなければならないときは、Tabを押しましょう。キーボードからマウスへ手を動かすことなく、次の欄に移動できるので、入力作業を妨げません。前の欄に戻りたいときはShift+Tabを押しましょう。

次の入力欄に移動する

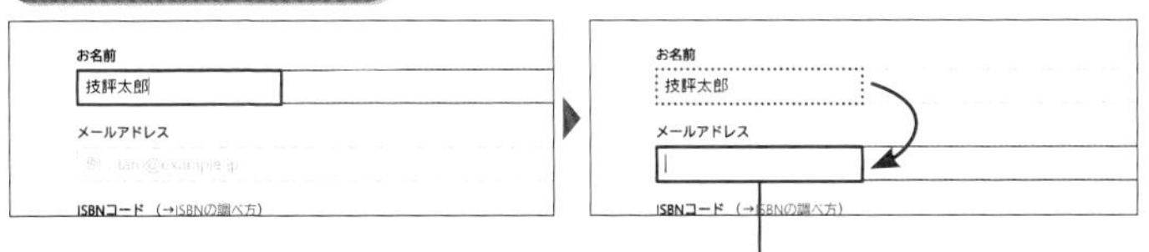

入力欄の移動は、Tabを使います。ここでは例として、「お名前」の欄にカーソルを置いた状態でTabを押し、次の入力欄（ここでは「メールアドレス」）に移動することができました。

前の入力欄に移動する

前の入力欄に移動するときは、Shift+Tabを押します。文字が選択状態になるので、そのまま入力をして情報の置き換えが可能です。

お名前
技評太郎
メールアドレス
gihyo@gihyo.com
ISBNコード (→ISBNの調べ方)

お名前
技評太郎
メールアドレス
gihyo@gihyo.com
ISBNコード (→ISBNの調べ方)

SECTION 073 Chrome IE Edge

閲覧履歴を削除する

ココで役立つ! Webサイトのアクセス履歴はショートカットキーで簡単に削除できます。

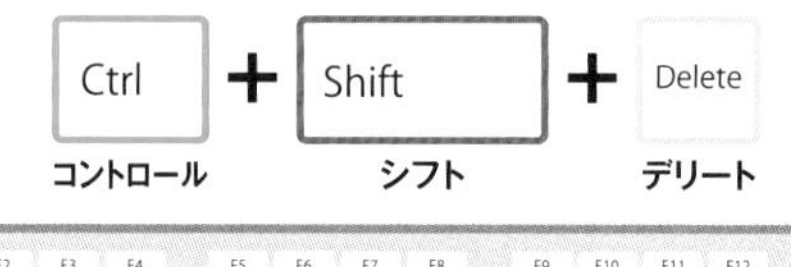

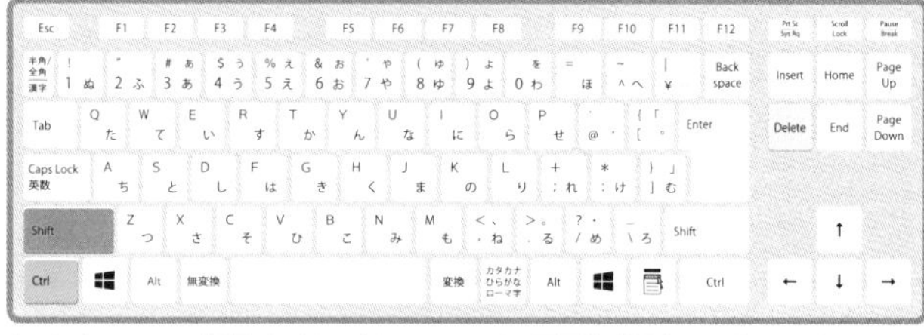

タスクビューでは、仮想デスクトップやWebページの履歴を確認することもできます。

閲覧履歴は、お気に入りに登録せずに閉じてしまったWebページに再度アクセスしたいときには便利ですが、複数人が使用するパソコンの場合、自分以外の人に履歴を見られる可能性もあります。そんなときは、Webブラウザーを閉じる前に、Ctrl＋Shift＋Delを押して履歴を削除しましょう。

履歴をまとめて削除する

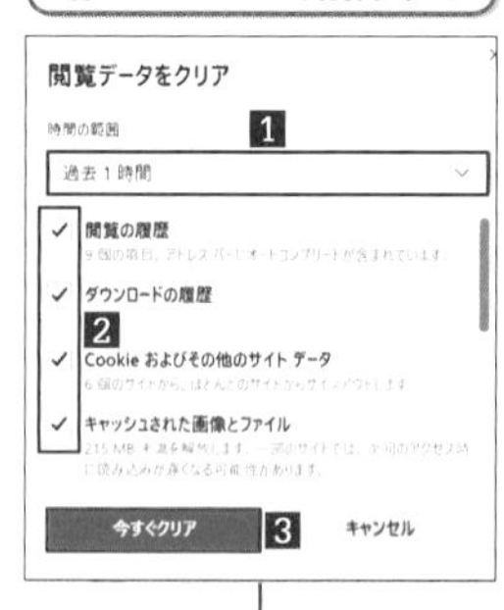

Ctrl＋Shift＋Delを押すと、「閲覧データをクリア」画面が表示されます。「時間の範囲」を選び、削除したい項目にチェックを入れた後、「今すぐクリア」をクリックします。

履歴を個別に削除する

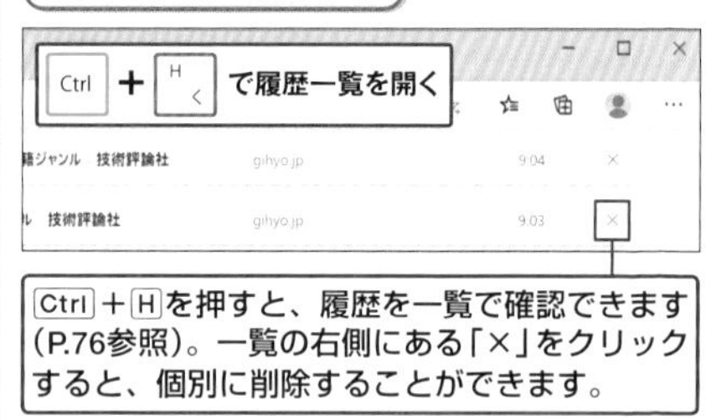

Ctrl＋Hを押すと、履歴を一覧で確認できます(P.76参照)。一覧の右側にある「×」をクリックすると、個別に削除することができます。

ワンポイント

InPrivate機能を使えば、Webページの閲覧履歴をパソコンに残すことなくインターネットを利用できます。InPrivateウィンドウは、Ctrl＋Shift＋Nで開くことができます。

第3章 ブラウザーを便利にするショートカットキー

SECTION 074 Chrome IE Edge

ブラウザーのホームに戻る

ココで役立つ! 設定しているブラウザーのホームページに素早く切り替えられます。

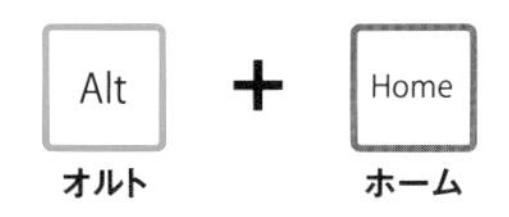

オルト　ホーム

Alt ＋ Home を押すと、現在表示しているページをWebブラウザーで設定しているホームページに切り替えることができます。「Home」は「ホームページ」で覚えましょう。

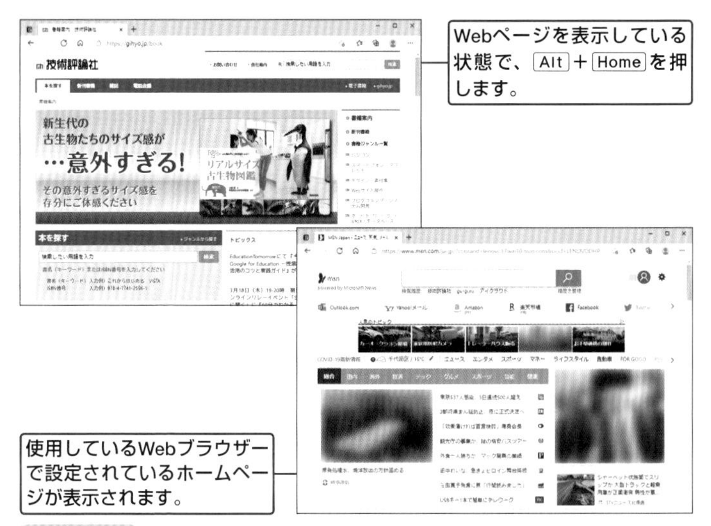

Webページを表示している状態で、Alt ＋ Home を押します。

使用しているWebブラウザーで設定されているホームページが表示されます。

ワンポイント

Alt ＋ Home は、現在表示しているタブがホームに戻ります。表示しているタブを残しておきたい場合は、Ctrl ＋ T で新規タブを表示しましょう（P.72参照）。

SECTION 075 Chrome IE Edge

キャレットブラウズ機能を有効にする

ココで役立つ! Webページ上の文章をキーボードで選択できるようになります。

F7

エフ 7

「キャレットブラウズ」とは、カーソルブラウズとも呼ばれ、まるでテキストエディターのように、Shift と矢印キー(←→↑↓)を使ってWebページ上の文字を選択できる機能です。ショートカットキーで有効化/無効化を切り替えることができます。

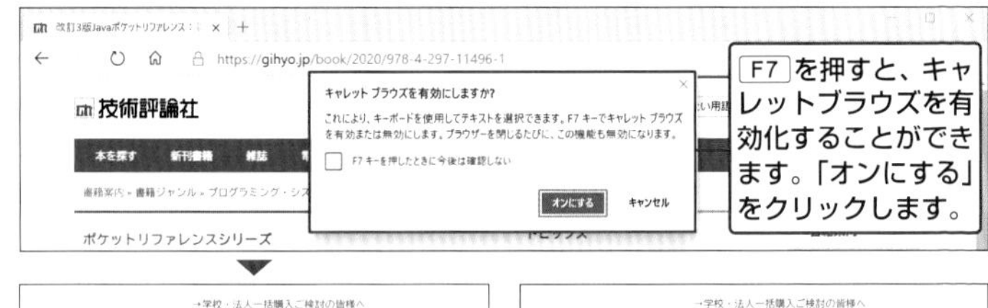

F7 を押すと、キャレットブラウズを有効化することができます。「オンにする」をクリックします。

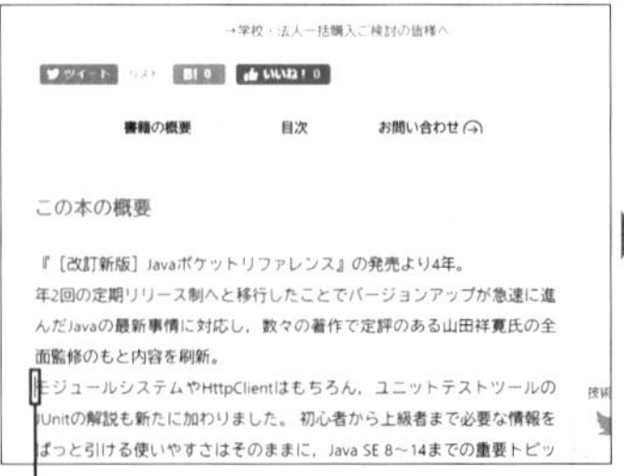

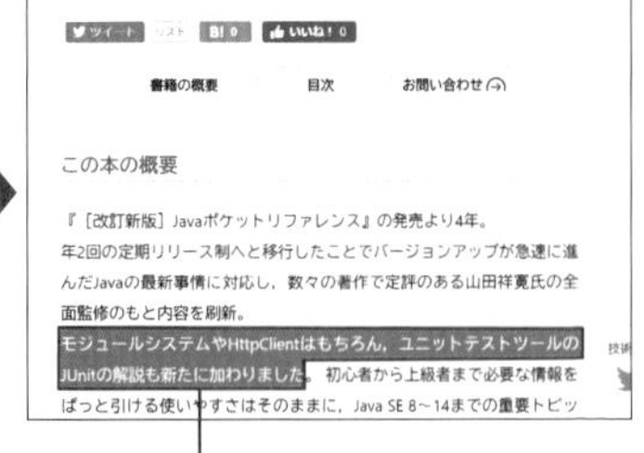

Webページ上の、テキストのある任意の場所をクリックすると、カーソルが表示されます。

Shift ＋矢印キー(←→↑↓)で文章を選択することができます。そのままコピーしたり、右クリックメニューを開いて操作することも可能です。

第4章

Wordの ショートカットキー

キーボードでの入力操作が基本のWordでは、ショートカットキーを使うことで作業効率が劇的にアップします。文書内の移動や書式の設定など、使用頻度の高い操作はショートカットキーを覚えましょう。本章では、Office 2019とMicrosoft 365で利用できるショートカットキーを解説します。

SECTION 076 2019 365

行の先頭／末尾に移動する

ココで役立つ! 行の最初もしくは最後にカーソルを瞬時に移動することができます。

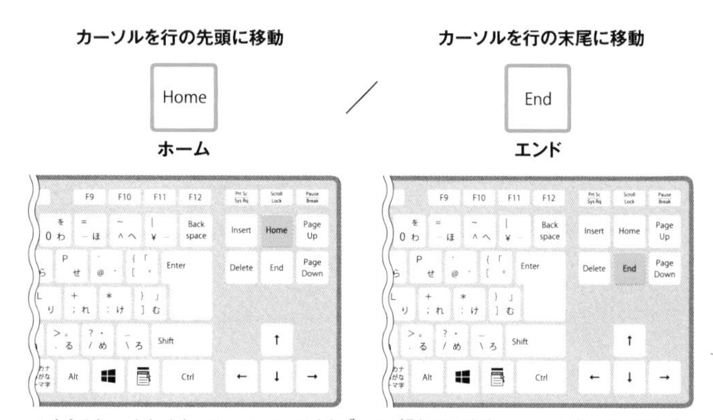

これらのショートカットキーは、Wordのみならず、メモ帳をはじめとする、ほとんどのテキストエディターで使用可能です（P.11参照）。

行の先頭に移動する

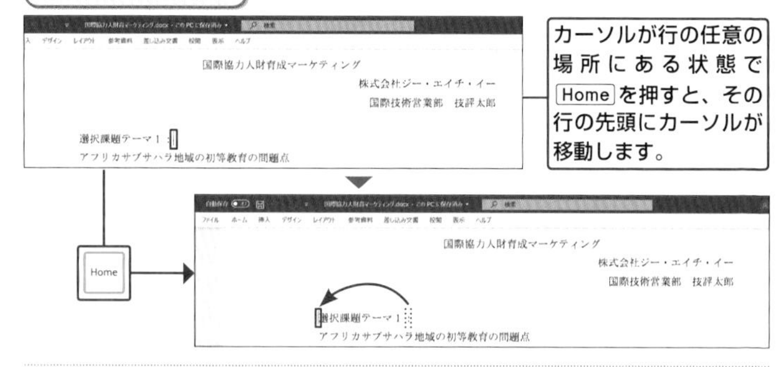

行の末尾に移動する

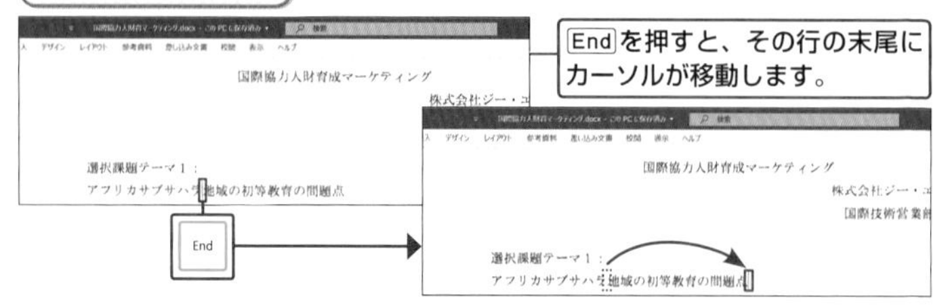

文書の先頭／末尾に移動する

ココで役立つ! 行数に関係なく、文書の最初もしくは最後にカーソルを瞬時に移動します。

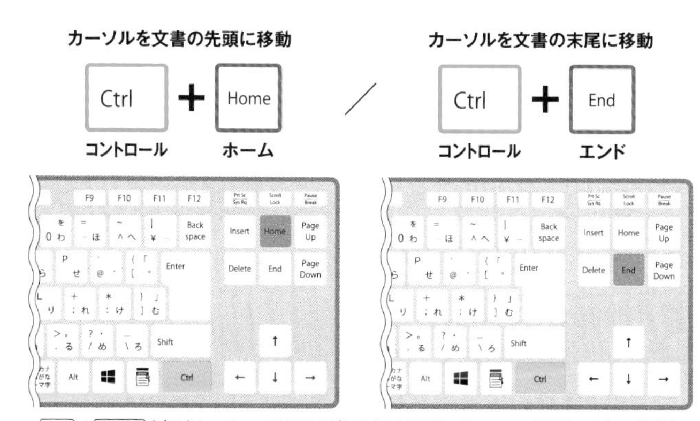

Ctrl＋Homeを押すと、1ページ目の最初の行の行頭にカーソルが移動します。Ctrl＋Endを押すと、最終ページの最終行の末尾にカーソルが移動します。

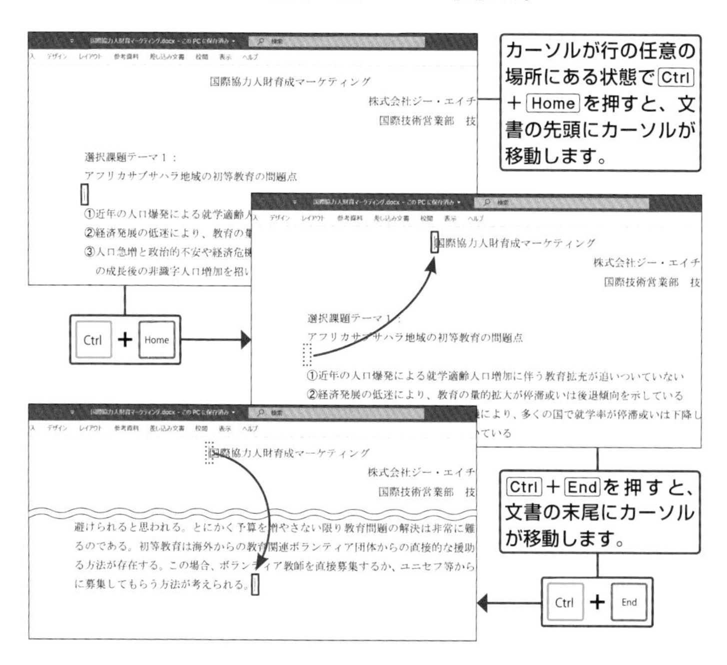

SECTION 078 2019 365

1画面下／上に移動する

ココで役立つ! カーソル移動と画面スクロールが同時に行われるので作業が効率化します。

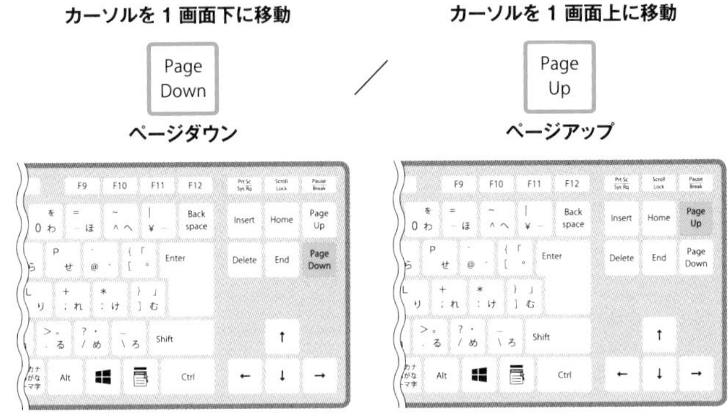

キーの名前は「ページダウン」と「ページアップ」ですが、実際はページ単位ではなく、1画面分ずつ移動します。拡大表示の場合、1ページの中で数回スクロールが行われることもあります。

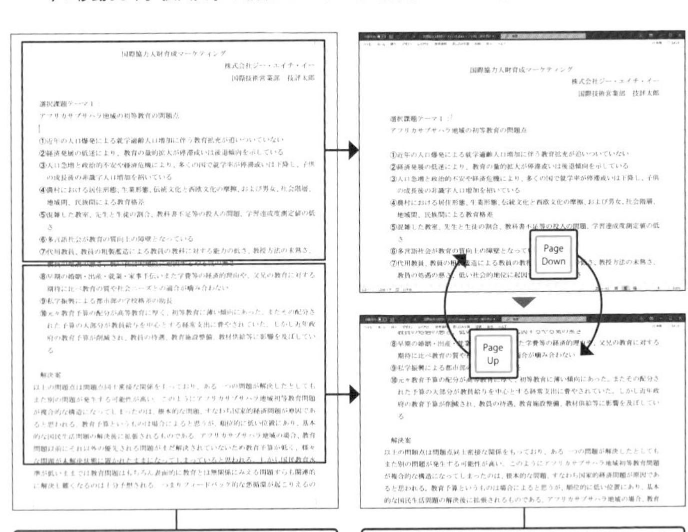

検証で使用する文書の1ページ目を全体が見えるように縮小表示した状態です。通常は、より拡大した状態で編集するケースがほとんどです。

拡大表示して編集中の画面です。Page Down を押すと、1画面分下にスクロールします。カーソルも一緒に移動します。Page Up は、1画面上に移動します。

SECTION 079 2019 365

次のページ／前ページの先頭に移動する

ココで役立つ！ ページ単位でスクロールし、カーソルを当該ページの先頭に移動できます。

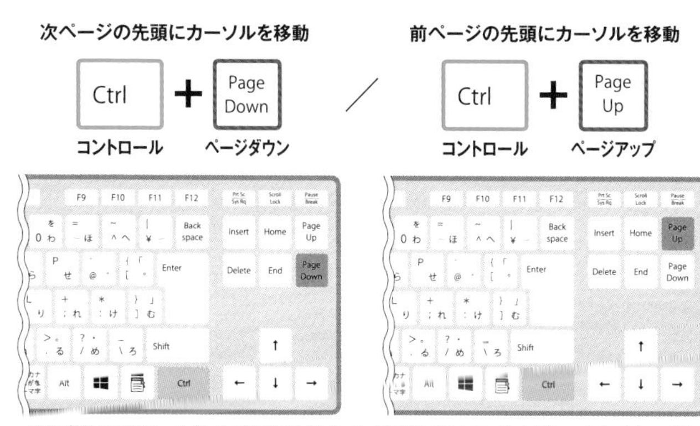

画面単位のスクロール（P.94参照）ではなく、ページ単位でスクロールするショートカットキーです。カーソルは、各ページの先頭に配置されます。

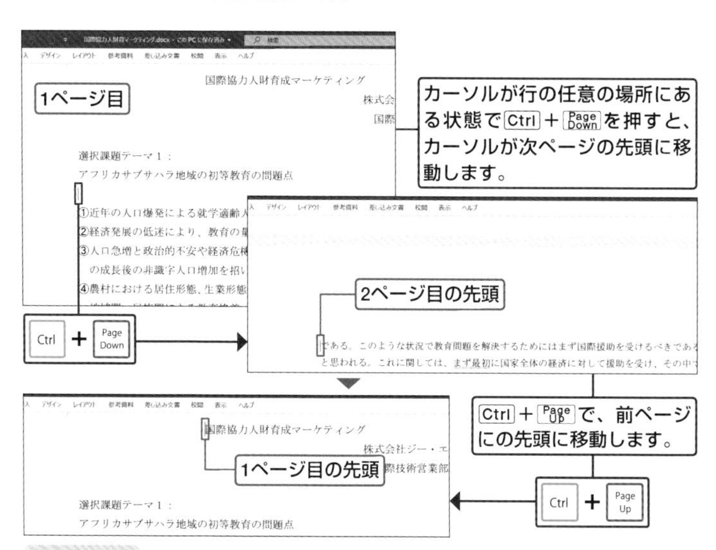

ワンポイント

画面の一番上／一番下に移動するショートカットキーもあります。Ctrl＋Alt＋Page Upで最上部、Ctrl＋Alt＋Page Downで最下部にカーソルがジャンプします。

カーソルを1単語／1段落ずつ移動する

ココで役立つ! 1文字（1行）ずつではなく、単語（段落）単位でサクサク移動できて便利です。

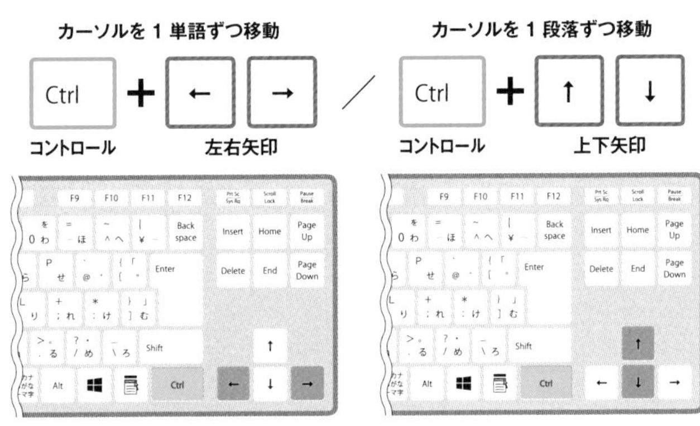

Ctrl+↑（Ctrl+↓）は、段落記号で段落を判定します。

1単語ずつ移動する

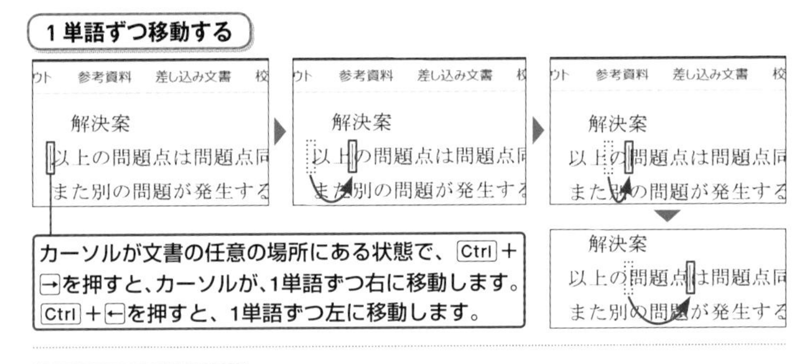

カーソルが文書の任意の場所にある状態で、Ctrl＋→を押すと、カーソルが、1単語ずつ右に移動します。Ctrl＋←を押すと、1単語ずつ左に移動します。

1段落ずつ移動する

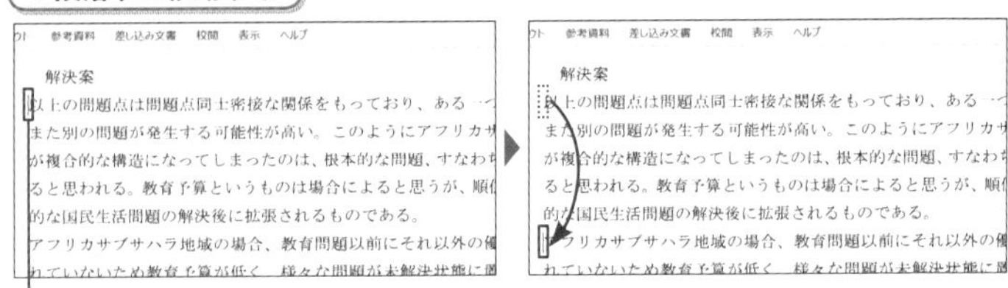

カーソルが文書の任意の場所にある状態で、Ctrl＋↓を押すと、カーソルが1段落ずつ下に移動します。Ctrl＋↑を押すと、1単語ずつ上に移動します。Wordでは、段落記号から次の段落記号までを1段落と認識します。

SECTION 081 2019 365

直前の編集位置へ移動する

ココで役立つ! 1つ前の編集箇所はショートカットキーですぐに移動することができます。

Shift ＋ F5

シフト　エフ5

カーソルを移動してから、直前に編集した箇所に戻りたいのに、なかなか見つからないことがあります。そんなときはこのショートカットキーが役に立ちます。

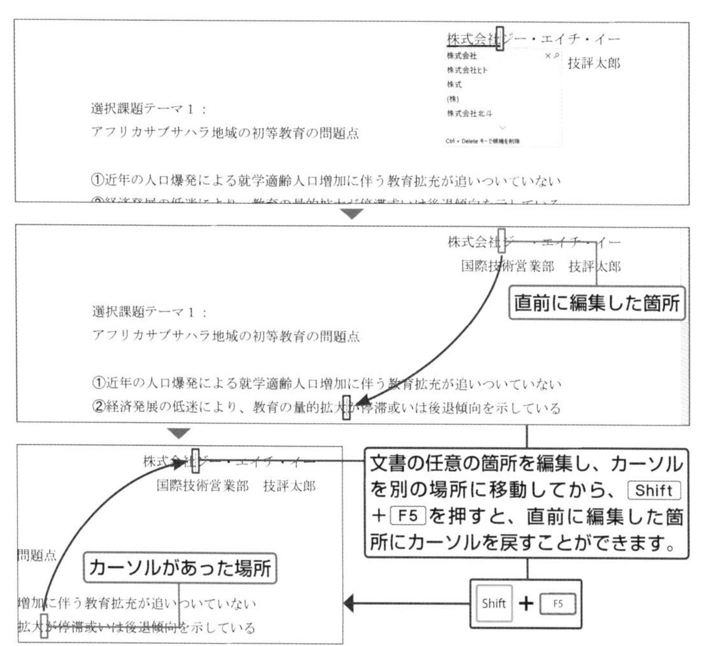

SECTION 082 2019 365

ページを指定して瞬時に移動する

ココで役立つ! Wordには、ページ番号を手入力してジャンプする便利な機能があります。

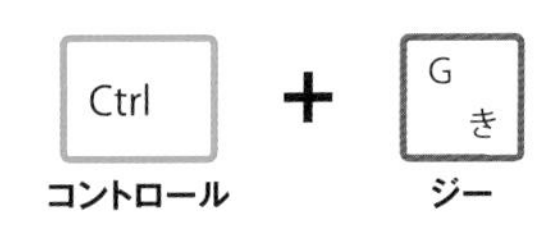

Ctrl＋Gの「G」は、「Go to」で覚えましょう。

任意のページに移動する際、カーソル移動やマウススクロールでは時間がかかってしまいます。ページ番号を直接入力して瞬時に移動すれば時短になります。

ここでは例として、文書の1ページ目から3ページ目に移動する方法を解説します。Ctrl＋Gを押して、「検索と置換」ウィンドウを表示させせます。

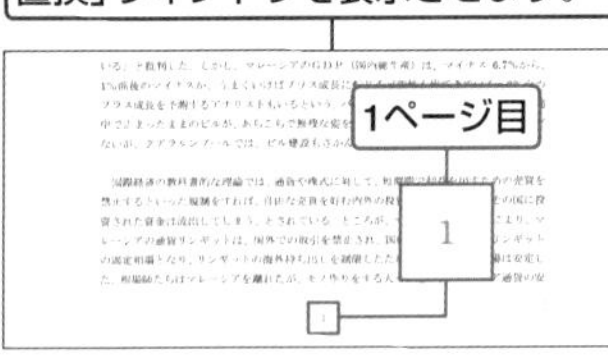

「ジャンプ」タブの「移動先」で、「ページ」を選び、ジャンプしたいページの番号を入力し、「ジャンプ」をクリックします。すると、当該ページが即座に表示されます。

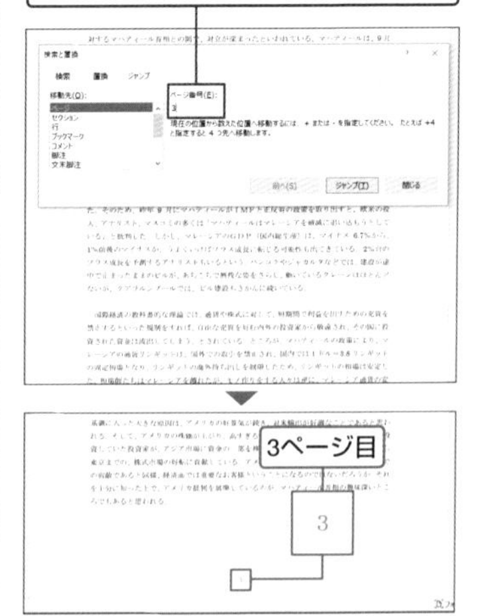

ワンポイント

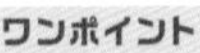

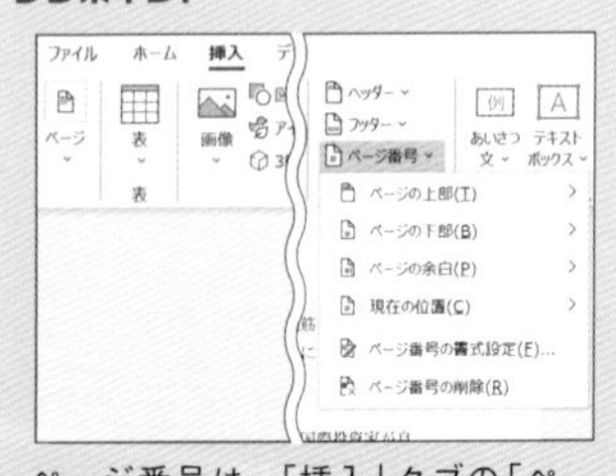

ページ番号は、「挿入」タブの「ページ番号」で表示／非表示できます。

SECTION 083 2019 365

文書の画面表示を拡大／縮小する

ココで役立つ! キーボードとマウスの組み合わせで、表示の倍率調整は効率化できます。

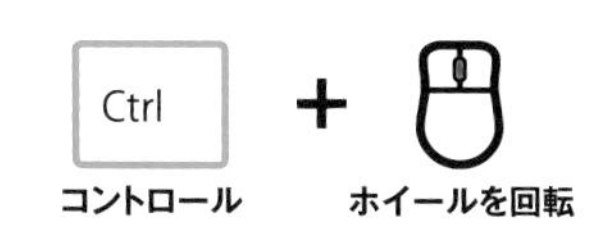

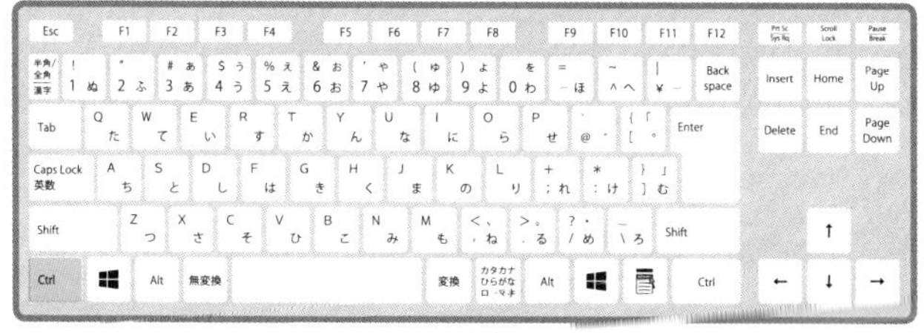

ホイールを下方向（手前）に回すと縮小、上方向（奥）に回すと拡大されます。

表示の拡大を縮小は、通常は画面右下にあるスライドを左右に動かして調整しますが、文章を書きながらの場合はとても非効率的。Ctrl とマウスホイールを回すだけで、拡大と縮小を自由に行うことができます。

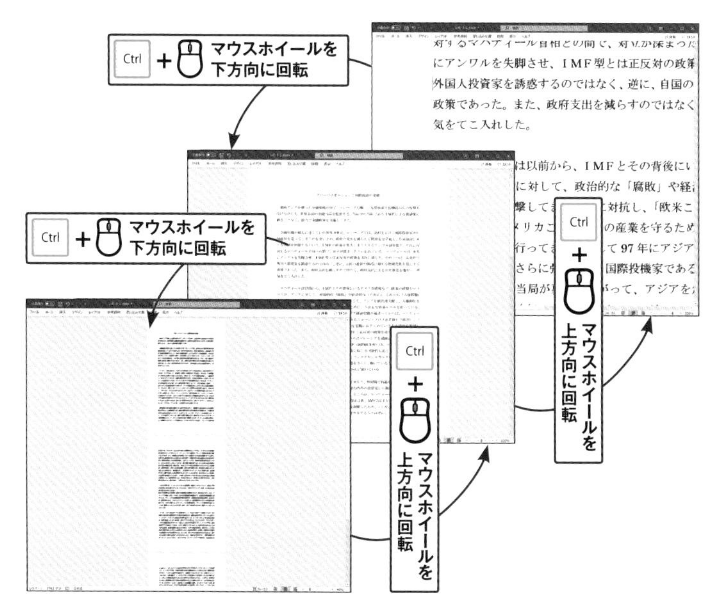

テキストをさまざまな方法で選択する

ココで役立つ! 文章の修正や編集に便利な「テキスト選択」のショートカットキーです。

P.92～97ではカーソルの移動について解説しました。ここにShiftを組み合わせることで、テキストの選択を行うことが可能です。さまざまな選択方法をマスターし、場面に応じて活用すれば、劇的に作業効率がアップします。

テキストを選択する

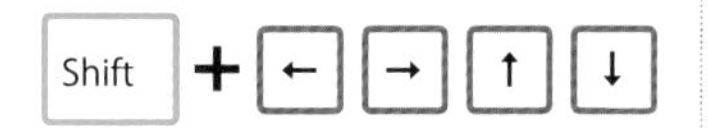

左右（1文字単位）上下（行単位）のテキストを選択できます。

単語単位で選択する

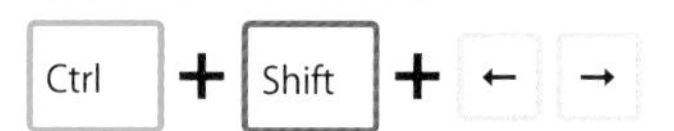

カーソルを中心に、左右のテキストを単語単位で選択します（P.96参照）。

行の先頭／末尾まで選択する

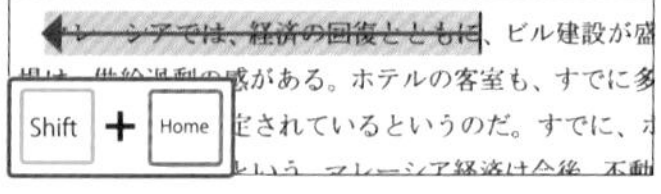

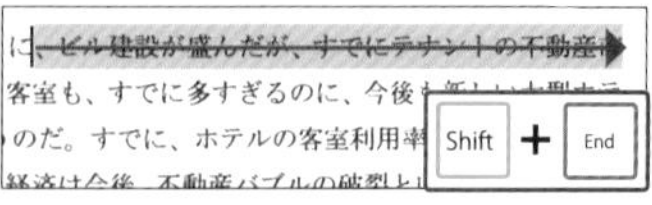

Shift＋Homeで先頭まで、Shift＋Endで行の末尾までを選択します。

文書の先頭／末尾まで選択する

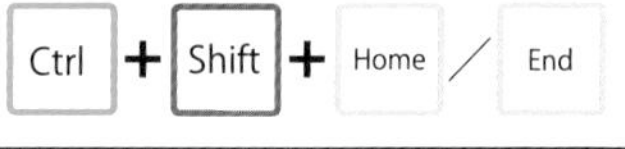

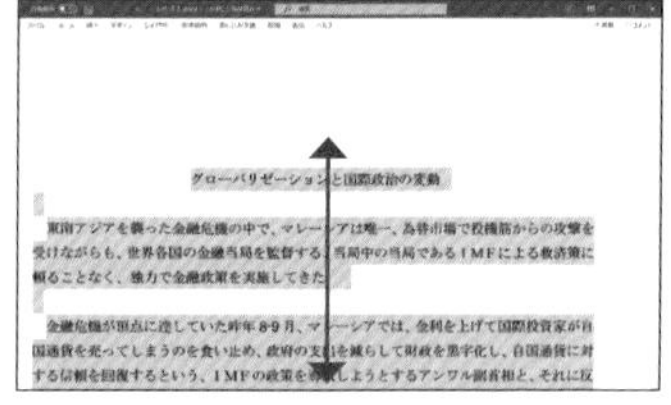

ドキュメントの先頭／末尾までを選択します。

ワンポイント

離れた場所にあるテキストをランダムに選択するには、Ctrlを押しながらマウスでドラッグします。

段落の先頭まで選択する

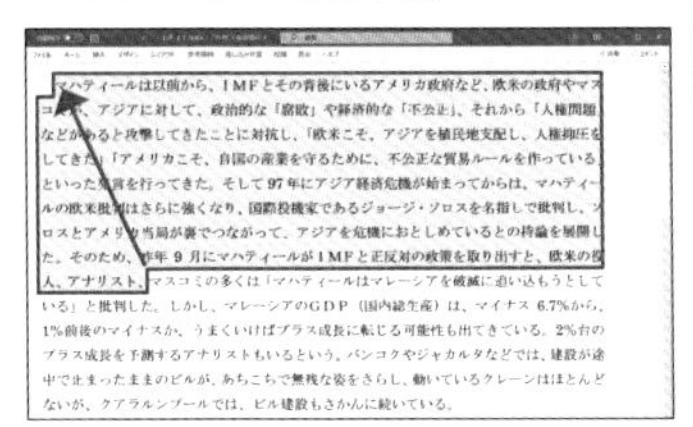

カーソルの位置から、現在の段落の先頭までを選択します。

段落の末尾まで選択する

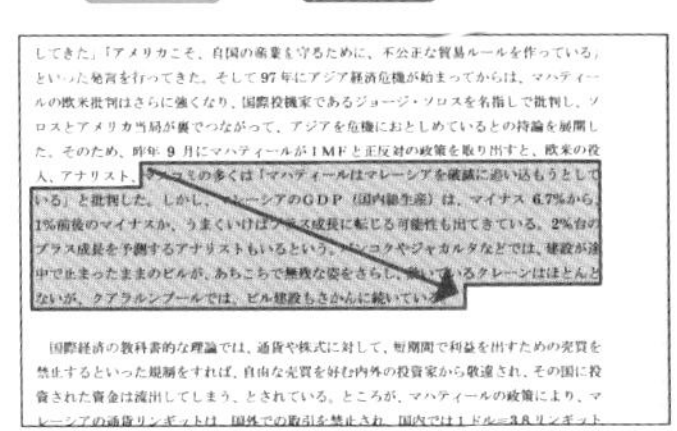

カーソルの位置から、現在の段落の末尾までを選択します。

カーソルから１画面分上を選択する

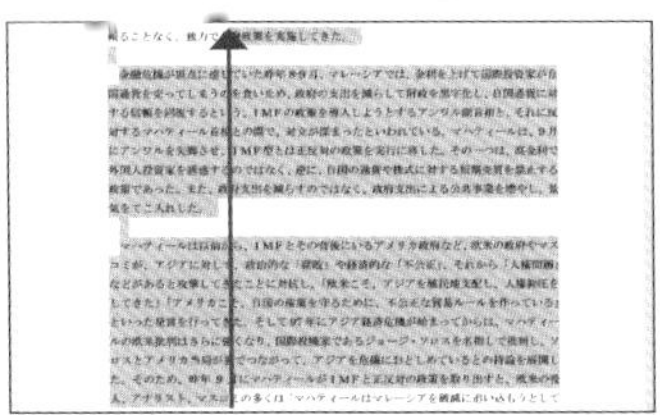

カーソルの位置から上方向に1画面分選択します。

カーソルから１画面分下を選択する

カーソルの位置から下方向に1画面分選択します。

ウィンドウの一番上まで選択する

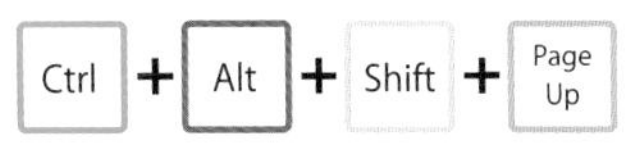

カーソルの位置からウィンドウの一番上まで選択します。

ウィンドウの一番下まで選択する

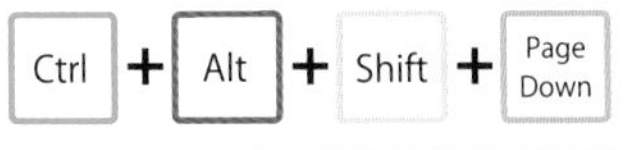

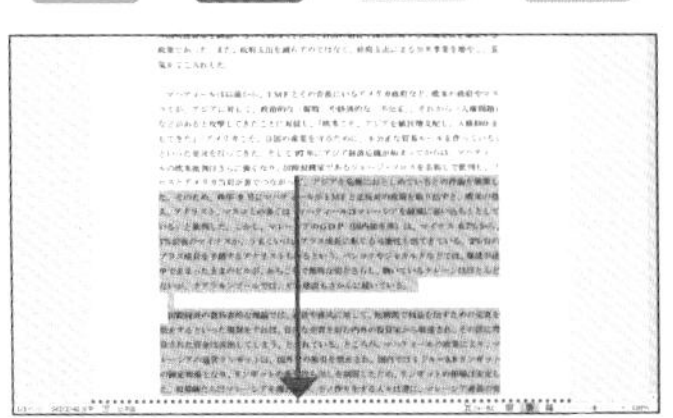

カーソルの位置からウィンドウの一番下まで選択します。

選択範囲を拡張／縮小する

ココで役立つ! 「選択範囲の拡張」モードを有効にします。広範囲の選択を素早く行えます。

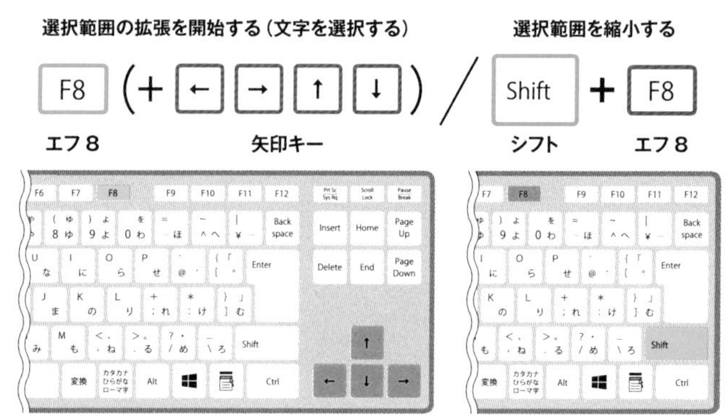

F8 を押してから矢印キー（←→↑↓）を押すと、カーソル周辺を自由に選択していくことができます。F8 を連打すると、単語、文、段落、セクション、文書全体の順に選択範囲が拡張され、Shift ＋ F8 でその逆順に選択範囲が縮小されます。「選択範囲の拡張」モードをオフにするには、Esc を押します。

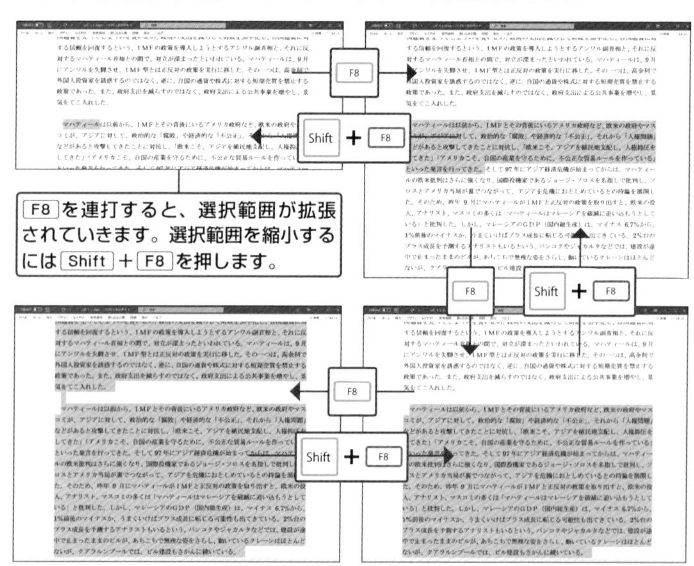

ボックスを描いてテキストを選択する

ココで役立つ! 複数行の文章の左半分のみを選択するなど、選択範囲を自由に設定できます。

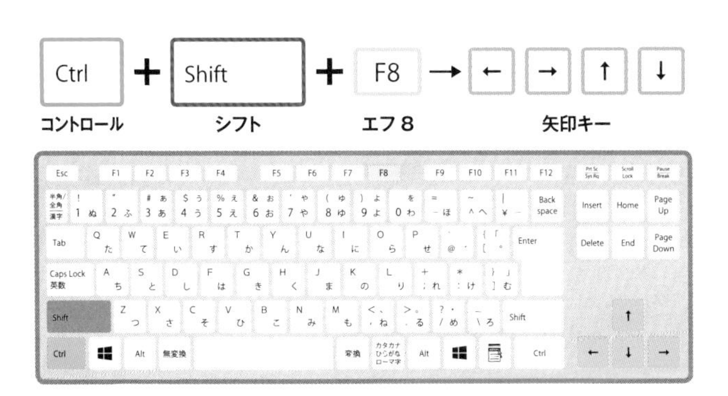

カーソルやマウスを使ったテキストの選択は、基本的に文字単位もしくは行単位になりますが、このショートカットキーを活用すれば、任意のエリアをブロック単位で選択することが可能です。

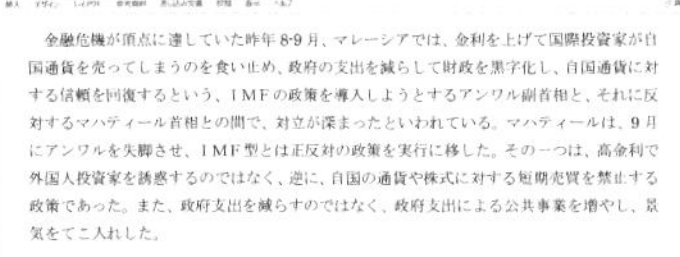
金融危機が頂点に達していた昨年8-9月、マレーシアでは、金利を上げて国際投資家が自国通貨を売ってしまうのを食い止め、政府の支出を減らして財政を黒字化し、自国通貨に対する信頼を回復するという、IMFの政策を導入しようとするアンワル副首相と、それに反対するマハティール首相との間で、対立が深まったといわれている。マハティールは、9月にアンワルを失脚させ、IMF型とは正反対の政策を実行に移した。その一つは、高金利で外国人投資家を誘惑するのではなく、逆に、自国の通貨や株式に対する短期売買を禁止する政策であった。また、政府支出を減らすのではなく、政府支出による公共事業を増やし、景気をてこ入れした。

文書を開き、Ctrl＋Shift＋F8を押します。画面上に変化はありませんが、「矩形選択」モードが有効になります。

矢印キーを押すとカーソルを中心に灰色のブロックが出現し、テキストが選択できます。矢印キー（←→↑↓）を繰り返し押すとブロックの拡大と縮小を行うことができます。

ワンポイント

上の解説はキーボードのみを使った方法ですが、Altを押した状態で画面をマウスでドラッグしても、矩形選択を行うことができます。

SECTION 087 2019 365

テキストを右揃え／左揃えにする

ココで役立つ! テキストの"揃え位置"は、キーボードだけで自由に切り替えられます。

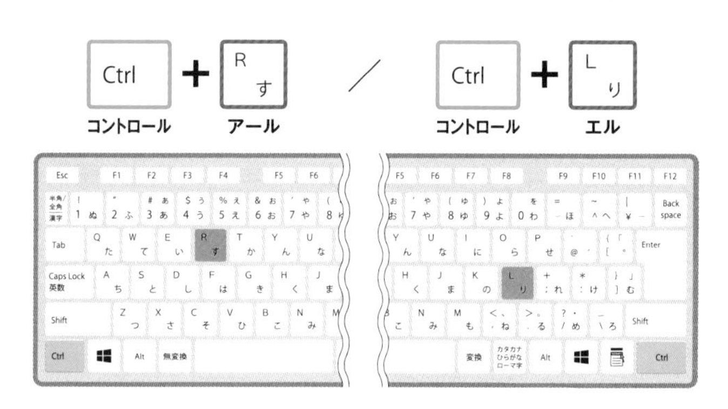

揃え位置の変更は、リボンのコマンドボタンで実行可能ですが、マウスを使うため、作業効率が下がります。ショートカットキーで時間と労力を節約しましょう。

テキストの揃え位置を変更したい段落にカーソルを配置します。カーソルの位置は、当該の段落ならどこでもかまいません。

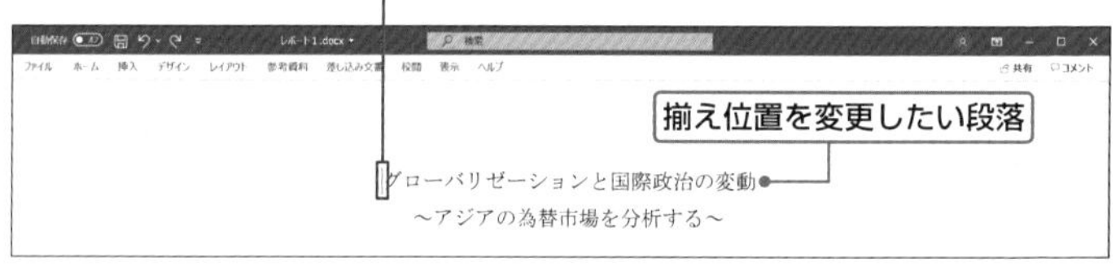

右揃えに配置

Ctrl＋Rを押すと、当該の段落が右揃えになります。

Ctrl＋Lを押すと、当該の行が左揃えになります。

左揃えに配置

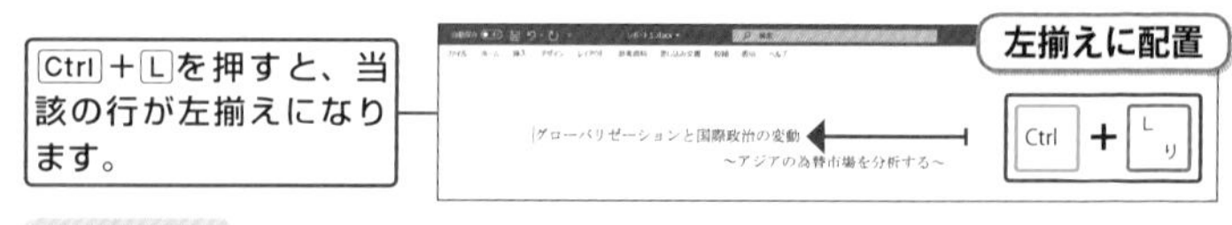

ワンポイント

2行以上の揃え位置を変更するには、対象となる段落を選択してから、上で紹介したショートカットを押します。

グローバリゼーションと国際政治の変動
～アジアの為替市場を分析する～

東南アジアを襲った金融危機の中で、マレーシアは唯一、為替市場で投機筋からの攻撃を受けながらも、世界各国の金融当局を監督する、当局中の当局であるIMFによる救済策に

テキストを中央揃え／両端揃えにする

ココで役立つ! 文書の見出しや段落を整えたいときに使用するショートカットキーです。

Ctrl ＋ E ／ Ctrl ＋ J

コントロール　イー　コントロール　ジェイ

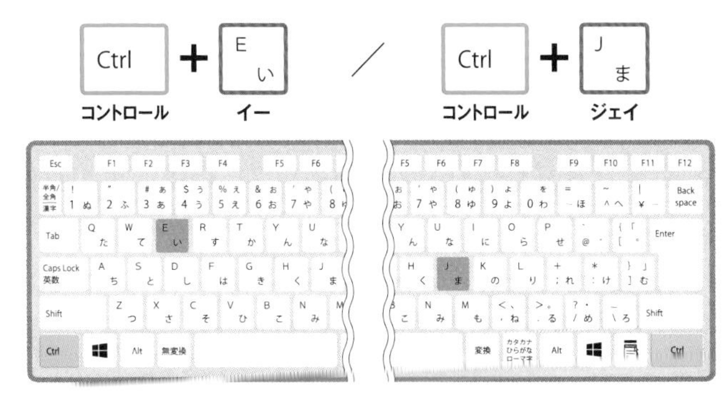

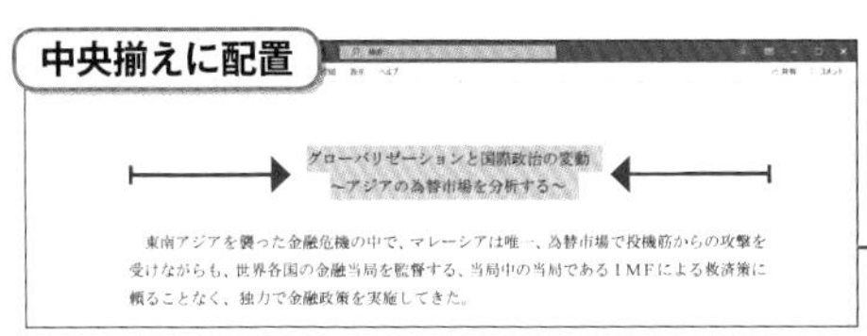

Ctrl＋Eを押すと、当該の段落が文書の左右中央に配置されます。

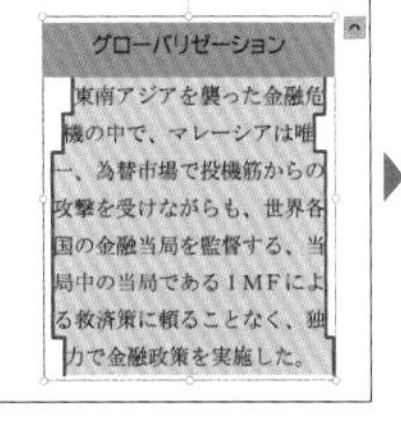

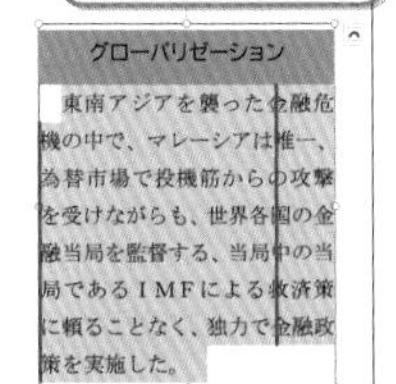

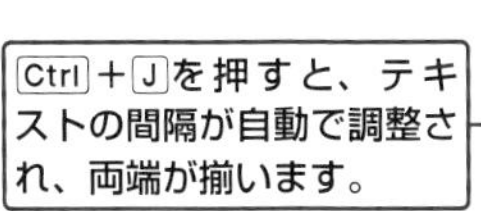

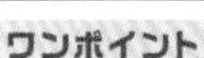

両端揃えは、段落の左右に発生した凸凹を埋めるように字間を自動調整しますが、文字数が少ない行など、揃えることで不自然になる場合はそのまま表示されます。一方、均等割り付けは、行の文字数に関係なく、強制的に均等配置が適用されます（右図一番下の行参照）。均等割り付けのショートカットキーは、Ctrl＋Shift＋Jです。

両端揃え　均等割り付け

SECTION 089 2019 365

下線の書式を素早く適用する

ココで役立つ! リマインドなどに使われる2種類の下線を素早く挿入できて便利です。

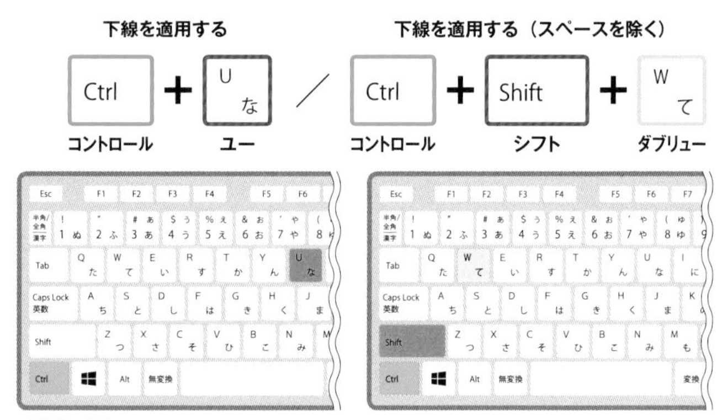

Ctrl+Uの「U」は、「Underline（アンダーライン）」で覚えましょう。

下線を引く方法には大きく3種類があります。場面に応じて使い分けましょう。通常はCtrl+Uを押せば問題ありません。"文字部分"のみに下線を引きたい場合は、Ctrl+Shift+Wを使います。二重下線を引くショートカットキーも存在します。下の解説を確認しましょう。

選択したテキストすべてに下線を引く

for gold; compelled by nationalist fervor or re
Peoples have been subjugated and liberated.
red, a countless toll, their names forgotten by

テキスト（スペースを含む）を選択し、Ctrl+Uを押すと、選択したすべての箇所に下線が追加されます。

スペース以外のテキストに下線を引く

for gold; compelled by nationalist fervor or re
Peoples have been subjugated and liberated.
red, a countless toll, their names forgotten by

テキスト（スペースを含む）を選択し、Ctrl+Shift+Wを押すと、スペース以外の箇所に下線が追加されます。

ワンポイント

上で解説した方法で適応されるのは1本の下線ですが、下線を2本にすることもできます。二重下線を適応する場合はCtrl+Shift+Dを押します。

for gold; compelled by nationalist fervor or re
Peoples have been subjugated and liberated.
red, a countless toll, their names forgotten by
its brutal end in Hiroshima and Nagasaki

SECTION 090 2019 365

太字や斜体の書式を素早く適用する

ココで役立つ! 強調や引用などで使うことの多い太字や斜体を素早く適応できて便利です。

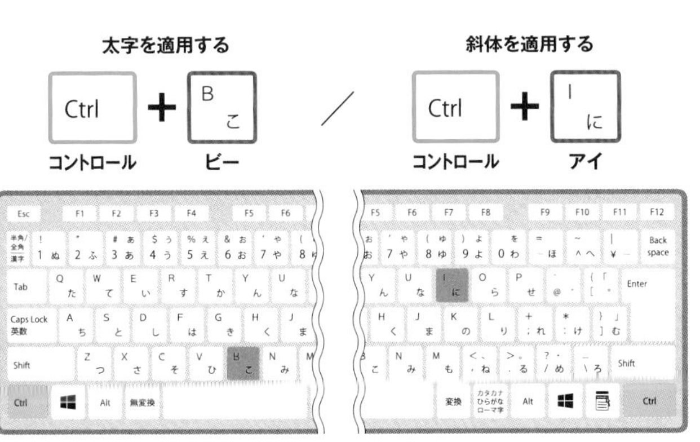

Ctrl+Bの「B」は「Bold(ボールド)」、Ctrl+Iの「I」は「Italic(イタリック)」を意味します。

太字や斜体にもショートカットキーが割り当てられています。どちらも文中の一部分に随時適応することが多い書式なので、都度マウスを使うより、ショートカットキーを活用したほうが断然効率的です。

書式を変更したいテキストを選択します。

吾輩わがはいは猫である。名前はまだ無い。
どこで生れたかとんと見当けんとうがつかぬ。何でも薄暗いじめじめした所でニャーニャー泣いていた事だけは記憶している。吾輩はここで始めて人間というものを見た。しかもあとで聞くとそれは書生という人間中で一番獰悪どうあくな種族であったそうだ。この書生というのは時々我々を捕つかまえて煮にて食うという話である。しかしその当時は何という考もなかったから別段恐しいとも思わなかった。ただ彼の掌てのひら

太字を適用する

る。名前はまだ無い。
と見当けんとうがつかぬ。何でも薄暗いじめじめした所でニャー
けは記憶している。**吾輩はここで始めて人間というものを見た**。
れは書生という人間中で一番獰悪どうあくな種族であったそう

Ctrl+Bを押すと太字になります。再度Ctrl+Bを押すと、太字をかける前に戻ります。

斜体を適用する

る。名前はまだ無い。
と見当けんとうがつかぬ。何でも薄暗いじめじめした所でニャー
けは記憶している。***吾輩はここで始めて人間というものを見た***。
れは書生という人間中で一番獰悪どうあくな種族であったそう

Ctrl+Iを押すと斜体になります。ここでは例として、太字適用後、さらに斜体にしています。

SECTION 091 2019 365

フォントや文字の色をまとめて変更する

ココで役立つ! フォントの種類や文字の色など複数の装飾をまとめて変更できて便利です。

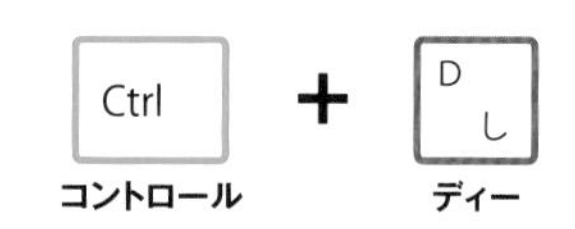

Ctrl＋Dは、Ctrl＋「Design（デザイン）」で覚えるのがおすすめです。

文書を開きCtrl＋Dを押すと、「フォント」ウィンドウが表示されます。このウィンドウには「フォント」と「詳細設定」という2つのタブがあり、さまざまな効果を施すことが可能です。一度に複数の効果をまとめて適用したいときに活用します。

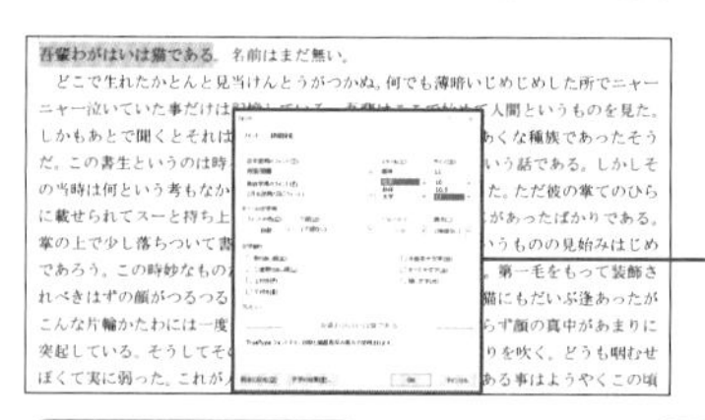

文書を開き、Ctrl＋Dを押すと、「フォント」ウィンドウが表示されます。2つのタブにある項目を変更すると、「プレビュー」に反映され、効果をあらかじめ確認できます。

「フォント」タブ

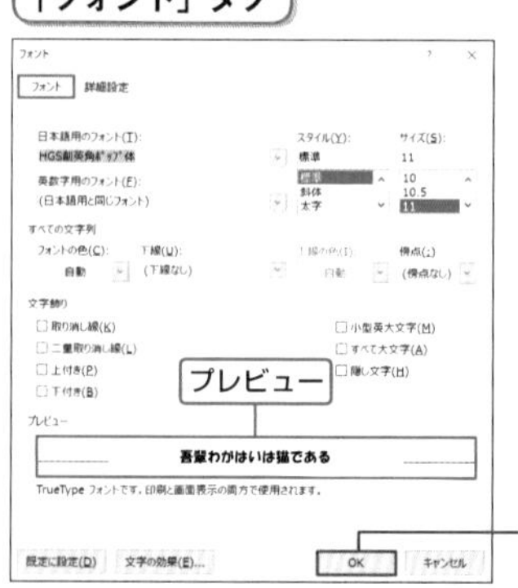

「詳細設定」タブ

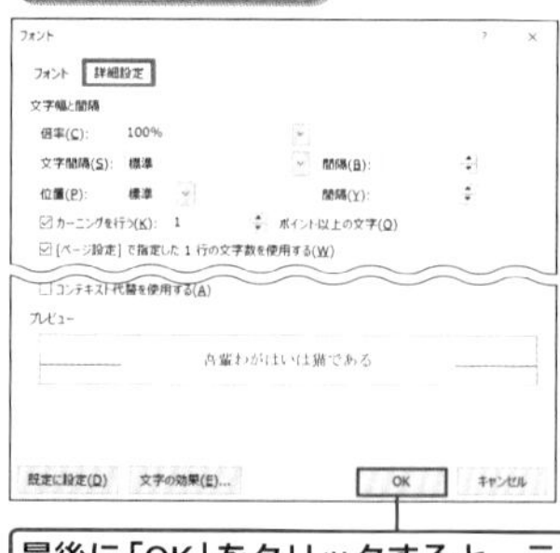

最後に「OK」をクリックすると、テキストに反映されます。

SECTION 092 2019 365

文字を1ポイントずつ拡大／縮小する

ココで役立つ! 「何ポイントがちょうどいい大きさかわからない」ときに重宝します。

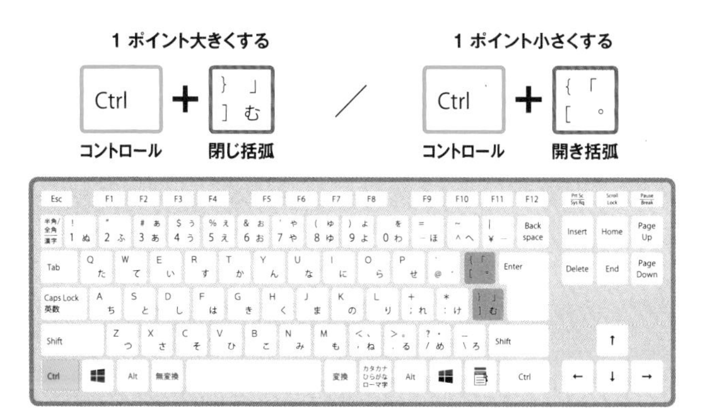

文字の大きさを変更するためのショートカットキーです。Ctrl＋]で拡大、Ctrl＋[で縮小することができます。1ポイント（約0.35mm）ずつ大きさが変わるので、その場で確認できるのも大きなメリットです。

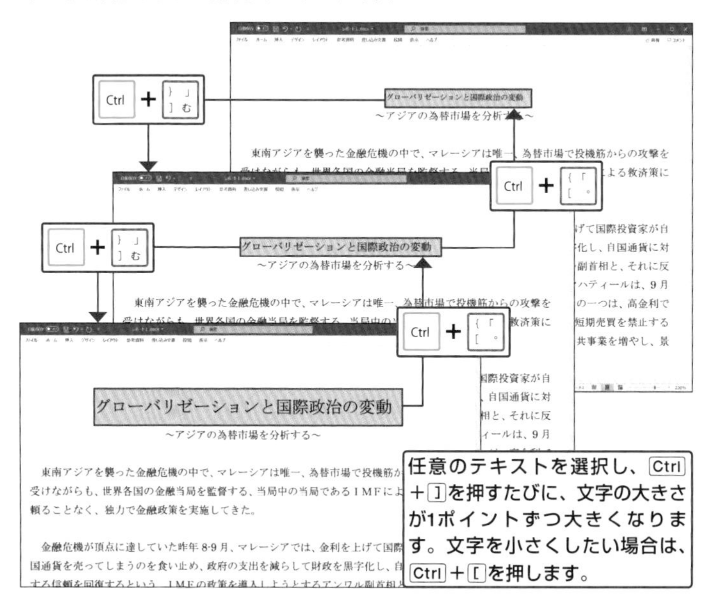

任意のテキストを選択し、Ctrl＋]を押すたびに、文字の大きさが1ポイントずつ大きくなります。文字を小さくしたい場合は、Ctrl＋[を押します。

ぶら下げ／字下げを設定する

ココで役立つ! スペースキーによるぶら下げや字下げから脱却するために必ず覚えましょう。

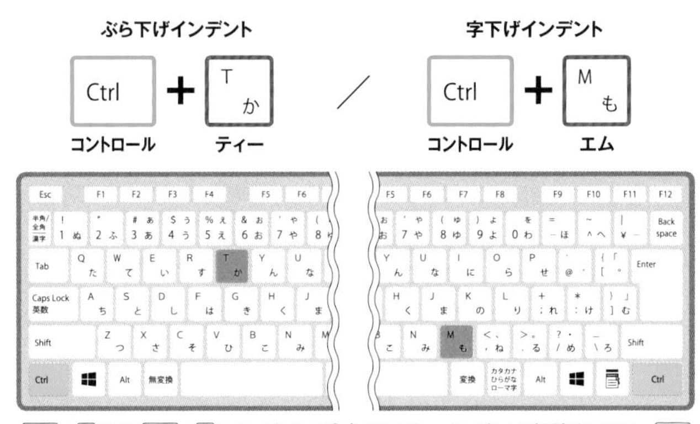

Ctrl＋Tまたは Ctrl＋Mでインデントが設定されます。インデントを解除するには、Ctrl＋Shift＋Tまたは Ctrl＋Shift＋Mを押します。

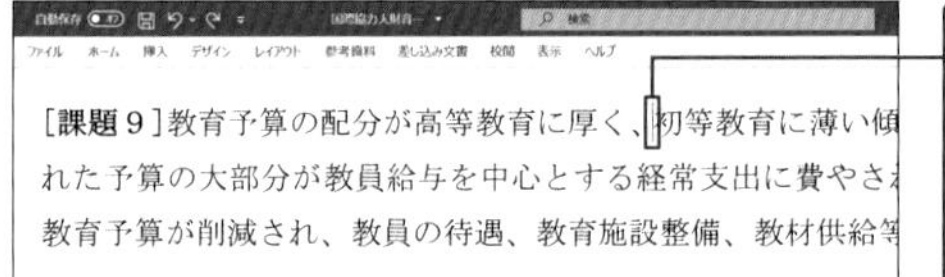

インデントを設定したい段落にカーソルを配置します。カーソルの位置は、当該の段落中ならどこでもかまいません。

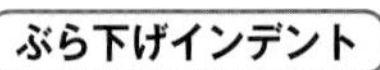

ぶら下げインデント

Ctrl＋Tを押すと、当該の段落にぶら下げインデントが施されます。

字下げインデント

Ctrl＋Mを押すと、当該の段落に1行目のインデントが施されます。

ワンポイント

インデントの間隔を文字単位で細かく調整したい場合は、「レイアウト」タブで設定します。

SECTION 094 2019 365

上付き文字／下付き文字を設定する

ココで役立つ! 数式や化学式が混じった文書を作成するときに便利なショートカットです。

Ctrl＋Shift＋＋で上付き文字、Ctrl＋Shift＋＝で下付き文字が設定されます。同じキーをもう一度押すと解除することができます。

上付き文字の設定

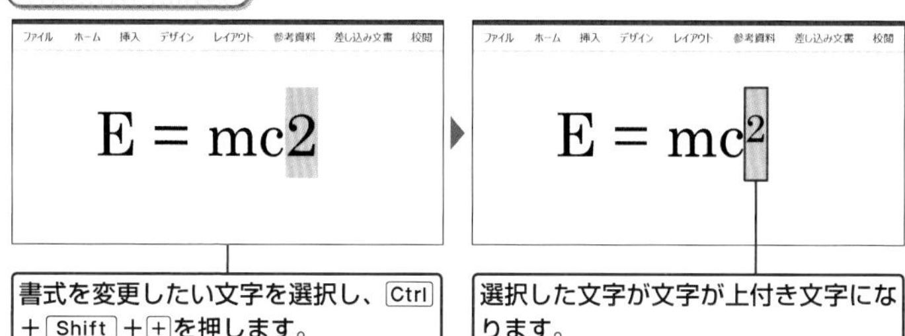

書式を変更したい文字を選択し、Ctrl＋Shift＋＋を押します。

選択した文字が文字が上付き文字になります。

下付き文字の設定

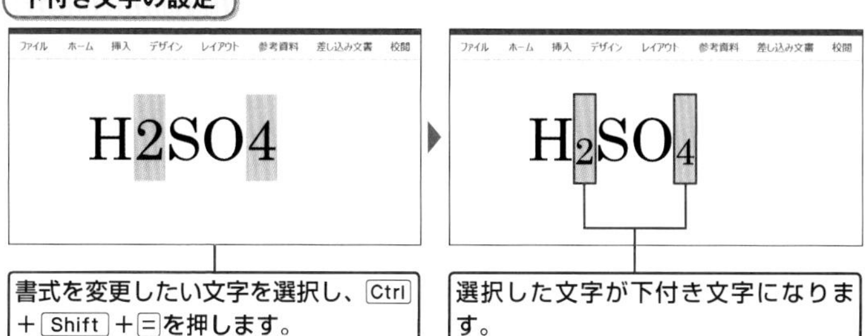

書式を変更したい文字を選択し、Ctrl＋Shift＋＝を押します。

選択した文字が下付き文字になります。

手動で設定された文字書式を解除する

ココで役立つ! 前の文字のスタイルを引き継がずに入力を続けたいときに役立ちます。

文中に異なる文字書式が混在するとき、ショートカットで書式を解除すれば、入力作業がスムーズに進みます。文字を選択し Ctrl ＋ Space を押すことで、前の文字に施されたスタイルを引き継がずに文字入力を続けることができます。

文字書式を解除せずに入力した場合

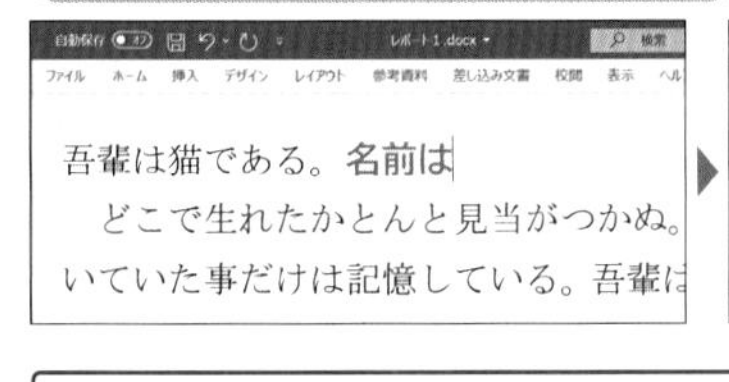

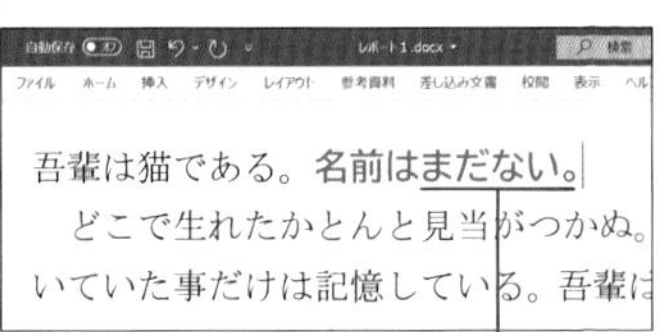

ここでは例として、文中の文字のフォントや色を変更しています。そのまま入力を進めると、カーソルの前の文字に施された文字書式が踏襲されます。

文字書式を解除してから入力した場合

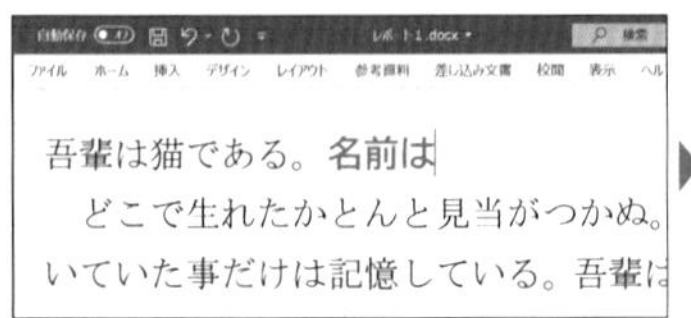

吾輩は猫である。名前はまだ無い。
どこで生れたかとんと見当がつかぬ。
いていた事だけは記憶している。吾輩は

Ctrl ＋ Space を押してから入力を始めると、文字書式が標準に戻っていることが分かります。

段落書式を解除する

ココで役立つ! 段落に設定したインデントや箇条書きなどを素早く解除できます。

P.112で紹介したショートカットキー（Ctrl＋Space）は、文字書式のみを解除し、段落書式は変わりません。文字はそのままで、段落スタイルのみを解除したいときは、Ctrl＋Qを押しましょう。

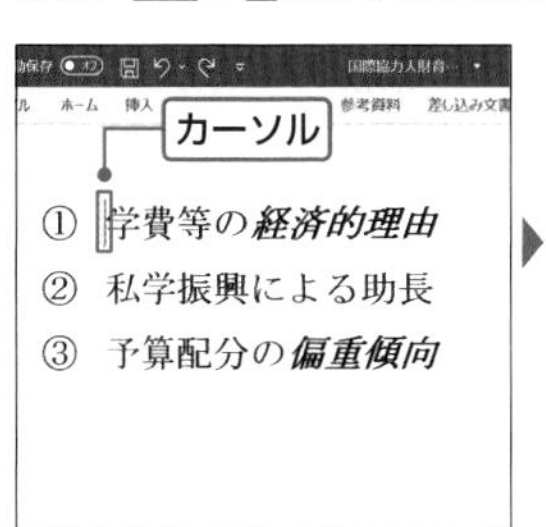

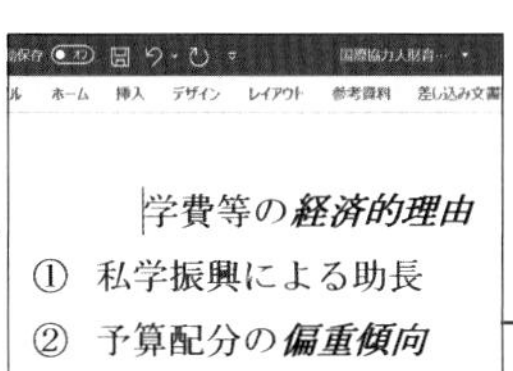

任意の場所にカーソルを置き、Ctrl＋Qを押すと、カーソルを含む段落の書式が解除されます。

ワンポイント

文字書式と段落書式をまとめて解除し、標準スタイルを適用したいときは、Ctrl＋Shift＋Nが便利です。書式を解除したい箇所を選択し、このショートカットキーを押すと、各種書式が解除され、標準スタイルに戻ります。

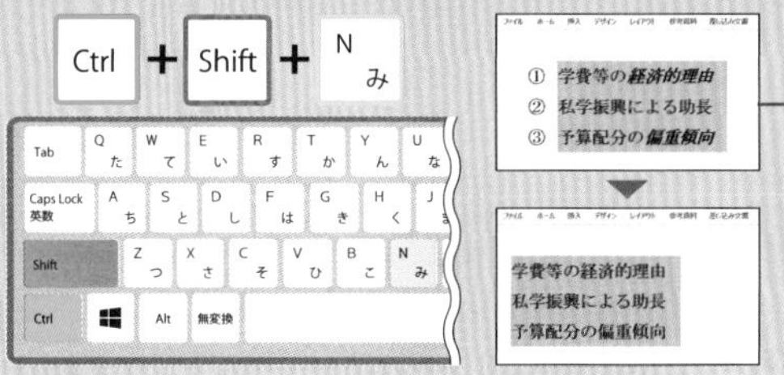

段落を選択し、Ctrl＋Shift＋Nを押すと、段落書式と文字書式がすべて解除され、標準スタイルが適用されます。

SECTION 097 2019 365

書式をコピーする／書式を貼り付ける

ココで役立つ！ 書式情報のみをコピーして文字や段落に適用したいときに便利です。

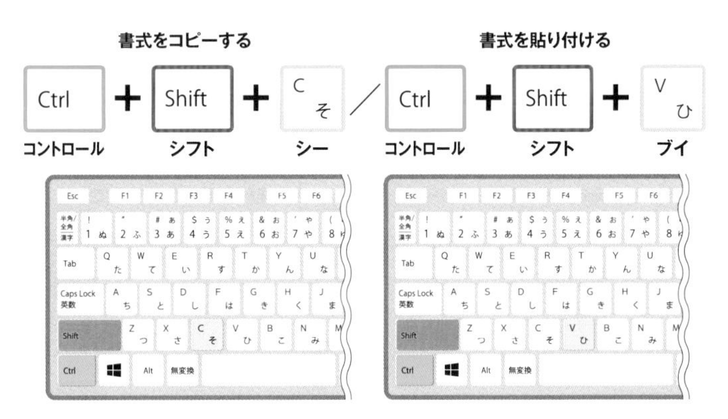

通常のコピー＆ペーストで用いられるCtrl＋CとCtrl＋Vに、Shiftを加えるだけで書式情報のみをコピー＆ペーストできるようになります。文書の編集作業を効率よく行うことが可能です。

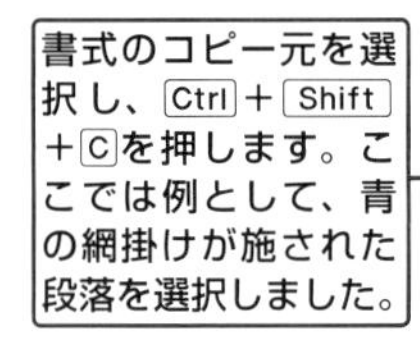

書式のコピー元を選択し、Ctrl＋Shift＋Cを押します。ここでは例として、青の網掛けが施された段落を選択しました。

My fellow citizens 1:
I stand here today humbled by the task before us, grateful for the trust you have bestowed, mindful of the sacrifices borne by our ancestors. I thank President Bush for his service to our nation, as well as the generosity and cooperation he has shown throughout this transition.

My fellow citizens 2:
Forty-four Americans have now taken the presidential oath. The words have been spoken

コピー先を選択し、Ctrl＋Shift＋Vを押します。

My fellow citizens 1:
I stand here today humbled by the task before us, grateful for the trust you have bestowed, mindful of the sacrifices borne by our ancestors. I thank President Bush for his service to our nation, as well as the generosity and cooperation he has shown throughout this transition.

My fellow citizens 2:
Forty-four Americans have now taken the presidential oath. The words have been spoken

書式の貼り付けが実行され、コピー元と同じ文字スタイルや段落スタイルが適用されます。

My fellow citizens 1:
I stand here today humbled by the task before us, grateful for the trust you have bestowed, mindful of the sacrifices borne by our ancestors. I thank President Bush for his service to our nation, as well as the generosity and cooperation he has shown throughout this transition.

My fellow citizens 2:
Forty-four Americans have now taken the presidential oath. The words have been spoken during rising tides of prosperity and the still waters of peace. Yet, every so often the oath

SECTION 098 2019 365

書式なしで文字を貼り付ける

ココで役立つ! コピー元の書式を適用せずに文字を貼り付けることができます。

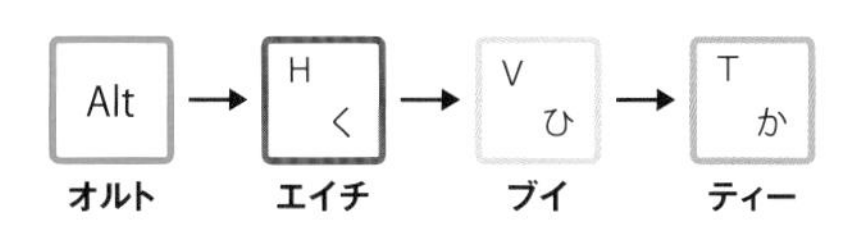

Webページやほかのアプリでコピーした文字をWordに貼り付けると、コピー元の書式が適用された状態になります。書式なしで文字を貼り付けたい場合は、Alt→H→V→Tの順に押します。

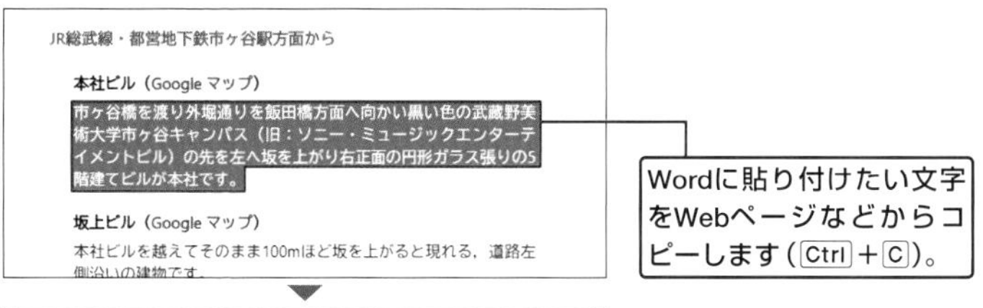

Wordに貼り付けたい文字をWebページなどからコピーします（Ctrl＋C）。

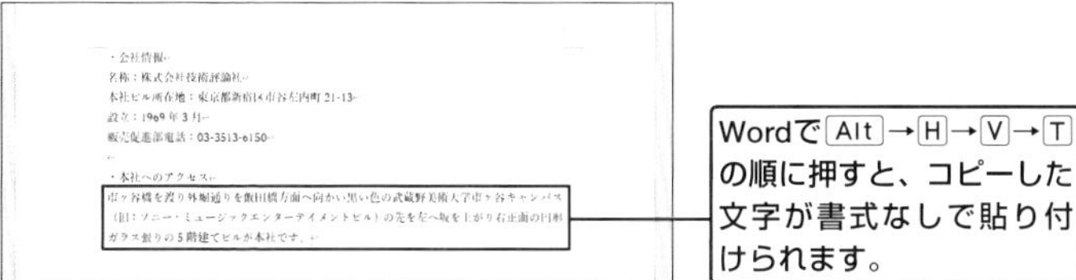

WordでAlt→H→V→Tの順に押すと、コピーした文字が書式なしで貼り付けられます。

ワンポイント

Ctrl＋Alt＋Vを押すと表示される「形式を選択して貼り付け」ウィンドウで「Unicode」を選択することでも、書式なしで文字を貼り付けられます。

段落を変えずに改行する

ココで役立つ! 段落の途中で書式を引き継がずに改行したいときに重宝します。

Enter による通常の改行では段落書式が引き継がれます。この仕様は、箇条書きで連番を振りたいときに便利ですが、必ず段落が変わってしまいます。改行時に書式を引き継ぎたくない場合は Shift ＋ Enter を押しましょう。

Enter を押して改行した場合

ここで改行

① 近年の人口爆発による就学適齢人口増加（それに伴う教育拡充が追いついていない）

段落の途中で Enter を押すと、その段落に設定された書式のまま改行が実行されます。

① 近年の人口爆発による就学適齢人口増加
②（それに伴う教育拡充が追いついていない）

Shift ＋ Enter を押して改行した場合

ここで改行

① 近年の人口爆発による就学適齢人口増加（それに伴う教育拡充が追いついていない）

Shift ＋ Enter を押すと、段落の書式は引き継がれません。段落を変えずに改行を行うことができます。

① 近年の人口爆発による就学適齢人口増加
（それに伴う教育拡充が追いついていない）

SECTION 100 2019 365

行間を広げる

ココで役立つ! 行と行の間を広げて文章を読みやすくしたいときに便利です。

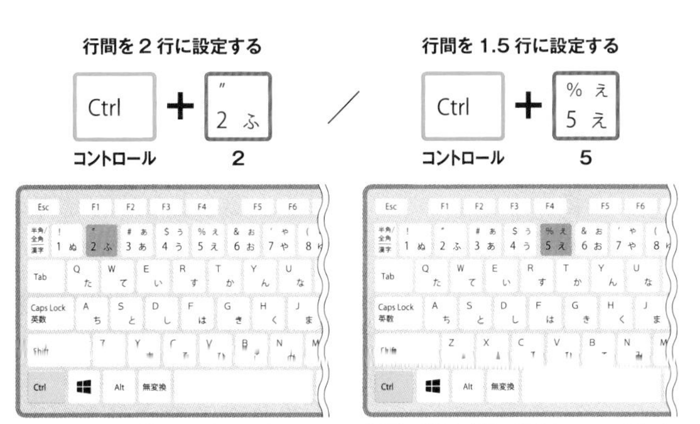

カーソルがある段落の行間全体に適用されます。Ctrl+「設定行数の数字」でイメージすると覚えやすいでしょう。なお、Ctrl+1は、標準行間である1行に戻す際に使います。

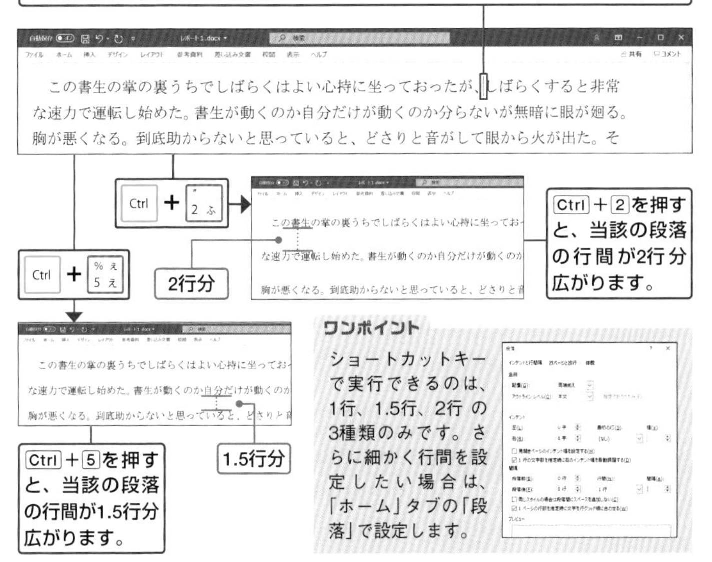

ワンポイント

ショートカットキーで実行できるのは、1行、1.5行、2行 の3種類のみです。さらに細かく行間を設定したい場合は、「ホーム」タブの「段落」で設定します。

SECTION 101　2019　365

段落前の間隔を追加する

ココで役立つ! 段落と段落の間を広げて文書を見やすくしたいときに役立ちます。

Ctrl ＋ 0

コントロール　0（ゼロ）

段落と段落の間をEnterで空けてしまうと、空の行が段落として認識されるためレイアウトが崩れることがあります。段落間にスペースを作りたいときは、Ctrl＋0を押しましょう。なお、ここでは「編集記号」を表示して解説しています。

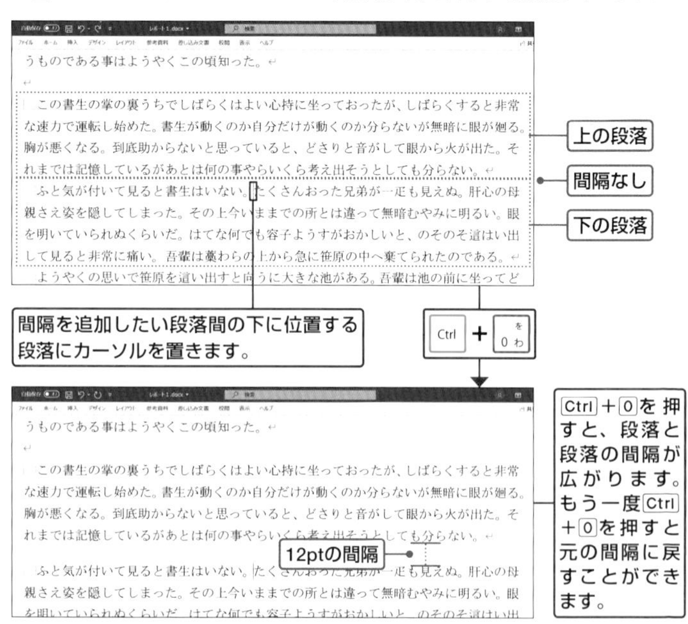

段落を上下に入れ替える

ココで役立つ! 段落の順番を素早く変更したいときに役立ちます。

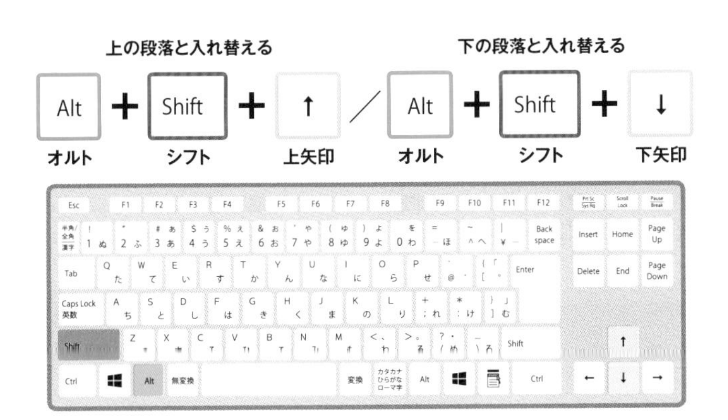

段落の入れ替えは、ショートカットキーで素早く行うことが可能です。コピーや切り取りを実行して貼り付ける、といった手間が省けるので便利です。

移動したい段落にカーソルを置きます。上の段落と入れ替えたい場合はAlt＋Shift＋↑を押し、下の段落と入れ替えたい場合はAlt＋Shift＋↓を押します。

④ 農村における居住形態、生業形態、伝統文化と西欧文化の摩擦、および男女、階層、地域間、民族間による教育格差
⑤ 混雑した教室、先生と生徒の割合、教科書不足等の投入の問題
⑥ 多言語社会が教育の質向上の障壁となっている
⑦ 早期の婚姻・出産・就業・家事手伝いまた学費等の経済的理由や、父兄の教育する期待に比べ教育の質や社会ニーズとの適合が噛み合わない
⑧ 私学振興による都市部の学校格差の助長
⑨ 元々教育予算の配分が高等教育に厚く、初等教育に薄い傾向にあった。またそ分された予算の大部分が教員給与を中心とする経常支出に費やされていた。し近年政府の教育予算が削減され、教員の待遇、教育施設整備、教材供給等に影及ぼしている

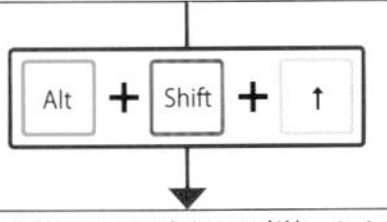

④ 農村における居住形態、生業形態、伝統文化と西欧文化の摩擦、および男女、社会階層、地域間、民族間による教育格差
⑤ 混雑した教室、先生と生徒の割合、教科書不足等の投入の問題
⑥ 多言語社会が教育の質向上の障壁となっている
⑦ 早期の婚姻・出産・就業・家事手伝いまた学費等の経済的理由や、父兄の教育に対する期待に比べ教育の質や社会ニーズとの適合が噛み合わない
⑧ 元々教育予算の配分が高等教育に厚く、初等教育に薄い傾向にあった。またその配分された予算の大部分が教員給与を中心とする経常支出に費やされていた。しかし近年政府の教育予算が削減され、教員の待遇、教育施設整備、教材供給等に影響を及ぼしている
⑨ 私学振興による都市部の学校格差の助長

段落の順番が入れ替わりました。箇条書きの段落番号も順番に合わせて自動で変更されます。

さまざまな特殊文字を挿入する

ココで役立つ! 通常の文字変換では入力することが難しい特殊文字を素早く挿入できます。

ダッシュや著作権記号などの特殊文字は、キーボードのキーには割り当てられていないため、いざ入力しなければいけないときに困ることがあります。ショートカットで一発入力できるので、ここで確認しておきましょう。

全角ダッシュ（—）を挿入する

増やす方法があるが、これはまた
は難しい所もあるがゆっくり、少
れる。とにかく予算を増やさない
教育は海外からの教育関連ボラン
。この場合、ボランティア教師を
う方法が考えられる——。

文章のつなぎや引用などで使うダッシュを入力します。

半角ダッシュ（–）を挿入する

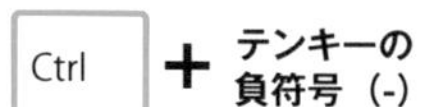

増やす方法があるが、これはまた
は難しい所もあるがゆっくり、少
れる。とにかく予算を増やさない
教育は海外からの教育関連ボラン
。この場合、ボランティア教師を
う方法が考えられる–。

「1–5ページ」のように、範囲示すときに使う半角ダッシュを入力します。

任意指定のハイフンを挿入する

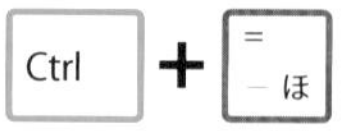

shortcuts or settling for less. It has not been the
who prefer leisure over work, or seek only the pl
has been the risk-takers, the doers, the makers

greatness is never a g ver been one of short-
cuts or settling for le arted - for those who
prefer leisure over wo fame. Rather, it has

行末の英単語などを任意の箇所で分離し、その箇所で改行などを許可したいときに使います。

改行をしないハイフンを挿入する

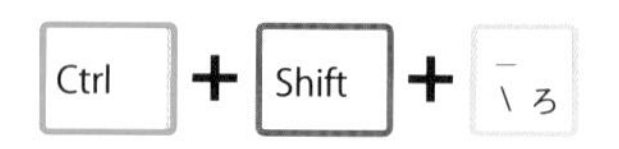

ていくのと並行して、タいる。タイでは、今年1-
3月の経済成長率が、危に戻った。そしてタイで
は、予定より早くＩＭＦ中から出ている。インド
ネシアでも、経済成長がアがＩＭＦという足かせ

ていくのと並行して、タいる。タイでは、今年1-3
月の経済成長率が、危機った。そしてタイでは、
予定より早くＩＭＦのらら出ている。インドネシ

ハイフンの前と後の文字を1つの行で表示させたいときに使います。

ワンポイント

Alt＋文字コード（テンキー）で、特殊文字を挿入することも可能です。例えば、ユーロ通貨記号には、Altを押しながらテンキーで「0128」と入力します。

改行をしないスペースを挿入する

でもう一刻の猶予が|くて暖かそうな方へ
方へとあるいて行く|っておったのだ。こ
こで吾輩は彼の書生|ある。第一に逢った

でもう一刻の猶予が出来なくなった
方 へ 方 へとあるいて行く。今から

単語の途中で次の行に送られるのを防ぎます。編集記号なので印刷はされません。

著作権記号を挿入する

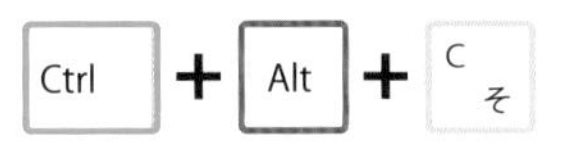

Copyright © 2007-2021 All Rights

著作権記号

著作権記号の「©」(copyright)を入力したいときに使います。

登録商標記号を挿入する

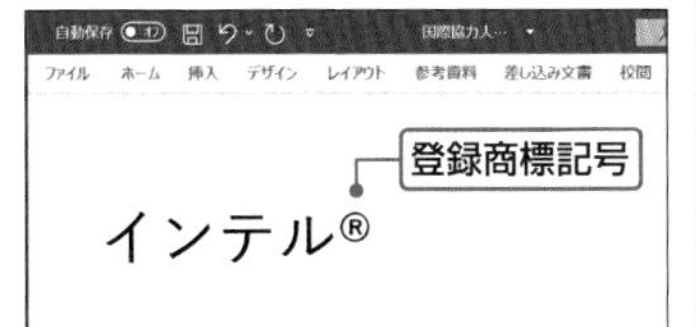

登録商標記号の「®」(registered)を入力するときに使います。

商標記号を挿入する

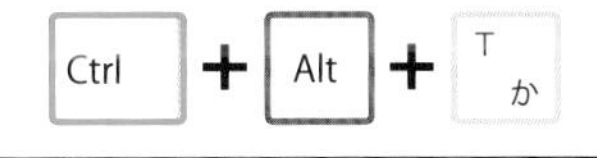

商標記号の「™」(trademark)を入力するときに使います。

省略記号を挿入する

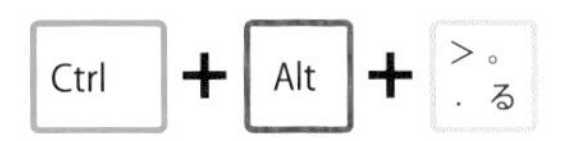

省略記号

吾輩は猫である。名前はまだない……。
　どこで生れたかとんと見当がつかぬ。何
いていた事だけは記憶している。吾輩はこ
とで聞くとそれは書生という人間中で一番
のは時々我々を捕つかまえて煮にて食うと

省略記号の「...」(三点リーダー)を入力するときに使います。

現在の日付や時刻を挿入する

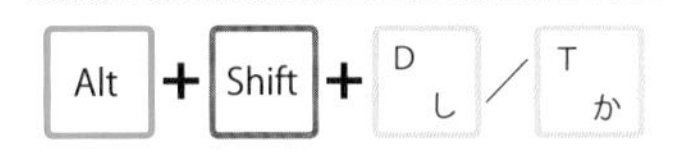

2020/12/01　午後 2 時 56 分

Alt + Shift + D (Date) を押すと本日の日付が入力されます。Alt + Shift + T (Time) を押すと、現在の時刻が入力されます。

第4章 Wordのショートカットキー

改ページを挿入する

ココで役立つ! 新たなページを素早く追加したいときに便利です。

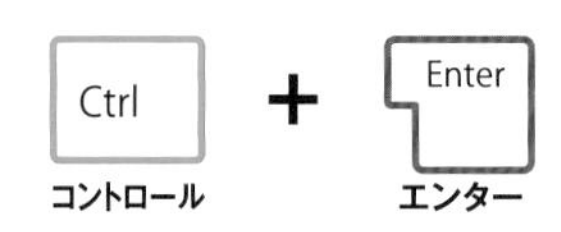

新しいページを追加する際、Enterを連打して空の行でページを埋めるのは非効率的です。Ctrl＋Enterを押せばすぐに空白のページが追加されます。なお、ここでは「編集記号」を表示して解説しています。

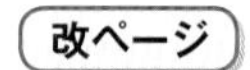

出されようとしたときに、この家うちの主人が騒々しい何だといいながら出て来た
女は吾輩をぶら下げて主人の方へ向けてこの宿なしの小猫がいくら出しても出し
御台所おだいどころへ上あがって来て困りますという。主人は鼻の下の黒い毛を撚
りながら吾輩の顔をしばらく眺ながめておったが、やがてそんなら内へ置いてやれ
ったまま奥へ這入ってしまった。主人はあまり口を聞かぬ人と見えた。下女は口惜
しそうに吾輩を台所へ抛り出した。かくして吾輩はついにこの家うちを自分の住家
きめる事にしたのである。

Enterによる改行を繰り返して改ページすることもできますが、時間と手間がかかり非効率的です。

Ctrl＋Enterで改ページ

出されようとしたときに、この家うちの主人が騒々しい何だといいながら出て来た
女は吾輩をぶら下げて主人の方へ向けてこの宿なしの小猫がいくら出しても出し
御台所おだいどころへ上あがって来て困りますという。主人は鼻の下の黒い毛を撚
りながら吾輩の顔をしばらく眺ながめておったが、やがてそんなら内へ置いてやれ
ったまま奥へ這入ってしまった。主人はあまり口を聞かぬ人と見えた。下女は口惜
しそうに吾輩を台所へ抛り出した。かくして吾輩はついにこの家うちを自分の住家
きめる事にしたのである。

改ページ

Ctrl＋Enterによる改ページなら、無駄な行を追加する必要がないので、効率的にページを追加できます。

ワンポイント

改行記号や改ページ記号などの編集記号を表示させたり非表示にしたりするには、Ctrl＋Shift＋8を押します。編集記号は印刷されません。

SECTION 105 2019 365

文書の文字数や行数を表示する

ココで役立つ! 文書内の文字数や行数などを即座に把握したいときに役立ちます。

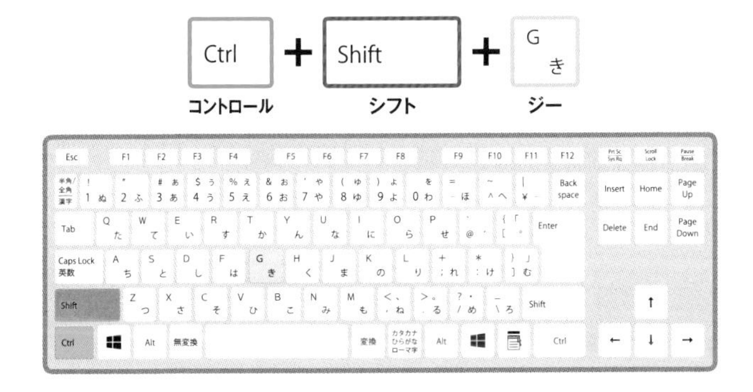

ページ数と文字数は、ウィンドウ左下で確認できますが、段落数や行数、単語数などさらに詳しい情報を確認するには「文字カウント」が便利です。「文字アカウント」ダイアログボックスを呼び出すショートカットキーを覚えておきましょう。

Ctrl + Shift + G を押すと表示

文字カウント

統計:

ページ数	8
単語数	6,521
文字数 (スペースを含めない)	9,265
文字数 (スペースを含める)	9,993
段落数	34
行数	261
半角英数の単語数	762
全角文字 + 半角カタカナの数	5,759

☑テキスト ボックス、脚注、文末脚注を含める(F)

閉じる

文書を構成するさまざまな要素の統計が表示されます。

文書内にテキストボックスなどがある場合は、ここにチェックを入れましょう。

ワンポイント

段落や行など、任意の範囲を選択してから、Ctrl + Shift + G を押すと、その範囲内のみカウントされます。

SECTION **106** 2019 365

アウトライン表示に切り替える

ココで役立つ! 文書全体の流れや構成を効率よく整理したいときに役立ちます。

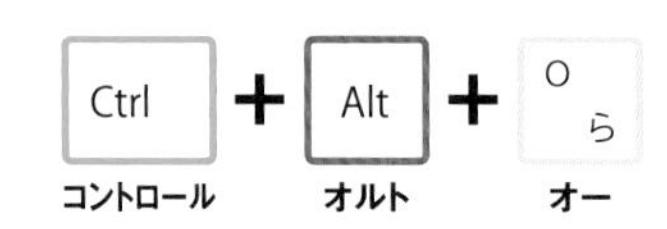

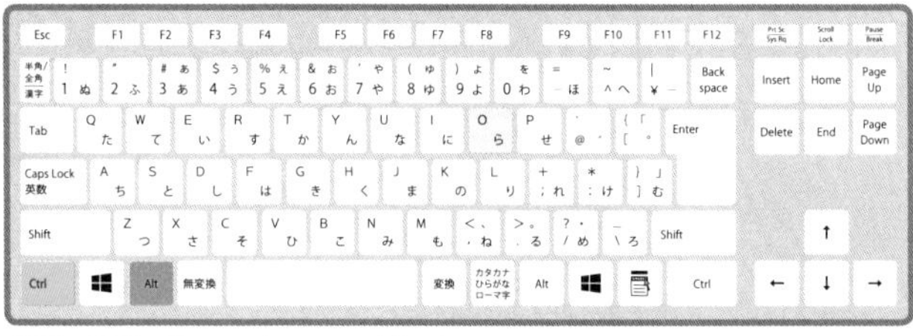

Ctrl＋Alt＋「Outline（アウトライン）」で覚えるのがおすすめです。

見出しや段落などの構造的を見やすくし、長文の文書を編集するときに役立つのがアウトライン表示です。ショートカットキーで素早く切り替えることができます。元の表示（印刷レイアウト）に戻すには、Ctrl＋Alt＋Pを押しましょう。

通常表示(印刷レイアウト)

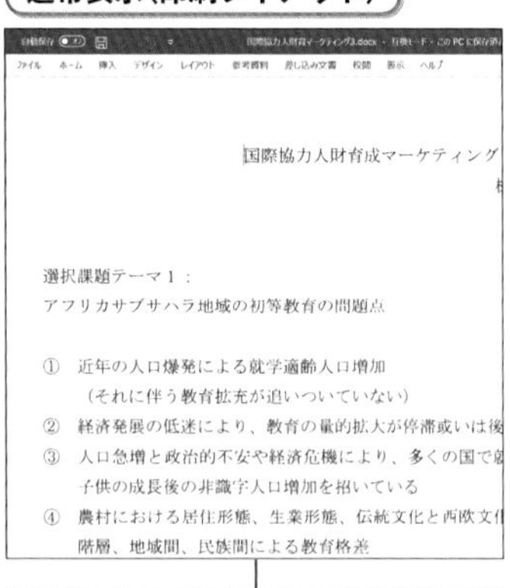

文書を開き、Ctrl＋Alt＋Oを押します。

アウトライン表示

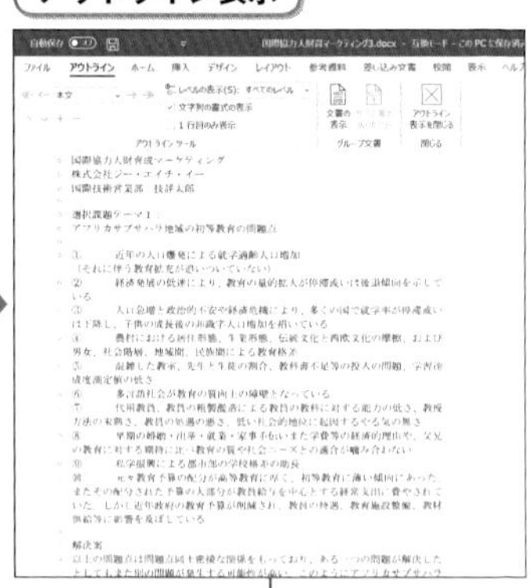

アウトライン表示になります。このまま自由に編集することが可能です。

ワンポイント

アウトライン表示のレベルを調整すると、表示要素を絞ることができるので、編集作業がさらに効率化します。Alt＋Shift＋Home（End）で実行します。

SECTION 107 2019 365

表現や表記の誤りをチェックする

ココで役立つ! スペルチェックや文章校正を実行したいときに役立ちます。

Office言語パックを追加することで、日本語や英語以外の言語にも対応させることが可能です。

Wordには、打ち間違いやスペルミス、不自然な言い回しなどをチェックする校正機能が搭載されており、Alt+F7で実行できます。カーソルが置かれた箇所から下に向かってチェックが始まります。

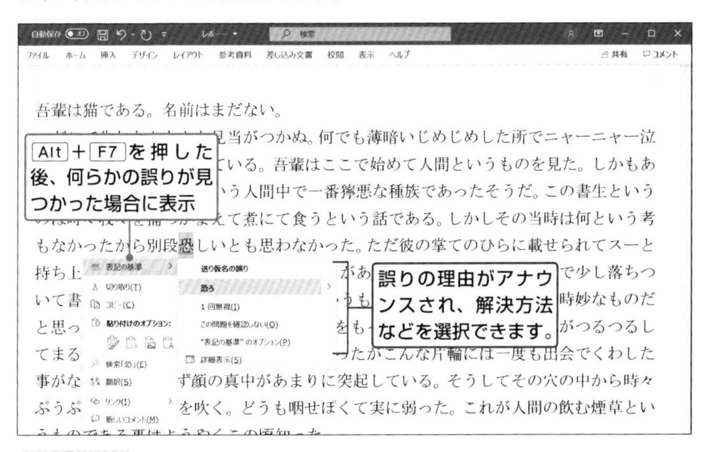

ワンポイント

上で解説したAlt+F7は、ミスを1つずつチェックしていく方法です。文書全体のチェック結果をまとめて確認するには、F7を押します。

文書を分割して表示する

ココで役立つ! 同じ文書内の異なる箇所を同時に比較したいときに便利です。

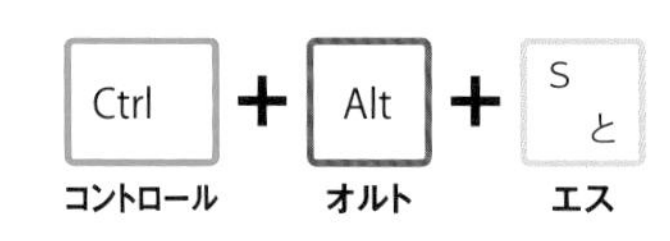

Ctrl＋Alt＋「Separate（セパレート）」で覚えましょう。

離れたページに記載されている内容を比較するときに便利なショートカットキーです。画面を上下に分割してそれぞれ表示します。なお、分割ウィンドウのサイズは、画面中心に表示されている境目を上下にドラッグすることで調整できます。分割を解除するには、再度Ctrl＋Alt＋Sを押します。

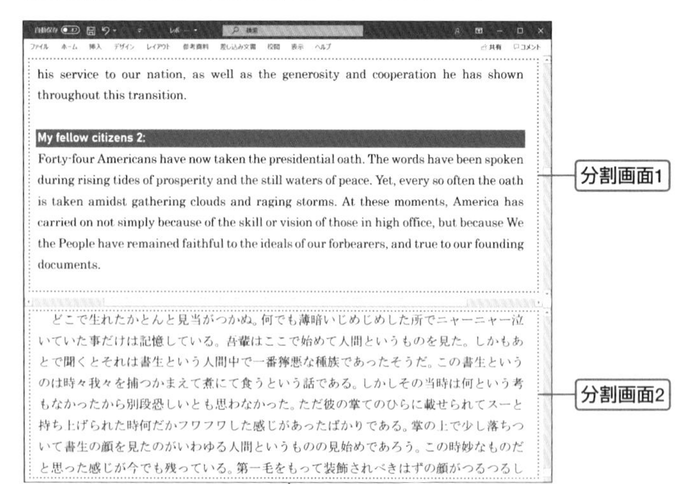

Ctrl＋Alt＋Sを押すと、1つの文書が2つの画面に分かれて表示され、別々にスクロールできます。どの画面からも編集可能です。

文書内を検索する

ココで役立つ! 特定の文字列が文書内のどこに書かれているのかを素早く把握できます。

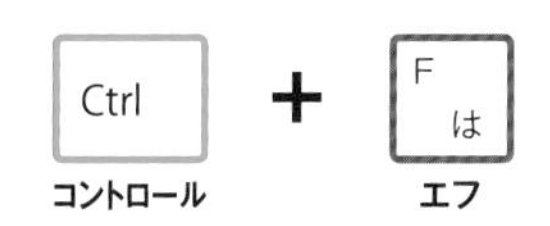

Ctrl＋「Find（見つける）」で覚えましょう。

Ctrl＋Fを押すとナビゲーションパネルが現れ、キーワードを入力して文書内を検索できます。一致する文字列はハイライト表示され、ナビゲーションパネルの一覧から該当する箇所にジャンプできます。

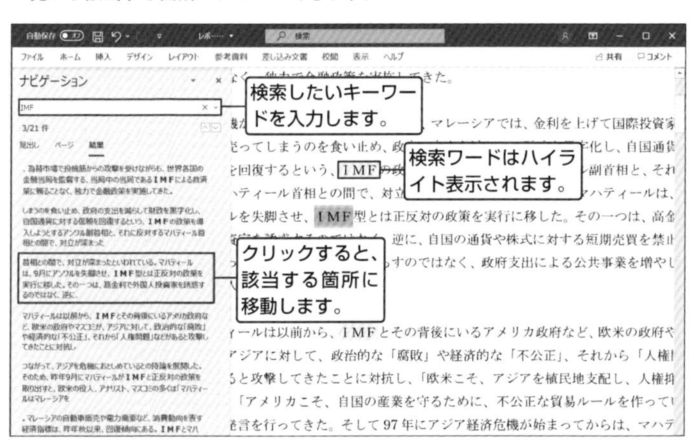

ワンポイント

検索したいキーワードを入力し、ナビゲーションパネルの「ページ」をクリックすると、該当するキーワードが含まれたページが表示されます。また、文書内に見出しを設定している場合は「見出し」をクリックすると、該当するキーワードが含まれている見出しがハイライト表示されます。

SECTION 110 2019 365

特定の文字列を置換する

ココで役立つ! 文書内に散在する特定の文字列を一括で書き換えたいときに役立ちます。

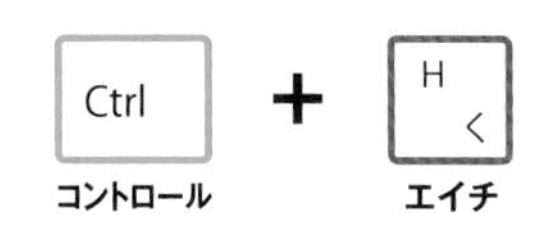

「置換(R)」などアルファベットが併記されているボタンはAltとそのキーを押すことでキーボードから実行できます。

Ctrl+Hを押すと「検索と置換」ダイアログボックスが表示されます。「検索する文字列」と「置換後の文字列」を設定し、置換を実行することで、文字列を効率よく書き換えることができます。

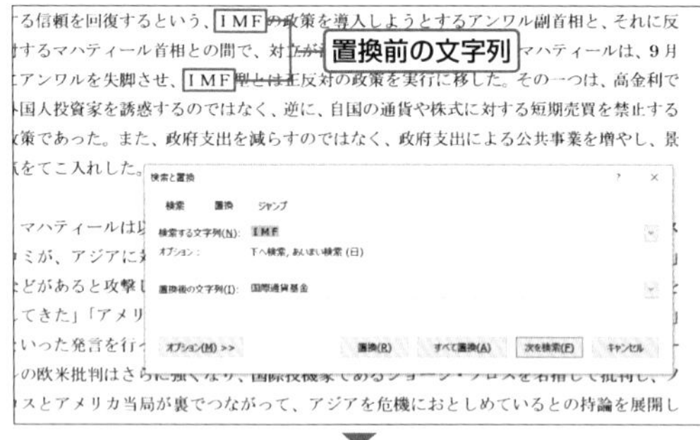

Ctrl+Hを押し、「検索する文字列」と「置換後の文字列」をそれぞれ設定します。1つずつ確認しながら置換する場合は「置換」、一括で置換したい場合は「すべて置換」をクリックします。

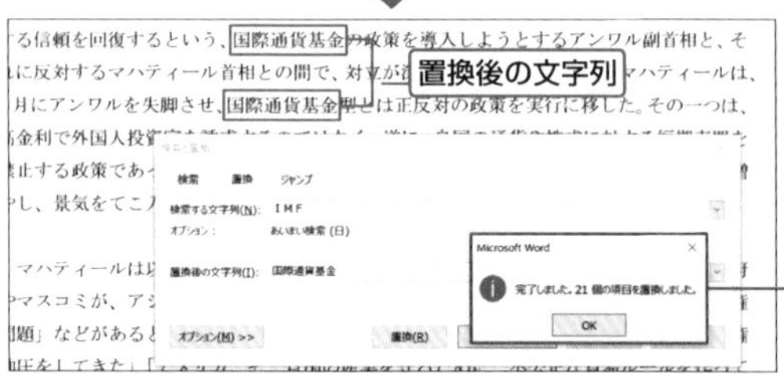

置換が完了すると通知ボックスが表示されます。「OK」をクリックして閉じましょう。

第5章

Excelの
ショートカットキー

Excelの基本的な操作には、すべてショートカットキーが割り振られています。煩わしい作業をスムーズに行うための便利な機能ばかりなので、ぜひ覚えておきましょう。本章では、Office 2019とMicrosoft 365で利用できるショートカットキーを解説します。

SECTION 111 2019 365

セル内のデータを編集する

ココで役立つ! マウスに持ち替えてダブルクリックをする必要がなくなります。

F2

エフ2

F2 を押すと選択したセル内にカーソルが表示され、データを編集できます。F2 を押さずに入力すると上書きになります。

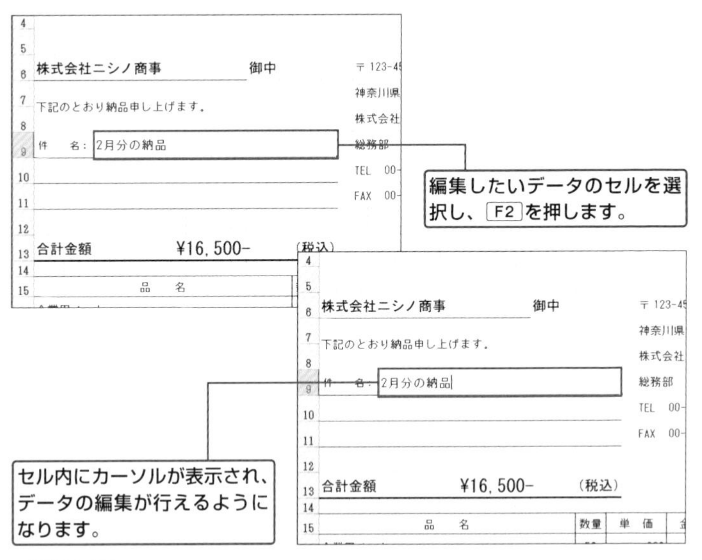

ワンポイント

セルの内容を編集して Enter を押すと、編集した内容が確定します。矢印キー(←→↑↓)を併用すれば、キーボードだけで編集を行えます。

SECTION 112 2019 365

同じデータを複数のセルに入力する

ココで役立つ! 同じデータを何度もコピーして入力する手間を省くことができます。

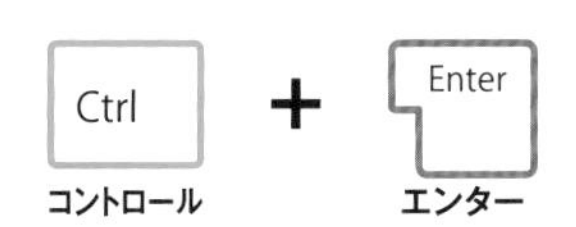

同じデータを入力したいセルを選択し、データを入力して Ctrl ＋ Enter を押すと、選択したすべてのセルに同じデータが入力されます。

ワンポイント

データを入力して Enter を押した後、 Ctrl ＋ 1 を押してセルの書式設定を表示すると、表示形式や文字の配置、フォント、罫線などをまとめて設定することができます（P.152参照）。

SECTION 113 2019 365

セルのデータをコピーする

ココで役立つ! 縦方向、横方向に並んだ文字や数式をまとめて複製できます。

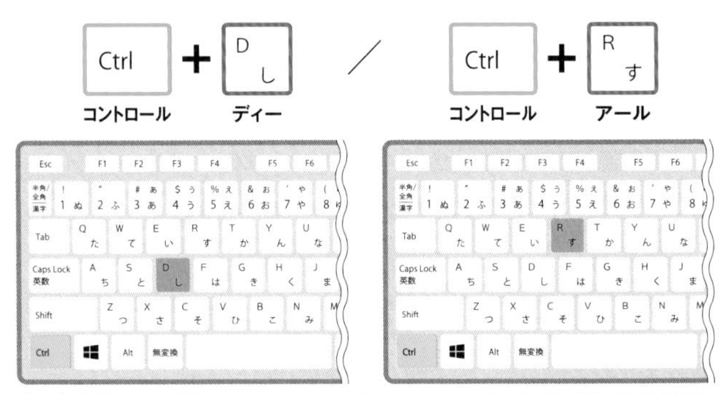

Ctrl + Dを押すと選択しているセルの上にあるセルのデータを、Ctrl + Rを押すと選択しているセルの左にあるセルのデータをコピーして入力できます。

上のセルのデータをコピーする

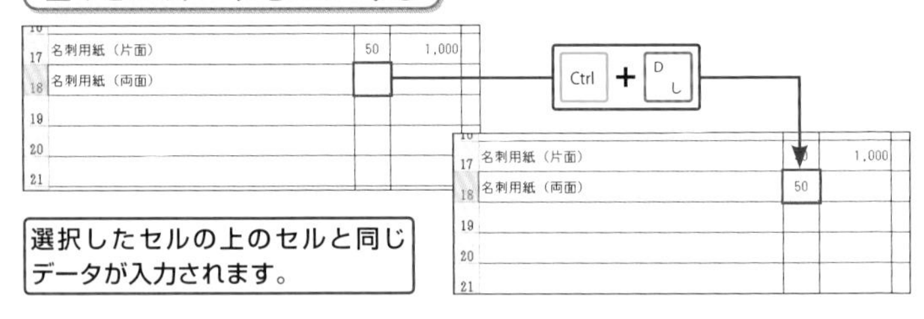

左のセルのデータをコピーする

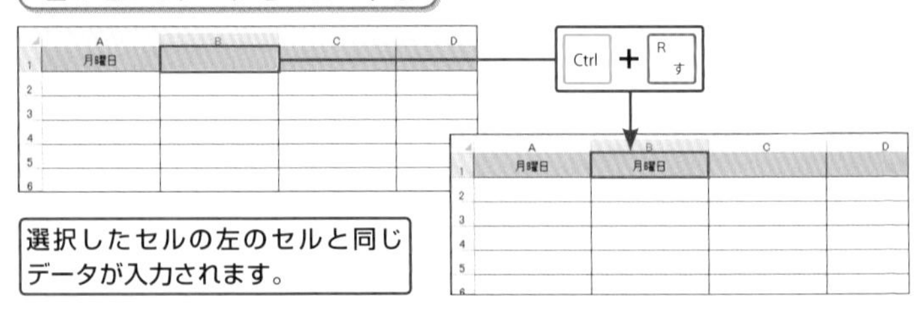

ワンポイント

セルの内容だけでなく、セルに設定された関数もコピーすることができます。なお、設定されている数値はズレてしまうことがあるので注意しましょう。

SECTION 114 2019 365

セルの値／数式をコピーする

ココで役立つ！ 別のセルの値や数式の参照先をそのまま複製できます。

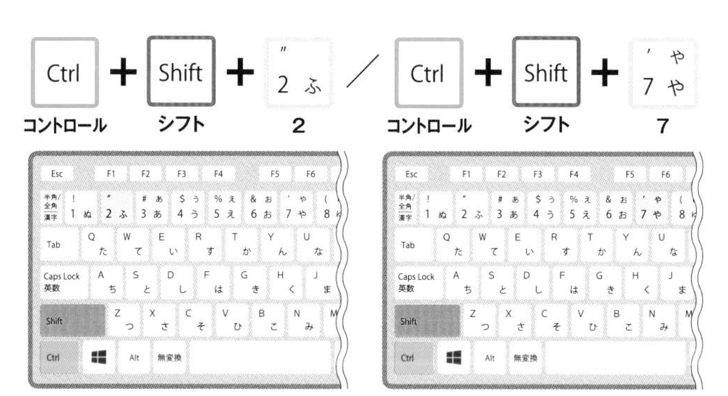

Ctrl＋Shift＋2を押すと選択しているセルの上にあるデータの値を、Ctrl＋Shift＋7を押すと選択しているセルの上にあるデータの数式をコピーして入力できます。

上のセルの値をコピーする

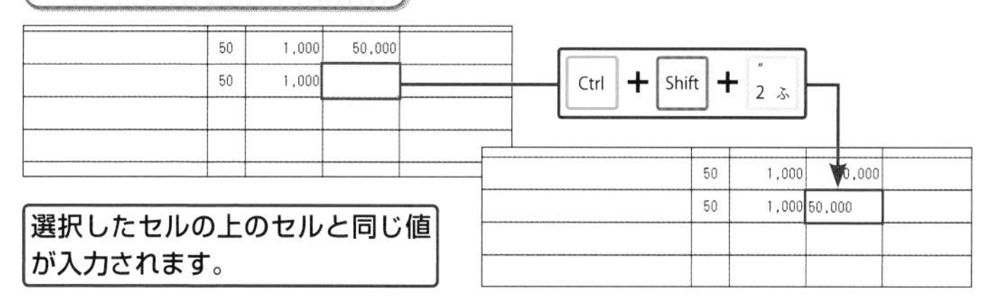

選択したセルの上のセルと同じ値が入力されます。

上のセルの数式をコピーする

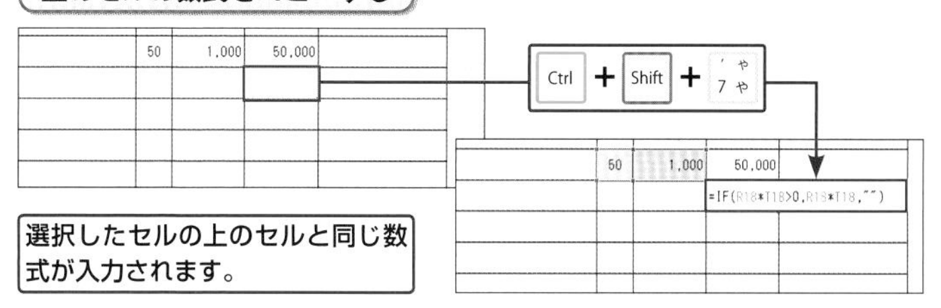

選択したセルの上のセルと同じ数式が入力されます。

ワンポイント

Ctrl＋Shift＋2は、コピー元のデータが計算式であっても、計算式は無視されて結果の数字のみが反映されます。また、Ctrl＋Shift＋7は、Ctrl＋D（P.132参照）と同様参照先は変更されません。

第5章 Excelのショートカットキー

SECTION **115** 2019 365

同じ列のデータをリストとして入力する

ココで役立つ! 同じ列に何度か登場したデータを選んで簡単に再入力できます。

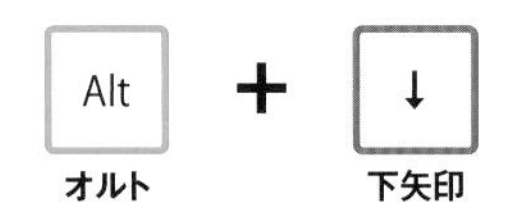

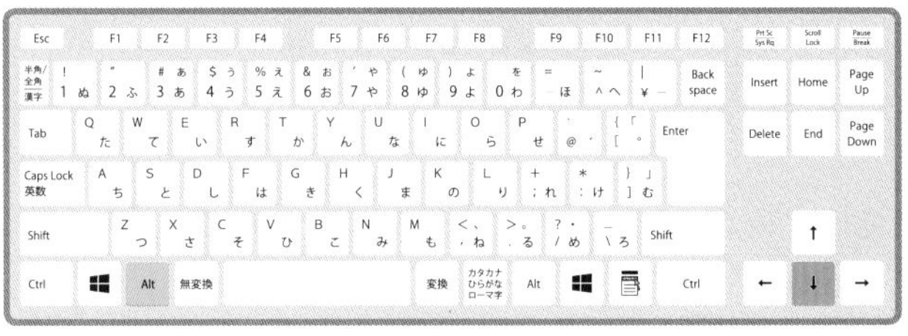

繰り返し入力されている列のデータをリスト化して、同じデータを再入力したいときに便利です。

	A	B	C
1		カラー分け	
2			
3	田中守	赤	A組
4	加藤瑞希	青	C組
5	小野絵里	黄	E組
6	篠原友	緑	F組
7	望月亮介		D組
8	村松はるみ		A組

繰り返しデータが入力されている列の最下部のセルを選択し、Alt+↓を押します。

2			
3	田中守	赤	A組
4	加藤瑞希	青	C組
5	小野絵里	黄	E組
6	篠原友	緑	F組
7	望月亮介		D組
8	村松はるみ	青 赤 黄 緑	A組
9	小松栞		B組
10	勝又千尋		G組
11	伊藤賢介		F組
12	山田加奈		B組

同じ列に入力されているデータがリストボックスとして表示されます。矢印キー(↑↓)でデータを選択し、Enterを押します。

ワンポイント

リストボックスとして表示できるのは、選択しているセルの上に隣接している列のデータのみです。列内で空白のセルがある場合、リストは表示されません。

フラッシュフィルを利用する

ココで役立つ! データの規則性を認識し、必要なデータを瞬時に入力できます。

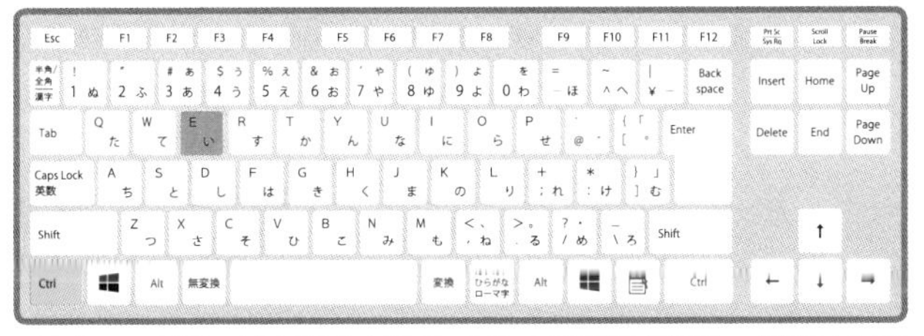

フラッシュフィルとは、あらかじめ入力されているデータの規則性を推測し、以降のセルにも同じ処理を自動で行ってくれる機能です(認識できない場合もあります)。

	A	B	C
1	生徒会名簿		
2	名前	姓	名
3	吉崎 巧	吉崎	
4	石川 真奈美		
5	髙橋 佳純		
6	清原 広宣		
7	大石 里香		
8	山田 正人		
9	中村 薫		
10	橋本 桃子		
11	水野 源太		

フラッシュフィルは、たとえば左に入力されている名前から姓のみを抜き出すなど、機械的な作業に活用できます。ここではセルA3に入力されている名前(「吉崎巧」)から、姓のみ(「吉崎」)をセルB3に入力します。

	A	B	C
1	生徒会名簿		
2	名前	姓	名
3	吉崎 巧	吉崎	
4	石川 真奈美	石川	
5	髙橋 佳純	髙橋	
6	清原 広宣	清原	
7	大石 里香	大石	
8	山田 正人	山田	
9	中村 薫	中村	
10	橋本 桃子	橋本	

Ctrl+Eを押すと、セルB3の規則性を認識し、以降のセルに同じルールの処理が行われます。セルC3に名(「巧」)を入力してCtrl+Eを押すと、以降のセルすべてに名が入力されます。

SECTION 117 2019 365

現在の日付／時刻を入力する

ココで役立つ! データを入力した当日の日付、時刻を素早く入力できます。

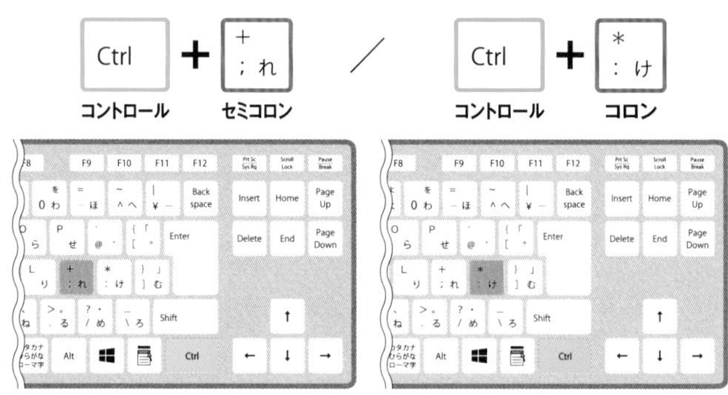

Ctrl+;で現在の日付、Ctrl+:で現在の時刻を、カレンダーや時計で確認することなく入力できます。

現在の日付を入力する

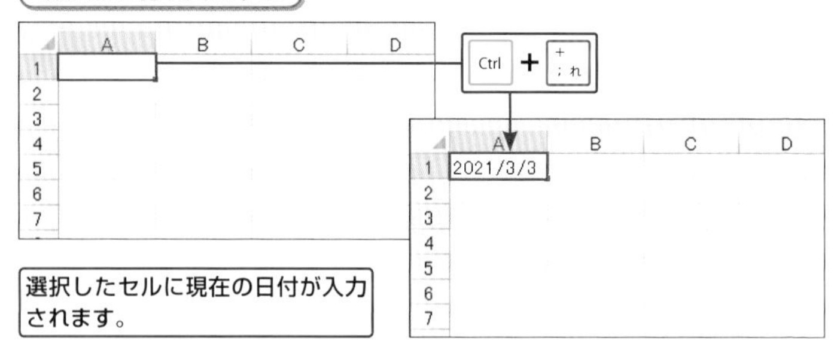

現在の時刻を入力する

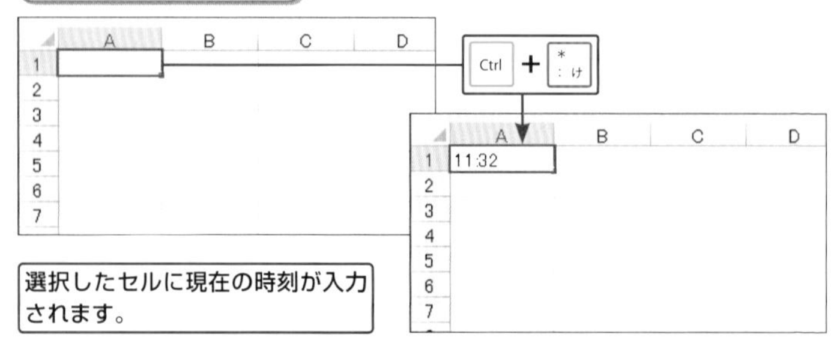

SECTION 118 2019 365

合計を入力する

ココで役立つ! SUM関数を入力することなく合計を出せるショートカットキーです。

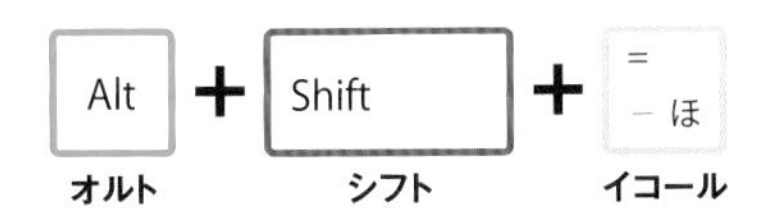

オルト　シフト　イコール

合計を入力したいセルを選択して Alt + Shift + = を押すと、オートSUM関数が挿入され、合計の数字が入力されます。

	A	B	C	D	E	F	G
1	名前	国語	数学	化学	歴史	英語	合計
2	秋元美幸	92	100	78	88	75	
3	安倍奈々	88	78	55	95	92	
4	岩松弘樹	68	95	56	72	75	
5	岡村悠人	56	78	56	75	100	
6	奥田夏美	92	88	92	88	95	
7	久保田大輔	100	75	75	85	78	
8	栗田裕子	78	92	70	56	80	
9	白石孝典	60	88	100	78	95	
10	杉村俊夫	75	80	78	60	88	
11	鈴木葵	62	95	56	75	65	
12	瀬尾郁也	75	56	60	88	100	
13	高岡大輔	88	60	75	60	65	
14	長月俊	90	75	92	80	60	

合計を表示したいセルを選択し、Alt + Shift + = を押します。

	A	B	C	D	E	F	G
1	名前	国語	数学	化学	歴史	英語	合計
2	秋元美幸	92	100	78	88	75	433
3	安倍奈々	88	78	55	95	92	408
4	岩松弘樹	68	95	56	72	75	366
5	岡村悠人	56	78	56	75	100	365
6	奥田夏美	92	88	92	88	95	455
7	久保田大輔	100	75	75	85	78	413
8	栗田裕子	78	92	70	56	80	376
9	白石孝典	60	88	100	78	95	421
10	杉村俊夫	75	80	78	60	88	381
11	鈴木葵	62	95	56	75	65	353
12	瀬尾郁也	75	56	60	88	100	379
13	高岡大輔	88	60	75	60	65	348
	長月俊	90	75	92	80	60	397

対象となる範囲が自動で認識され、数式が表示されます。正しければ Enter を押します。

SECTION 119 2019 365

セルを挿入する

ココで役立つ! データを追加したいとき、素早いセルの挿入に役立ちます。

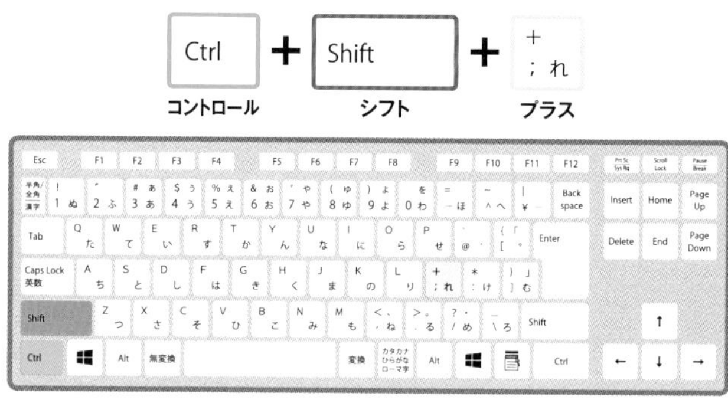

セルを挿入したい位置を選択して[Ctrl]+[Shift]+[+]を押すと、「セルの挿入」ウィンドウが表示され、[Enter]で挿入できます。

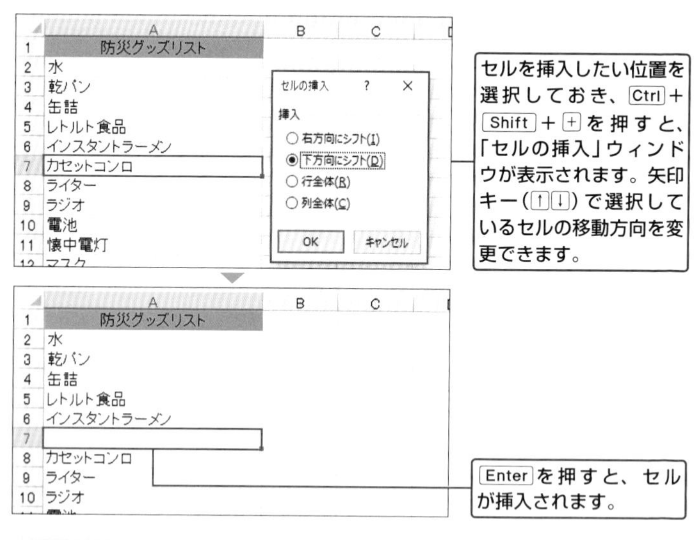

ワンポイント

セルを切り取り、またはコピーした状態で[Ctrl]+[Shift]+[+]を押すと、既存のデータは自動的に判別された方向に移動します。また、行や列を選択して行単位・列単位でも挿入ができます。

SECTION 120 2019 365

セルを削除する

ココで役立つ! 不要になったセルを削除し、既存データの移動先も指定できます。

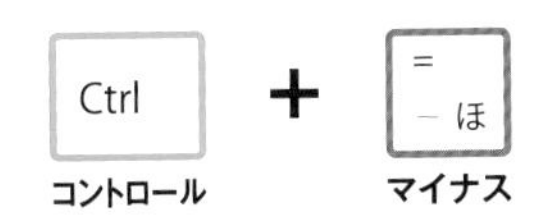

削除したいセルを選択して Ctrl + - を押すと、「削除」ウィンドウが表示され、Enter で削除できます。

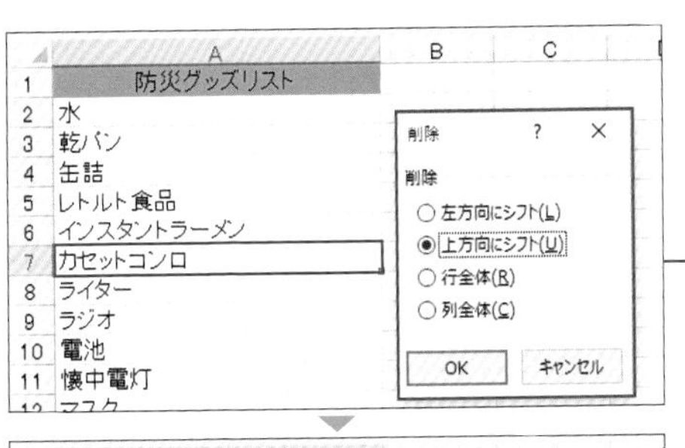

削除したいセルを選択しておき、Ctrl + - を押すと、「削除」ウィンドウが表示されます。矢印キー（↑↓）で既存のセルの移動方向を変更できます。

	A	B	C
1	防災グッズリスト		
2	水		
3	乾パン		
4	缶詰		
5	レトルト食品		
6	インスタントラーメン		
7	ライター		
8	ラジオ		
9	電池		
10	懐中電灯		

Enter を押すと、セルが削除されます。

ワンポイント

このショートカットキーでは、複数のセルを選択して削除することも可能です。なお、複数の行を選択して Ctrl + - を押すと「削除」ウィンドウは表示されずに削除されます。また、行や列を選択して行単位・列単位でも削除ができます。

SECTION 121　2019　365

選択範囲の名前を作成する

ココで役立つ! セル範囲に名前を付ければ、場所が変更されてもエラーになりません。

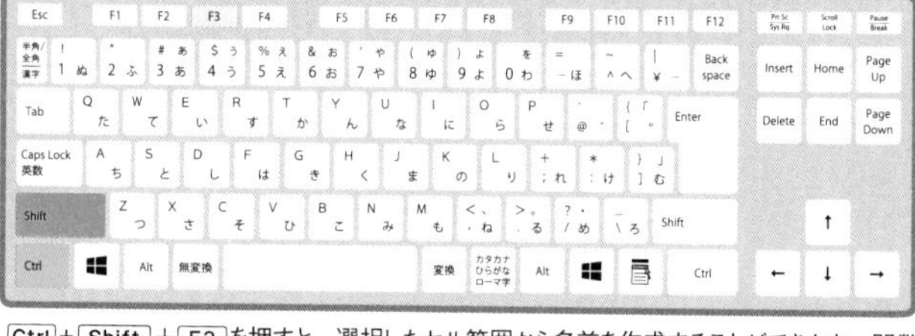

Ctrl + Shift + F3 を押すと、選択したセル範囲から名前を作成することができます。関数の引数や入力規則のリストなどにも使用できます。

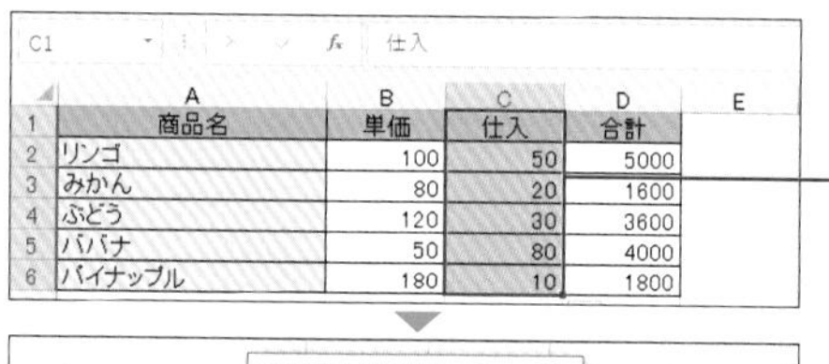

	A	B	C	D	E
1	商品名	単価	仕入	合計	
2	リンゴ	100	50	5000	
3	みかん	80	20	1600	
4	ぶどう	120	30	3600	
5	バナナ	50	80	4000	
6	パイナップル	180	10	1800	

ここではセルC2～C6の範囲に「仕入」という名前を付けます。セルC1～C6を選択し、Ctrl + Shift + F3 を押します。

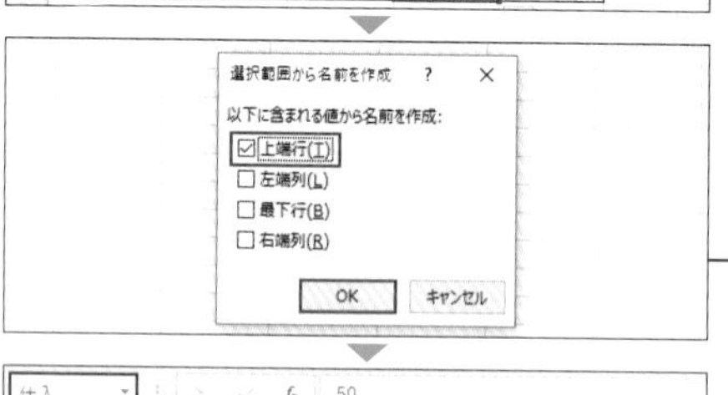

「選択範囲から名前を作成」ウィンドウが表示されるので、「上端行」を選択して Enter を押します。

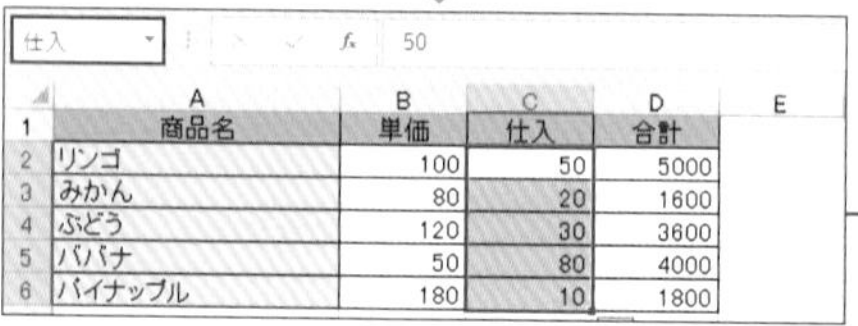

	A	B	C	D	E
1	商品名	単価	仕入	合計	
2	リンゴ	100	50	5000	
3	みかん	80	20	1600	
4	ぶどう	120	30	3600	
5	バナナ	50	80	4000	
6	パイナップル	180	10	1800	

セルC2～C6を選択すると、作成した名前が画面左上の「名前ボックス」に表示されます。

ワンポイント

名前を作成した後に Ctrl + F3 を押すと「名前の管理」ウィンドウが表示され、作成した名前の編集やコメントの入力などができます。

SECTION 122 2019 365

セルA1／表の最終セルに移動する

ココで役立つ! 広いワークシートでも、すぐに先頭／末尾に移動できます。

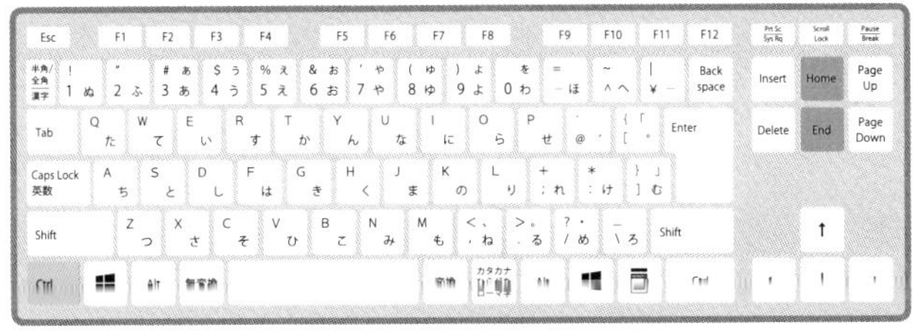

Ctrl＋Homeを押すとセルA1に、Ctrl＋Endを押すとデータが入力されている最後の列かつ最後の行（最終セル）に移動できます。広いワークシートを行き来する際に便利です。

セル A1 に移動する

名前	国語	数学	化学	歴史	英語	合計
秋元美幸	92	100	78	88	75	433
安倍奈々	88	78	55	95	92	408
岩松弘樹	68	95	56	72	75	366
岡村悠人	56	78	56	75	100	365
奥田夏美	92	88	92	88	95	455
久保田大輔	100	75	75	85	78	413
栗田裕子	78	92	70	56	80	376
白石孝典	60	88	100	78	95	421
杉村俊夫	75	80	78	60	88	381
鈴木葵	62	95	56	75	65	353
瀬尾郁也	75	56	60	88	100	379
高岡大輔	88	60	75	60	65	348

名前	国語	数学	化学	歴史	英語	合計
秋元美幸	92	100	78	88	75	433
安倍奈々	88	78	55	95	92	408
岩松弘樹	68	95	56	72	75	366
岡村悠人	56	78	56	75	100	365
奥田夏美	92	88	92	88	95	455
久保田大輔	100	75	75	85	78	413
栗田裕子	78	92	70	56	80	376
白石孝典	60	88	100	78	95	421
杉村俊夫	75	80	78	60	88	381
鈴木葵	62	95	56	75	65	353
瀬尾郁也	75	56	60	88	100	379
高岡大輔	88	60	75	60	65	348
長月俊	90	75	92	80	60	397
福井亮介	95	88	56	100	78	417
松田瑛人	85	92	100	70	88	435
三浦愛	100	78	60	95	56	389
森田光	72	95	75	60	92	394

Ctrl＋Homeを押すと、セルA1に移動します。

最終セルに移動する

名前	国語	数学	化学	歴史	英語	合計
秋元美幸	92	100	78	88	75	433
安倍奈々	88	78	55	95	92	408
岩松弘樹	68	95	56	72	75	366
岡村悠人	56	78	56	75	100	365
奥田夏美	92	88	92	88	95	455
久保田大輔	100	75	75	85	78	413
栗田裕子	78	92	70	56	80	376
白石孝典	60	88	100	78	95	421
杉村俊夫	75	80	78	60	88	381
鈴木葵	62	95	56	75	65	353
瀬尾郁也	75	56	60	88	100	379
高岡大輔	88	60	75	60	65	348

名前	国語	数学	化学	歴史	英語	合計
秋元美幸	92	100	78	88	75	433
安倍奈々	88	78	55	95	92	408
岩松弘樹	68	95	56	72	75	366
岡村悠人	56	78	56	75	100	365
奥田夏美	92	88	92	88	95	455
久保田大輔	100	75	75	85	78	413
栗田裕子	78	92	70	56	80	376
白石孝典	60	88	100	78	95	421
杉村俊夫	75	80	78	60	88	381
鈴木葵	62	95	56	75	65	353
瀬尾郁也	75	56	60	88	100	379
高岡大輔	88	60	75	60	65	348
長月俊	90	75	92	80	60	397
福井亮介	95	88	56	100	78	417
松田瑛人	85	92	100	70	88	435
三浦愛	100	78	60	95	56	389
森田光	72	95	75	60	92	394

Ctrl＋Endを押すと、データが入力されている最終セルに移動します。

SECTION 123 2019 365

表の端のセルに移動する

ココで役立つ! 指定した方向の最端のセルに素早く移動できます。

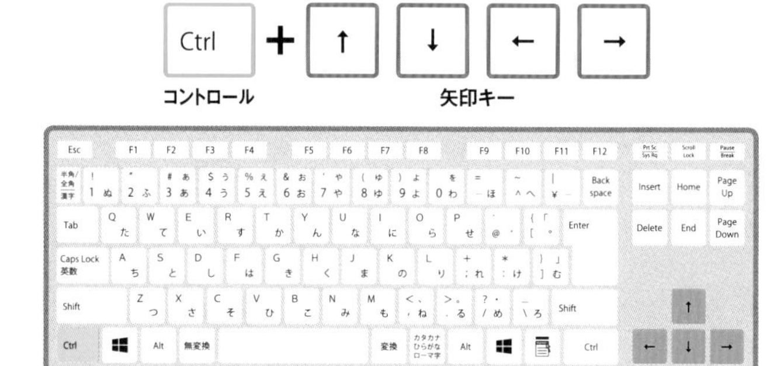

選択したセルからCtrl＋矢印キー（↑↓←→）で指定した方向のデータが入力されている端のセルに移動できます。

任意のセルを選択し、Ctrl＋矢印キー（↑↓←→）を押します。ここでは右端のセルに移動したいので、Ctrl＋→を押します。

	A	B	C	D	E	F	G	H	I	J	K	L	M	N
1	売上管理表													
2	製品名	1月	2月	3月	4月	5月	6月	7月	8月	9月	10月	11月	12月	合計
3	教材A	188	185	70	170	141	72	55	180	165	94	110	154	1,584
4	教材B	70	160	125	84	191	97	52	45	173	136	144	167	1,444
5	教材C	105	55	163	12	117	83	163	120	171	79	105	69	1,242

データが入力されている右端のセルに移動しました。

	A	B	C	D	E	F	G	H	I	J	K	L	M	N
1	売上管理表													
2	製品名	1月	2月	3月	4月	5月	6月	7月	8月	9月	10月	11月	12月	合計
3	教材A	188	185	70	170	141	72	55	180	165	94	110	154	1,584
4	教材B	70	160	125	84	191	97	52	45	173	136	144	167	1,444
5	教材C	105	55	163	12	117	83	163	120	171	79	105	69	1,242
6	教材D	30	32	140	24	50	52	42	74	48	66	58	138	754

ワンポイント

矢印キー（↑↓←→）で選択した方向の途中に空白のセルがある場合、その手前のセルに移動します。選択した方向に空白のセルしかない場合、Ctrl＋←を押すとA列、Ctrl＋→を押すとワークシートの最終列に、Ctrl＋↑を押すと1行目、Ctrl＋↓を押すとワークシートの最終行に移動できます。

SECTION 124 2019 365

指定したセルに移動する

ココで役立つ! セル番号を指定してジャンプできます。

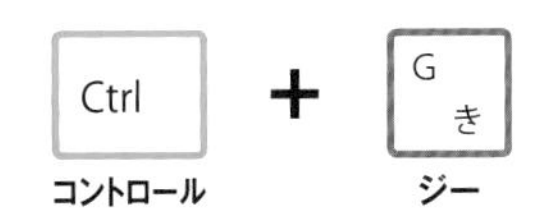

Ctrl+Gを押すと「ジャンプ」ウィンドウが表示され、入力したセル番号の位置に移動できます。

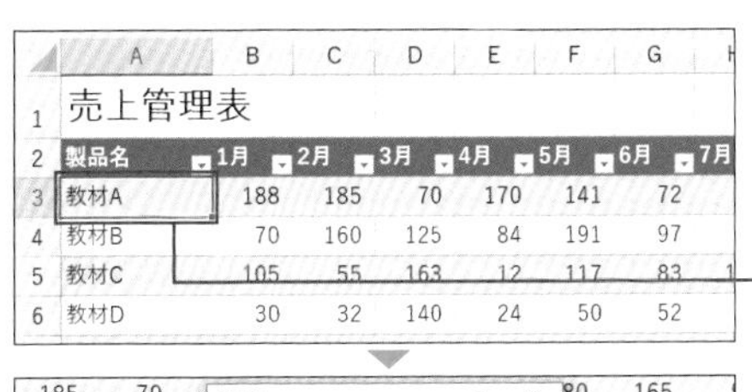

ここではセルG5にジャンプします。Ctrl+Gを押します。

参照先を入力し、Enterを押します。名前が付いているセル範囲がある場合(P.140参照)、「ジャンプ」ウィンドウの「移動先」にセル範囲名が表示されるので、指定してジャンプすることも可能です。

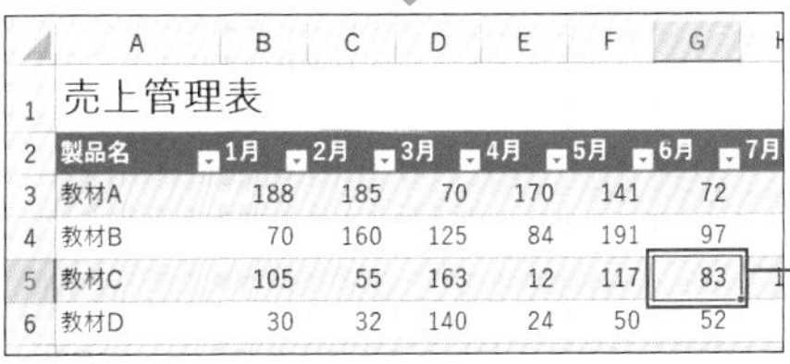

セルG5に移動しました。

SECTION 125　2019　365

一連のデータを選択する

ココで役立つ! 表の中で特定の列や行だけを選択したいときに便利です。

表の中で選択したい列または行のセルを選択し、Ctrl＋Shift＋矢印キー（↑↓←→）を押すと、特定の列または行を選択できます。

	A	B	C	D	E	
1	名前	国語	数学	化学	歴史	英
2	秋元美幸	92	100	78	88	7
3	安倍奈々	88	78	55	95	9
4	岩松弘樹	68	95	56	72	7
5	岡村悠人	56	78	56	75	1(
6	奥田夏美	92	88	92	88	9
7	久保田大輔	100	75	75	85	7
8	栗田裕子	78	92	70	56	8
9	白石孝典	60	88	100	78	9
10	杉村俊夫	75	80	78	60	8
11	鈴木葵	62	95	56	75	6
12	瀬尾郁也	75	56	60	88	1(
13	高岡大輔	88	60	75	60	6
14	長月俊	90	75	92	80	6
15	福井亮介	95	88	56	100	7
16	松田瑛人	85	92	100	70	8
17	三浦愛	100	78	60	95	5
18	森田光	72	95	75	60	9

B列の最終行までが選択できます。

	A	B	C	D	E	
1	名前	国語	数学	化学	歴史	英
2	秋元美幸	92	100	78	88	7
3	安倍奈々	88	78	55	95	9
4	岩松弘樹	68	95	56	72	7
5	岡村悠人	56	78	56	75	1(
6	奥田夏美	92	88	92	88	9
7	久保田大輔	100	75	75	85	7
8	栗田裕子	78	92	70	56	8
9	白石孝典	60	88	100	78	9
10	杉村俊夫	75	80	78	60	8
11	鈴木葵	62	95	56	75	6
12	瀬尾郁也	75	56	60	88	1(
13	高岡大輔	88	60	75	60	6
14	長月俊	90	75	92	80	6
15	福井亮介	95	88	56	100	7
16	松田瑛人	85	92	100	70	8
17	三浦愛	100	78	60	95	5
18	森田光	72	95	75	60	9

ワンポイント

このショートカットキーは先頭または最終の列／行以外のセルを選択した状態でも有効です。たとえば、列の途中から下方向すべてのデータを選択したいときなどにも利用できます。

SECTION 126 2019 365

表全体を選択する

ココで役立つ! マウスでドラッグするには大きすぎる表を瞬時に選択できます。

表内のセルを選択した状態でCtrl＋Shift＋：を押すと、マウスでドラッグするよりも圧倒的に早く表全体の領域を選択できます。

表内のセルを1つ選択し、Ctrl＋Shift＋：を押します。

名前	1月	2月	3月	4月	5月	6月	7月	8月	9月	10月	11月	12月	合計
青山真央	188	185	70	170	141	72	55	180	165	94	110	154	1,584
大森陸人	70	160	125	84	191	97	52	45	173	136	144	167	1,444
柏木将	105	55	163	12	117	83	163	120	171	79	105	69	1,242
近藤穂波	30	32	140	24	50	52	42	74	48	66	58	138	754
畑中匠	15	16	198	44	25	68	43	119	37	118	29	171	883
山口康平	186	108	92	122	190	71	21	37	24	178	92	97	1,218
合計	594	556	788	456	714	443	376	575	618	671	538	796	7,125

表全体のセルが選択されました。タイトルなどが表に隣接するセルに入力されている場合、そのセルも選択されてしまうので注意しましょう。

名前	1月	2月	3月	4月	5月	6月	7月	8月	9月	10月	11月	12月	合計
青山真央	188	185	70	170	141	72	55	180	165	94	110	154	1,584
大森陸人	70	160	125	84	191	97	52	45	173	136	144	167	1,444
柏木将	105	55	163	12	117	83	163	120	171	79	105	69	1,242
近藤穂波	30	32	140	24	50	52	42	74	48	66	58	138	754
畑中匠	15	16	198	44	25	68	43	119	37	118	29	171	883
山口康平	186	108	92	122	190	71	21	37	24	178	92	97	1,218
合計	594	556	788	456	714	443	376	575	618	671	538	796	7,125

「選択範囲に追加」モードにする

ココで役立つ! 離れたセルを選択範囲に追加したいときに便利です。

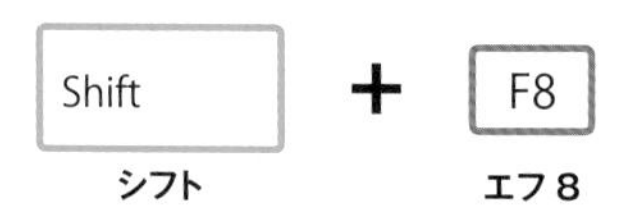

たとえば、選択しているセルの2つ隣のセルを一緒に選択したいといったときに、Shift + F8 で「選択範囲に追加」モードにして選択範囲を追加できます。

	A	B	C	D	E	F
1	名前	国語	数学	化学	歴史	英語
2	秋元美幸	92	100	78	88	75
3	安倍奈々	88	78	55	95	92
4	岩松弘樹	68	95	56	72	75
5	岡村悠人	56	78	56	75	100

ワンポイント

Shift を押さずに F8 を押すと、矢印キー(←→↑↓)だけでセル範囲を選択できる「選択範囲の拡張」モードに切り替えることができます。解除するには、再度 F8 を押します。

表の最終セルまで選択する

ココで役立つ! 選択中のセルから最終セルまでを素早く選択できます。

表の最終セルに移動する[Ctrl]+[End](P.141参照)と同時に[Shift]を押すことで、選択しているセルから最終セル(P.141参照)までを選択できます。

選択開始したいセルを選択し、[Ctrl]+[Shift]+[End]を押します。

B	C	D	E	F	G	H
国語	数学	化学	歴史	英語	合計	
92	100	78	88	75	433	
88	78	55	95	92	408	
68	95	56	72	75	366	
56	78	56	75	100	365	
92	88	92	88	95	455	
100	75	75	85	78	413	
78	92	70	56	80	376	
60	88	100	78	95	421	
75	80	78	60	88	381	
62	95	56	75	65	353	
75	56	60	88	100	379	
88	60	75	60	65	348	
90	75	92	80	60	397	
95	88	56	100	78	417	
85	92	100	70	88	435	
100	78	60	95	56	389	
72	95	75	60	92	394	

選択しているセルからデータが入力されている最終セルまでが選択されます。

B	C	D	E	F	G	H
国語	数学	化学	歴史	英語	合計	
92	100	78	88	75	433	
88	78	55	95	92	408	
68	95	56	72	75	366	
56	78	56	75	100	365	
92	88	92	88	95	455	
100	75	75	85	78	413	
78	92	70	56	80	376	
60	88	100	78	95	421	
75	80	78	60	88	381	
62	95	56	75	65	353	
75	56	60	88	100	379	
88	60	75	60	65	348	
90	75	92	80	60	397	
95	88	56	100	78	417	
85	92	100	70	88	435	
100	78	60	95	56	389	
72	95	75	60	92	394	

ワンポイント

この操作後、アクティブなセルは選択開始時に選択していたセルのままです。なお、キーボードによっては、[Ctrl]+[Shift]+[End]に加えて[Fn]も必要になります。

SECTION 129 2019 365

列全体／行全体を選択する

ココで役立つ! 列単位、行単位の選択を素早く行えます。

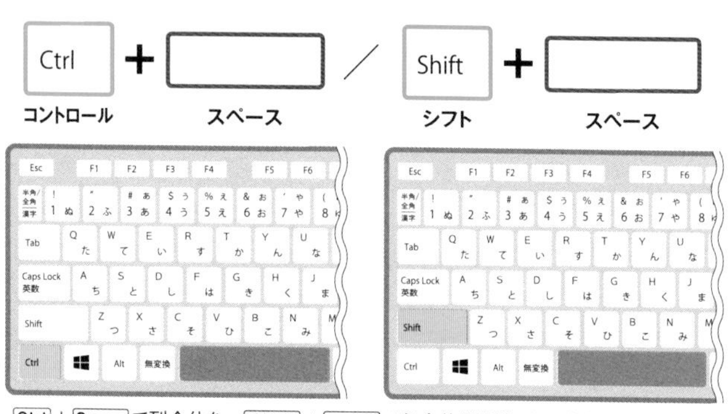

Ctrl + Space で列全体を、 Shift + Space で行全体を選択でき、作業の効率をアップできます。

列全体を選択する

	名前	1月	2月	3月	4月	5月	6月	7月	8月
4	青山真央	188	185	70	170	141	72	55	18
5	大森陸人	70	160	125	84	191	97	52	4
6	柏木将	105	55	163	12	117	83	163	12
7	近藤穂波	30	32	140	24	50	52	42	7
8	畑中匠	15	16	198	44	25	68	43	11
9	山口康平	186	108	92	122	190	71	21	3
10	合計	594	556	788	456	714	443	376	57

選択したい列のセルで Ctrl + Space を押すと、そのセルを含めた列全体が選択されます。

列全体を選択する

選択したい行のセルで Shift + Space を押すと、そのセルを含めた行全体が選択されます。

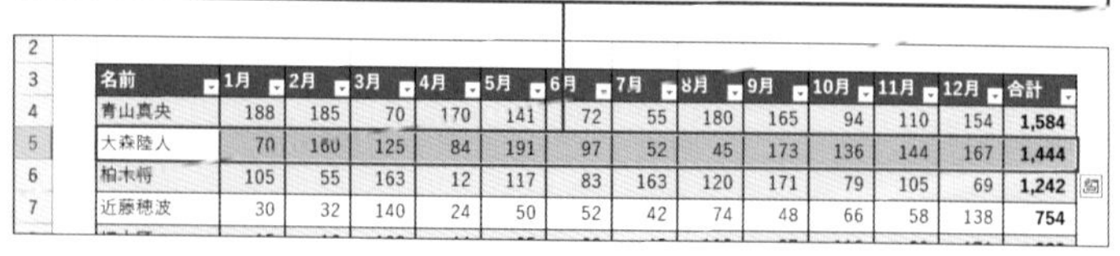

	名前	1月	2月	3月	4月	5月	6月	7月	8月	9月	10月	11月	12月	合計
4	青山真央	188	185	70	170	141	72	55	180	165	94	110	154	1,584
5	大森陸人	70	160	125	84	191	97	52	45	173	136	144	167	1,444
6	柏木将	105	55	163	12	117	83	163	120	171	79	105	69	1,242
7	近藤穂波	30	32	140	24	50	52	42	74	48	66	58	138	754

ワンポイント

行を選択するショートカットキーは、日本語入力がオンになっている場合は利用できません。使用する前に入力設定を確認しておきましょう。

SECTION 130 2019 365

外枠罫線を引く

ココで役立つ! 重要な範囲に外枠罫線を引いてデータを区切りたいときに有効です。

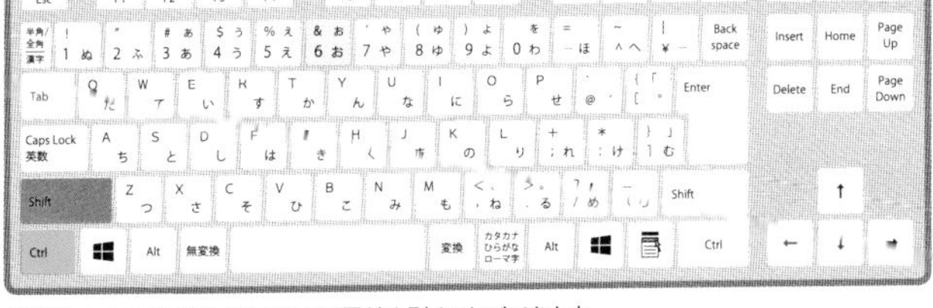

選択したセル範囲の外周だけに罫線を引くことができます。

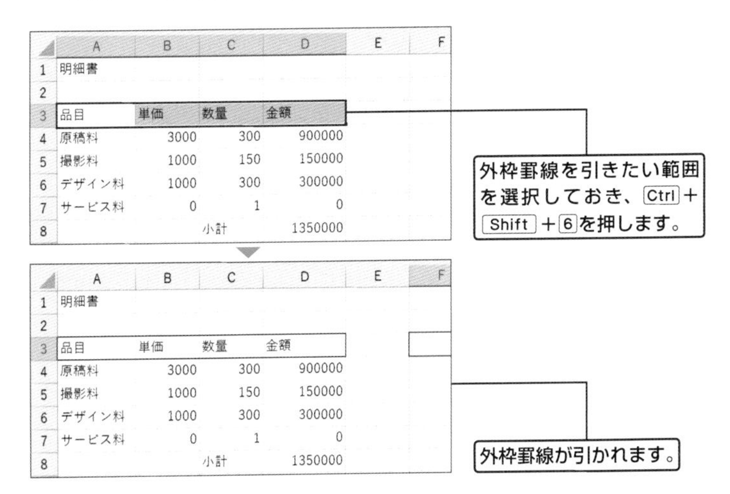

	A	B	C	D	E	F
1	明細書					
2						
3	品目	単価	数量	金額		
4	原稿料	3000	300	900000		
5	撮影料	1000	150	150000		
6	デザイン料	1000	300	300000		
7	サービス料	0	1	0		
8			小計	1350000		

ワンポイント

Alt→H→Bの順に押すと、「罫線」のリストが表示されます。各罫線の種類に割り振られたキーを押すと、その罫線が引かれます。

SECTION 131 2019 365

罫線を削除する

ココで役立つ! 不要な罫線をまとめて簡単に削除できます。

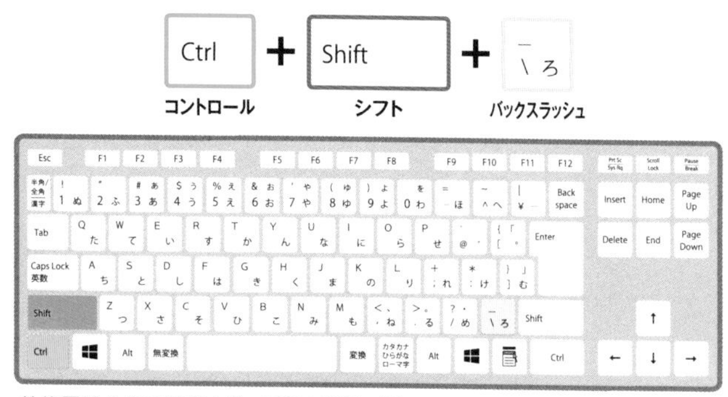

外枠罫線や格子罫線など、不要な罫線が引かれているセル範囲を選択し、Ctrl+Shift+\を押すと、その範囲の罫線を削除できます。

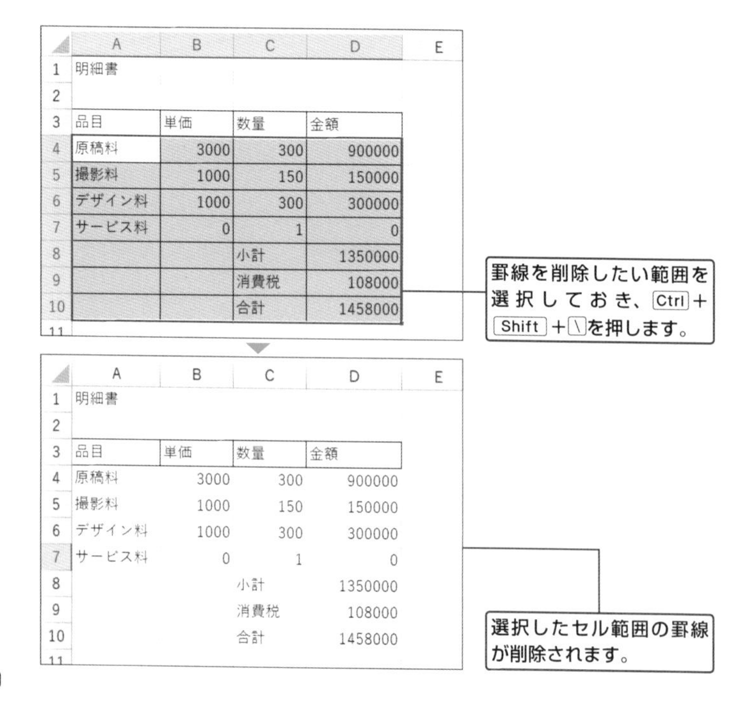

	A	B	C	D	E
1	明細書				
2					
3	品目	単価	数量	金額	
4	原稿料	3000	300	900000	
5	撮影料	1000	150	150000	
6	デザイン料	1000	300	300000	
7	サービス料	0	1	0	
8			小計	1350000	
9			消費税	108000	
10			合計	1458000	

SECTION 132 2019 365

文字に取り消し線を引く

ココで役立つ! 修正記録としてデータ内容を残しておきたい場合に利用します。

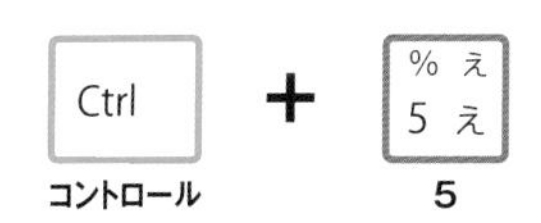

Ctrl＋5を押すことで、セル内のデータのテキストを削除することなく、テキスト上に取り消し線を引くことができます。

取り消し線を引きたいセルを選択し、Ctrl＋5を押します。行や列全体でも問題ありません。

4	教材B	70	160	125	84	191	97	52	45	173	136	144	167	1,444
5	教材C	105	55	163	12	117	83	163	120	171	79	105	69	1,242
6	教材D	30	32	140	24	50	52	42	74	48	66	58	138	754
7	教材E	15	16	198	44	25	68	43	119	37	118	29	171	883
8	教材F	186	108	92	122	190	71	21	37	24	178	92	97	1,218
9	教材G	61	99	70	162	28	163	101	103	78	33	162	159	1,219
10	教材H	21	113	83	17	130	26	167	102	82	33	88	193	1,055
11	合計	676	768	941	635	872	632	644	780	778	737	788	1,148	9,399
12														

表全体のセルが選択されました。タイトルなどが表に隣接するセルに入力されている場合、そのセルも選択されてしまうので注意しましょう。

4	教材B	70	160	125	84	191	97	52	45	173	136	144	167	1,444
5	教材C	105	55	163	12	117	83	163	120	171	79	105	69	1,242
6	教材D	30	32	140	24	50	52	42	74	48	66	58	138	754
7	教材E	15	16	198	44	25	68	43	119	37	118	29	171	883
8	教材F	186	108	92	122	190	71	21	37	24	178	92	97	1,218
9	教材G	61	99	70	162	28	163	101	103	78	33	162	159	1,219
10	~~教材H~~	~~21~~	~~113~~	~~83~~	~~17~~	~~130~~	~~26~~	~~167~~	~~102~~	~~82~~	~~33~~	~~88~~	~~193~~	~~1,055~~
11	合計	676	768	941	635	872	632	644	780	778	737	788	1,148	9,399
12														

ワンポイント

下線、太字、斜体の適用は、Wordと同様にCtrl＋U、Ctrl＋B、Ctrl＋Iで利用できます（P.106～107参照）。

セルの書式設定を表示する

ココで役立つ! 表示形式、配置、フォントなどをまとめて設定できます。

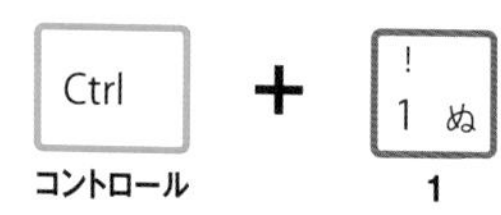

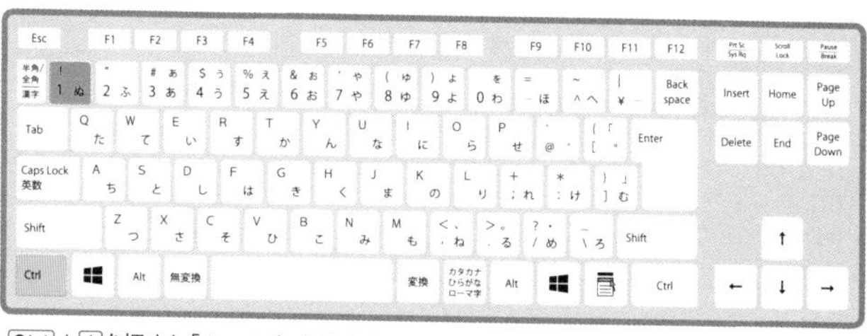

Ctrl＋1を押すと「セルの書式設定」ウィンドウが表示され、表示形式や配置、フォントの設定などを効率よく変更できます。

書式を変更したいセルを選択しておき、Ctrl＋1を押します。

「セルの書式設定」ウィンドウが表示され、書式設定の変更ができます。

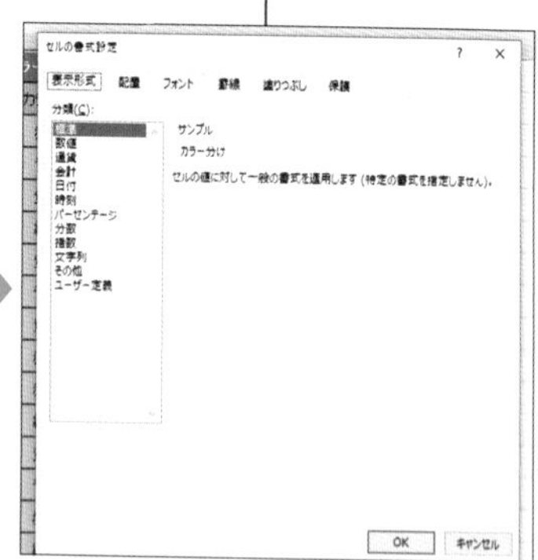

ワンポイント

「セルの書式設定」ウィンドウでCtrlを押しながらTabを押すと、タブの切り替えができます。たとえばCtrlを押しながらTabを2回押すと、「フォント」タブが表示されます。

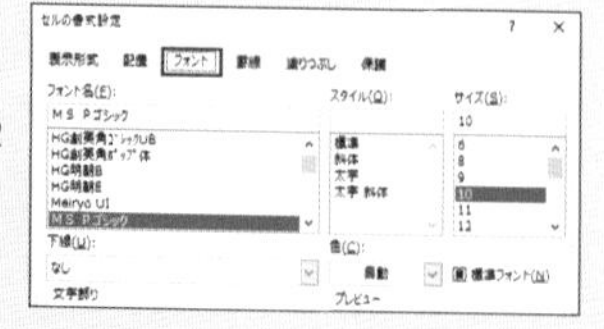

SECTION 134　2019　365

%形式／通貨形式で表示する

ココで役立つ! パーセンテージ、金額をひと目でわかる表示形式にできます。

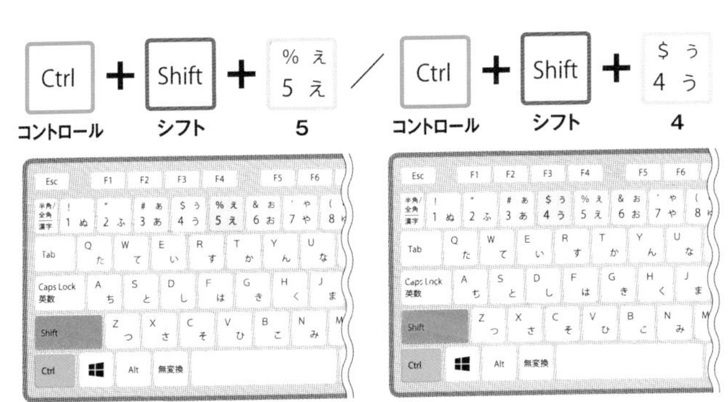

数値の入力されたセルを選択し、Ctrl＋Shift＋5を押すとパーセンテージ形式に、Ctrl＋Shift＋4を押すと通貨形式に表示を変更できます。

%形式で表示する

数値の入ったセルを選択し、Ctrl＋Shift＋5を押すと、パーセンテージ形式で表示されます。

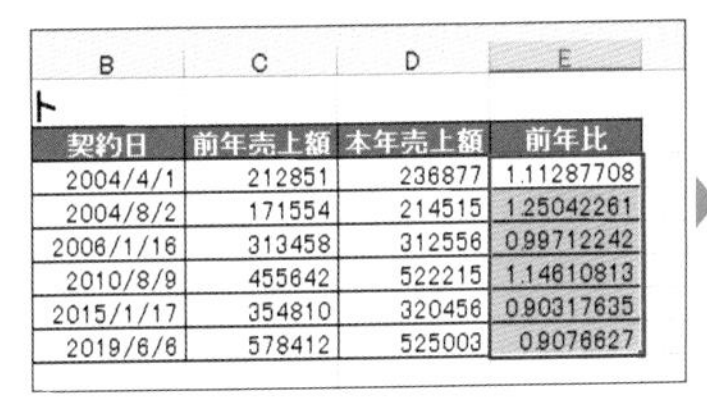

契約日	前年売上額	本年売上額	前年比
2004/4/1	212851	236877	1.11287708
2004/8/2	171554	214515	1.25042261
2006/1/16	313458	312556	0.99712242
2010/8/9	455642	522215	1.14610813
2015/1/17	354810	320456	0.90317635
2019/6/6	578412	525003	0.9076627

▶

契約日	前年売上額	本年売上額	前年比
2004/4/1	212851	236877	111%
2004/8/2	171554	214515	125%
2006/1/16	313458	312556	100%
2010/8/9	455642	522215	115%
2015/1/17	354810	320456	90%
2019/6/6	578412	525003	91%

通貨形式で表示する

金額の入ったセルを選択し、Ctrl＋Shift＋4を押すと、通貨形式で表示されます。

契約日	前年売上額	本年売上額	前年比
2004/4/1	212851	236877	111%
2004/8/2	171554	214515	125%
2006/1/16	313458	312556	100%
2010/8/9	455642	522215	115%
2015/1/17	354810	320456	90%
2019/6/6	578412	525003	91%

▶

契約日	前年売上額	本年売上額	前年比
2004/4/1	¥212,851	¥236,877	111%
2004/8/2	¥171,554	¥214,515	125%
2006/1/16	¥313,458	¥312,556	100%
2010/8/9	¥455,642	¥522,215	115%
2015/1/17	¥354,810	¥320,456	90%
2019/6/6	¥578,412	¥525,003	91%

SECTION 135 2019 365

桁区切り記号を付ける

ココで役立つ! 入力されている数値を3桁ごとに区切ってわかりやすくします。

数値が入力されているセルを選択して Ctrl + Shift + 1 を押すと、数値が3桁ごとにカンマ(,)で区切られ、データが見やすくなります。

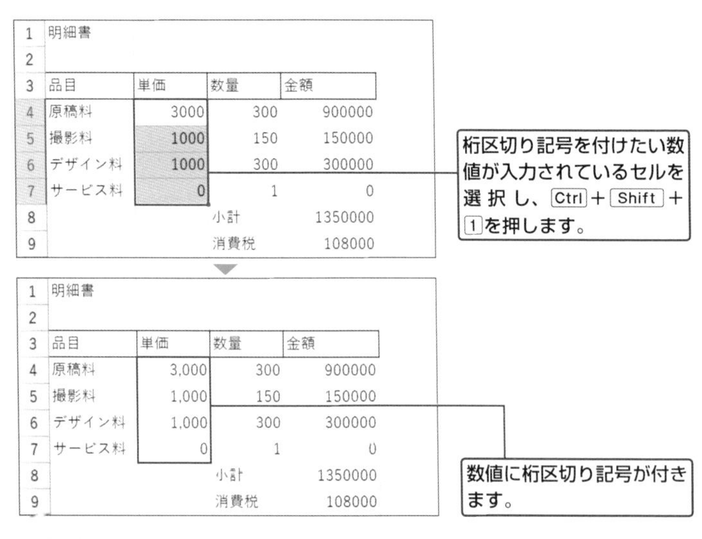

	A	B	C	D
1	明細書			
2				
3	品目	単価	数量	金額
4	原稿料	3000	300	900000
5	撮影料	1000	150	150000
6	デザイン料	1000	300	300000
7	サービス料	0	1	0
8			小計	1350000
9			消費税	108000

	A	B	C	D
1	明細書			
2				
3	品目	単価	数量	金額
4	原稿料	3,000	300	900000
5	撮影料	1,000	150	150000
6	デザイン料	1,000	300	300000
7	サービス料	0	1	0
8			小計	1350000
9			消費税	108000

ワンポイント

%形式、通貨形式、桁区切り記号を付けたデータを標準の標準形式に戻したい場合は、該当するセルを選択し、Ctrl + Shift + ^ (キャレット)を押します。^ はキーボードの 0 の右2つ隣、へ に配置されています。

SECTION 136 2019 365

セルに対する操作を繰り返す

ココで役立つ! 直前に行った操作と同じ操作をショートカットキーで瞬時に行えます。

F4

エフ4

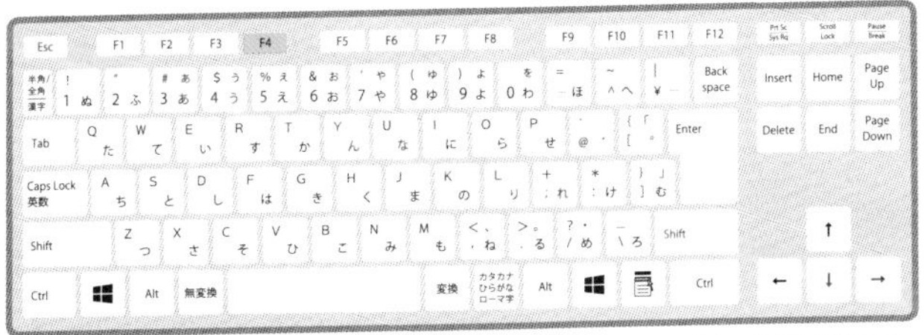

セルの書式設定、セルの挿入や削除、結合などの操作を行いたいとき、F4を押せば一瞬で前回の操作を繰り返すことができます。

	A	B	C	D
1	出欠リスト			
2	名前	一次会	二次会	連絡先
3	青山悟	欠席	欠席	080-1234-5678
4	秋元美幸	出席	出席	080-1234-5679
5	遠藤さとみ	出席	欠席	080-1234-5680
6	小山田徹	欠席	欠席	080-1234-5681
7	金澤翠	出席	出席	080-1234-5682
8	栗田裕子	出席	欠席	080-1234-5683
9	柴田里奈	出席	出席	080-1234-5684
10	杉村俊夫	出席	欠席	080-1234-5685
11	鈴木葵	出席	出席	080-1234-5686

ここでは、B列の塗りつぶし操作を繰り返します。同じ操作を繰り返したいセル(ここではC列)を選択し、F4を押します。

	A	B	C	D
1	出欠リスト			
2	名前	一次会	二次会	連絡先
3	青山悟	欠席	欠席	080-1234-5678
4	秋元美幸	出席	出席	080-1234-5679
5	遠藤さとみ	出席	欠席	080-1234-5680
6	小山田徹	欠席	欠席	080-1234-5681
7	金澤翠	出席	出席	080-1234-5682
8	栗田裕子	出席	欠席	080-1234-5683
9	柴田里奈	出席	出席	080-1234-5684
10	杉村俊夫	出席	欠席	080-1234-5685
11	鈴木葵	出席	出席	080-1234-5686

同じ塗りつぶし操作が繰り返されます。

ワンポイント

このショートカットキーで行える繰り返し操作は、セルの塗りつぶし、太字、下線、文字色、文字の配置、行の挿入や削除、セルの挿入や削除、セルの結合、セルの罫線、シートの削除です。

セルの数式を表示する

ココで役立つ! ワークシートに入力されている数式をまとめて確認できます。

通常、入力されている数式は選択しているセルのものしか確認できませんが、Ctrl+Shift+@を押すと、ワークシート内のすべての数式を確認できます。

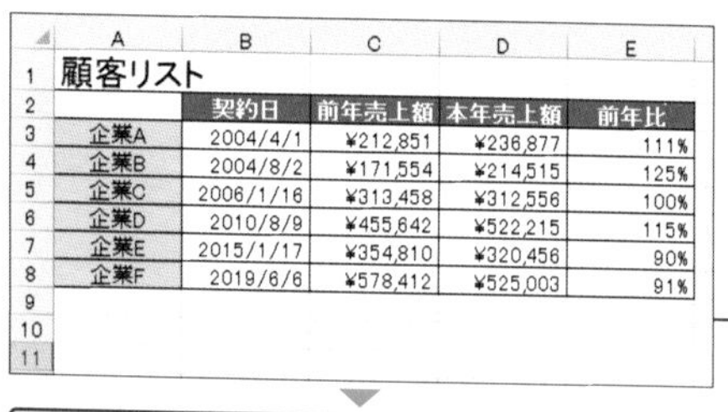

	A	B	C	D	E
1	顧客リスト				
2		契約日	前年売上額	本年売上額	前年比
3	企業A	2004/4/1	¥212,851	¥236,877	111%
4	企業B	2004/8/2	¥171,554	¥214,515	125%
5	企業C	2006/1/16	¥313,458	¥312,556	100%
6	企業D	2010/8/9	¥455,642	¥522,215	115%
7	企業E	2015/1/17	¥354,810	¥320,456	90%
8	企業F	2019/6/6	¥578,412	¥525,003	91%
9					
10					
11					

数式が入力されているワークシートを開き、Ctrl+Shift+@を押します。

セルの内容が数式で表示されます。このとき数式の長さによって列の幅が自動的に調整されます。

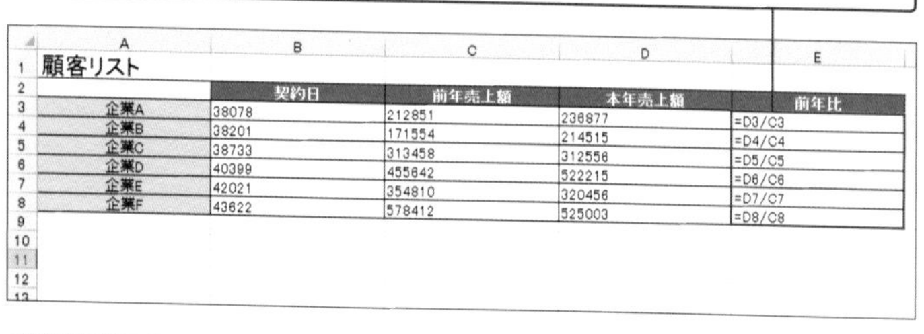

	A	B	C	D	E
1	顧客リスト				
2		契約日	前年売上額	本年売上額	前年比
3	企業A	38078	212851	236877	=D3/C3
4	企業B	38201	171554	214515	=D4/C4
5	企業C	38733	313458	312556	=D5/C5
6	企業D	40399	455642	522215	=D6/C6
7	企業E	42021	354810	320456	=D7/C7
8	企業F	43622	578412	525003	=D8/C8
9					
10					
11					
12					

ワンポイント

元の表示に戻すには、再度Ctrl+Shift+@を押します。通常の表示に戻すと、数式の長さに合わせて調整されていた列の幅も元に戻ります。

SECTION 138 2019 365

表をテーブルに変換する

ココで役立つ! 表をテーブルにすることでデータを管理しやすくなります。

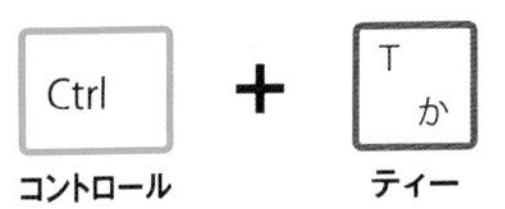

ワークシート内に表がある場合、Ctrl+Tでテーブルに変換して見やすく調整することができます。「Table(テーブル)」で覚えましょう。

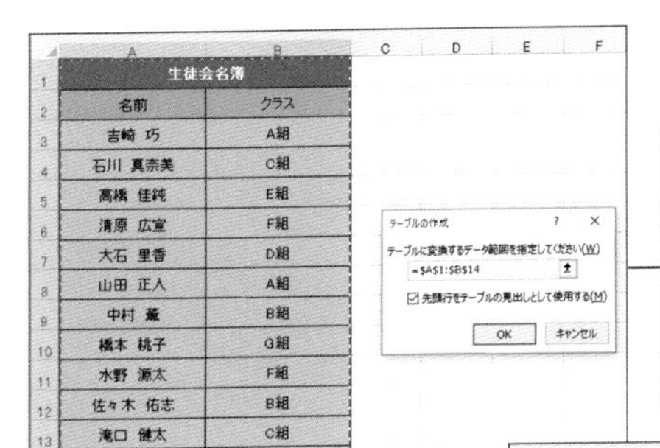

生徒会名簿	
名前	クラス
吉崎 巧	A組
石川 真奈美	C組
高橋 佳純	E組
清原 広宣	F組
大石 里香	D組
山田 正人	A組
中村 薫	B組
橋本 桃子	G組
水野 源太	F組
佐々木 佑志	B組
滝口 健太	C組
町田 穂香	C組

テーブルに変換したい表または表内の1つのセルを選択し、Ctrl+Tを押すと、「テーブルの作成」ダイアログが表示されます。Enterを押すと、表がテーブルに変換されます。

生徒会名簿	列1
名前	クラス
吉崎 巧	A組
石川 真奈美	C組
高橋 佳純	E組
清原 広宣	F組
大石 里香	D組
山田 正人	A組
中村 薫	B組
橋本 桃子	G組
水野 源太	F組
佐々木 佑志	B組
滝口 健太	C組
町田 穂香	C組

ワンポイント

テーブルにした表を通常の表に戻したい場合は、テーブル内のセルを選択し、Alt→J→Gの順に押します。「テーブルを標準の範囲に変換しますか?」ウィンドウが表示されるので、Enterを押します。

グラフを作成する

ココで役立つ! 作成したデータを瞬時にグラフ化できます。

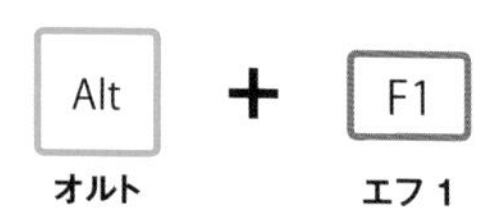

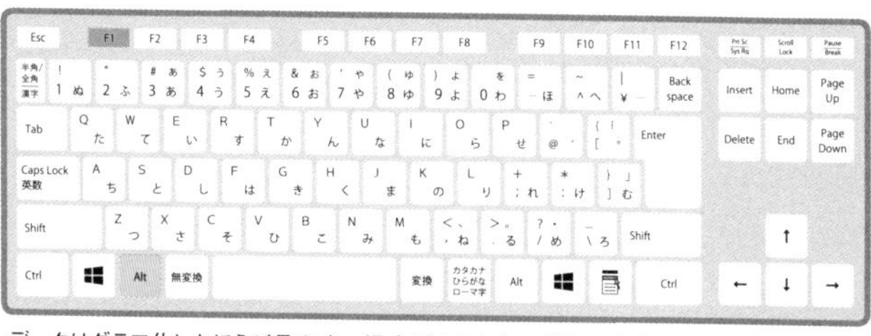

データはグラフ化したほうが見やすい場合があります。グラフにしたいセル範囲を選択して Alt + F1 を押すと、そのデータからグラフが作成されます。

	A	B	C	D	E
1	顧客リスト				
2		契約日	前年売上額	本年売上額	前年比
3	企業A	2004/4/1	¥212,851	¥236,877	11
4	企業B	2004/8/2	¥171,554	¥214,515	12
5	企業C	2006/1/16	¥313,458	¥312,556	10
6	企業D	2010/8/9	¥455,642	¥522,215	11
7	企業E	2015/1/17	¥354,810	¥320,456	9
8	企業F	2019/6/6	¥578,412	¥525,003	9
9					

グラフにしたいセル範囲を選択し、Alt + F1 を押します。離れたセルを選択するには、P.146を参照してください。

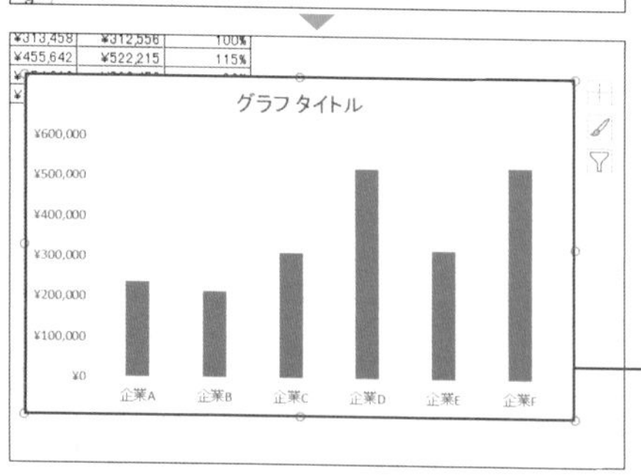

グラフが作成されます。F11 を押すとグラフシートが追加され、作成したグラフが貼り付けられます。

ワンポイント

このショートカットキーで作成されるグラフの種類は「縦棒」です。作成したグラフが選択されている状態で Alt → J → C → C の順に押すと「グラフの種類の変更」ウィンドウが表示されるので、ほかの種類のグラフを選択して変更できます。

フィルターを設定する

ココで役立つ! 表内のデータの並べ替えや抽出などができるようになります。

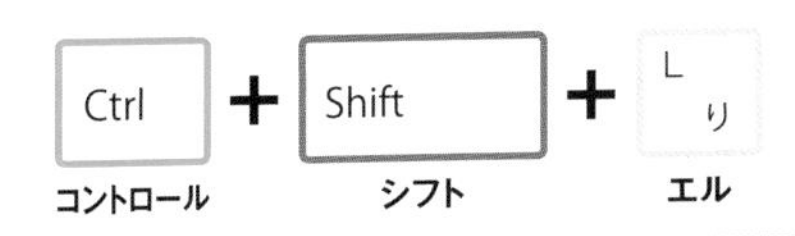

Ctrl + Shift + Lを押して表にフィルターを設定することで、表内の見出しからデータの並べ替えや抽出などが簡単にできるようになります。

表内のセルを選択し、Ctrl + Shift + Lを押すと、表の見出しにフィルターが設定されます。

	A	B	C	D
1	No.	氏名	性別	生年月日
2	1	石井志保	女	1995/1/5
3	2	中原寛太	男	1989/4/7
4	3	篠塚弘樹	男	1987/9/16
5	4	藤本咲	女	1993/8/25
6	5	南風太郎	男	1993/7/7
7	6	赤須佳紀	男	1980/3/15
8	7	大森理央	女	1981/6/16
9	8	小柳哲也	男	1994/5/12
10	9	池松愛美	女	1979/8/28
11	10	相崎瑠香	女	1987/5/19
12	11	小笠原翔	男	1996/1/8

	A	B	C	D
1	No.	氏名	性別	生年月日
2	1	石井志保	女	1995/1/5
3	2	中原寛太	男	1989/4/7
4	3	篠塚弘樹	男	1987/9/16
5	4	藤本咲	女	1993/8/25
6	5	南風太郎	男	1993/7/7
7	6	赤須佳紀	男	1980/3/15
8	7	大森理央	女	1981/6/16
9	8	小柳哲也	男	1994/5/12
10	9	池松愛美	女	1979/8/28
11	10	相崎瑠香	女	1987/5/19
12	11	小笠原翔	男	1996/1/8

矢印キー(↑↓←→)で基準にしたい見出しを選択してAlt + ↓を押すと、フィルターのリストが表示されるので、任意の項目を選択し、Enterを押すと、並べ替えが完了します。

	A	B	C	D
1	No.	氏名	性別	生年月日
2	1	石井		
3	2	中原		
4	3	篠塚		
5	4	藤本		
6	5	南風		
7	6	赤須		
8	7	大森		
9	8	小柳		
10	9	池松		
11	10	相崎		
12	11	小笠		

昇順(S)
降順(O)
色で並べ替え(T)
日付フィルター(F)
(すべて) の検索
(すべて選択)

	A	B	C	D
1	No.	氏名	性別	生年月日
2	9	池松愛美	女	1979/8/28
3	6	赤須佳紀	男	1980/3/15
4	7	大森理央	女	1981/6/16
5	12	岩岡芽衣	女	1987/3/9
6	10	相崎瑠香	女	1987/5/19
7	3	篠塚弘樹	男	1987/9/16
8	2	中原寛太	男	1989/4/7
9	5	南風太郎	男	1993/7/7
10	4	藤本咲	女	1993/8/25
11	8	小柳哲也	男	1994/5/12
12	1	石井志保	女	1995/1/5

行や列をグループ化する

ココで役立つ！ 広い表を確認する際、行や列をグループ化することで見やすくできます。

Alt＋Shift＋→で行や列をグループ化することで、必要に応じてそのグループを折りたためるようになります。なお、グループ化の解除はAlt＋Shift＋←を押します。

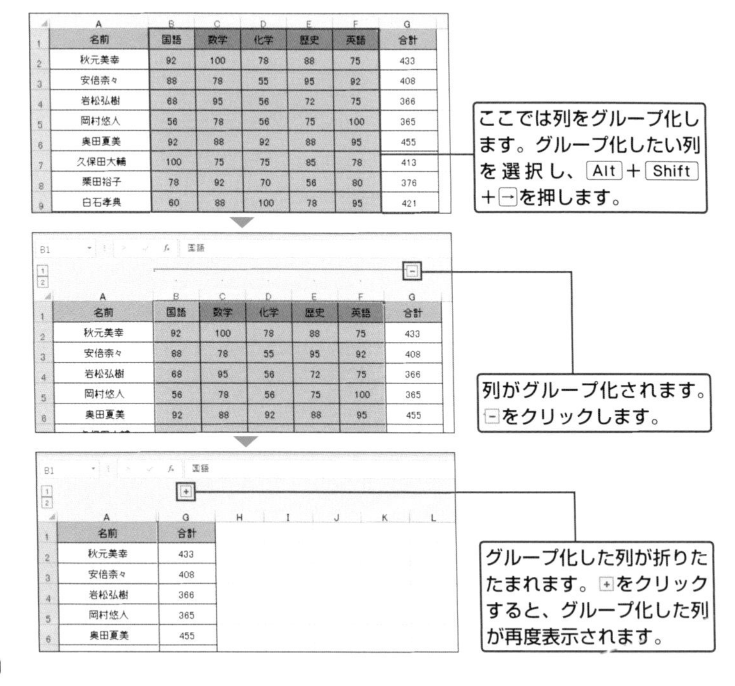

	A	B	C	D	E	F	G
1	名前	国語	数学	化学	歴史	英語	合計
2	秋元美幸	92	100	78	88	75	433
3	安倍奈々	88	78	55	95	92	408
4	岩松弘樹	68	95	56	72	75	366
5	岡村悠人	56	78	56	75	100	365
6	奥田夏美	92	88	92	88	95	455
7	久保田大輔	100	75	75	85	78	413
8	栗田裕子	78	92	70	56	80	376
9	白石孝典	60	88	100	78	95	421

	A	B	C	D	E	F	G
1	名前	国語	数学	化学	歴史	英語	合計
2	秋元美幸	92	100	78	88	75	433
3	安倍奈々	88	78	55	95	92	408
4	岩松弘樹	68	95	56	72	75	366
5	岡村悠人	56	78	56	75	100	365
6	奥田夏美	92	88	92	88	95	455

	A	G	H	I	J	K	L
1	名前	合計					
2	秋元美幸	433					
3	安倍奈々	408					
4	岩松弘樹	366					
5	岡村悠人	365					
6	奥田夏美	455					

データを検索／置換する

ココで役立つ! 目的のデータを一瞬で探し出したり、文字列を置換したりできます。

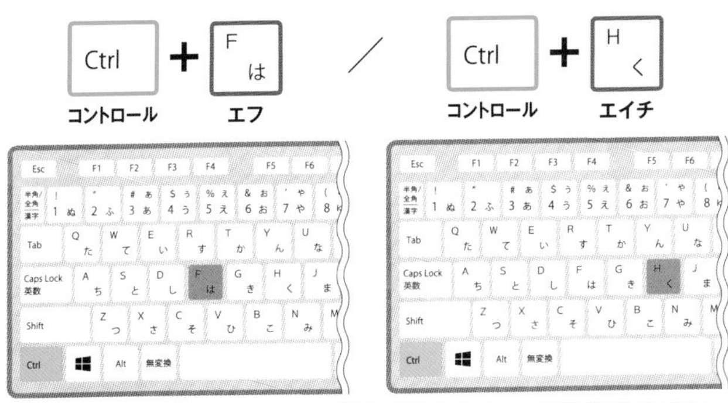

Ctrl＋Fを押すことで文字列の検索が、Ctrl＋Hを押すことで文字列の置換ができます。データを素早く見つけて処理したいときに便利です。

データを検索する

Ctrl＋Fを押すと「検索と置換」ウィンドウの「検索」タブが表示されます。検索したいキーワードや数字などを入力してEnterやAlt＋Fを押すと、検索した文字列と一致するセルが選択されます。

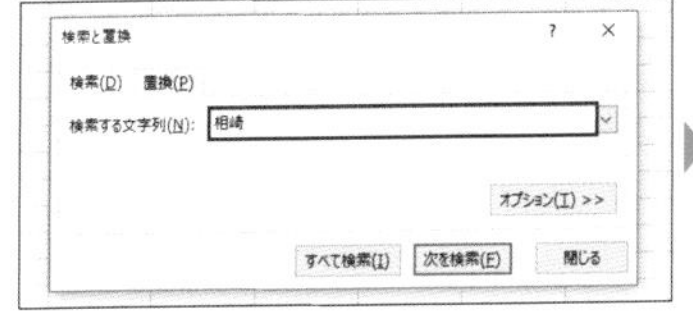

3	6	赤須佳紀	男	1980/
4	7	大森理央	女	1981/
5	12	岩岡芽衣	女	1987
6	10	相崎瑠香	女	1987/
7	3	篠塚弘樹	男	1987/
8	2	中原寛太	男	1989
9	5	南風太郎	男	1993
10	4	藤本咲	女	1993/

データを置換する

Ctrl＋Hを押すと「検索と置換」ウィンドウの「置換」タブが表示されます。検索したい文字列と置換したい文字列を入力してAlt＋Rを押すと、検索した文字列が置換されます。

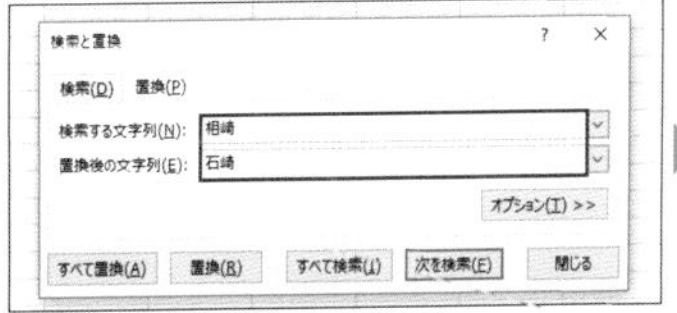

3	6	赤須佳紀	男	1980/
4	7	大森理央	女	1981/
5	12	岩岡芽衣	女	1987
6	10	石崎瑠香	女	1987/
7	3	篠塚弘樹	男	1987/
8	2	中原寛太	男	1989
9	5	南風太郎	男	1993
10	4	藤本咲	女	1993/

メモを挿入する

ココで役立つ! 気になるセルに付箋のように簡単にメモを残すことができます。

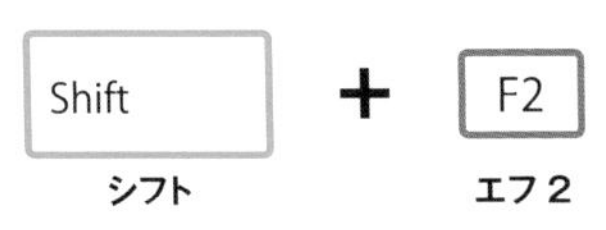

任意のセルを選択して[Shift]+[F2]を押すと、メモが挿入され、注釈やメモなどを入力することができます。

上額	本年売上額	前年比
2,851	¥236,877	111%
1,554	¥214,515	125%
3,458	¥312,556	100%
5,642	¥522,215	115%
4,810	¥320,456	90%
8,412	¥525,003	91%

メモを付けたいセルを選択し、[Shift]+[F2]を押します。

上額	本年売上額
2,851	¥236,877
1,554	¥214,515
3,458	¥312,556
5,642	¥522,215
4,810	¥320,456
8,412	¥525,003

斉藤遼:
修正データがあるので更新しておくこと

メモの内容を入力して[Esc]を押すと、メモの挿入が完了します。

ワンポイント

メモを削除するには、該当のセルを選択して[Alt]→[R]→[D]を順に押します。なお、メモは既定では該当のセルにカーソルが置いてある状態でしか表示されません。常にメモを表示させておきたい場合は、該当のセルを選択し、[Alt]→[R]→[T]→[O]を順に押します。

SECTION **144** 2019 365

メモがあるセルを選択する

ココで役立つ! すべてのメモを確認したいときに便利です。

メモの数が膨大なワークシートでは、Ctrl＋Shift＋Oを押すことで、メモが挿入されているセルのみを素早く選択できます。メモを削除したり表示を固定したりする場合などにも役立ちます（P.162参照）。

	C	D	E
	前年売上額	本年売上額	前年比
/1	¥212,851	¥236,877	111%
/2	¥171,554	¥214,515	125%
16	¥313,458	¥312,556	100%
/9	¥455,642	¥522,215	115%
17	¥354,810	¥320,456	90%
/6	¥578,412	¥525,003	91%

メモが挿入されているワークシートを開き、Ctrl＋Shift＋Oを押します。メモの挿入はP.162を参照してください。

	C	D	E
	前年売上額	本年売上額	前年比
/1	¥212,851	¥236,877	111%
/2	¥171,554	¥214,515	125%
16	¥313,458	¥312,556	100%
/9	¥455,642	¥522,215	115%
17	¥354,810	¥320,456	90%
/6	¥578,412	¥525,003	91%

メモが付いているセルがすべて選択されます。Enterを押すと、メモが挿入されているセルを順番に移動できます。

コメントを挿入する

ココで役立つ! 共同編集者とやり取りができるコメントを挿入します。

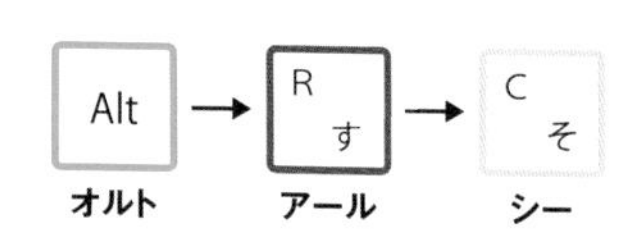

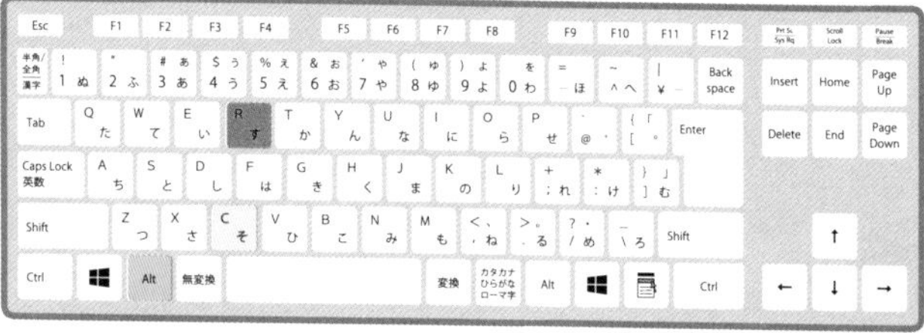

P.162で挿入したメモは個人で作業するうえでの付箋代わりに活用できますが、ほかの人と共同で作業する場合は、スレッドのやり取りが行えるコメントの活用が便利です。

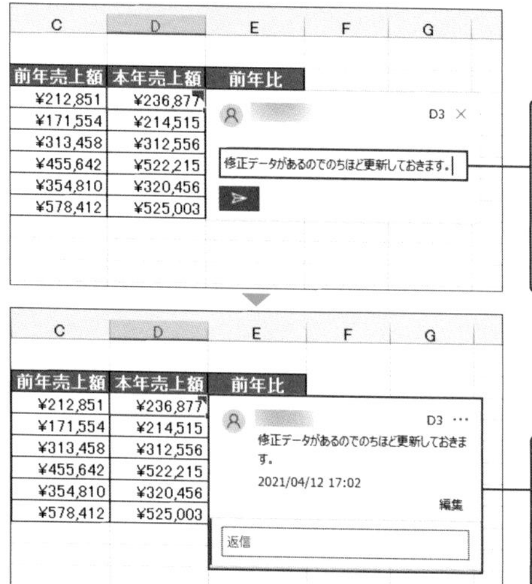

コメントを付けたいセルを選択し、Alt→R→Cを順に押すと、コメントボックスが表示されます。コメントの内容を入力し、Tabを押してEnterを押します。

コメントが挿入されます。なお、Alt→R→H→1を順に押すと、ワークシート内のすべてのコメントが一覧で確認できます。

ワンポイント

P.162で挿入されたメモは、一括でコメントに変換することができます。Alt→R→T→Cを順に押し、表示される確認ウィンドウでEnterを押すと、ワークシート内のメモがすべてコメントに変換されます。

ウィンドウ枠を固定する

ココで役立つ! 表をスクロールしても常に一部のセルを固定表示できます。

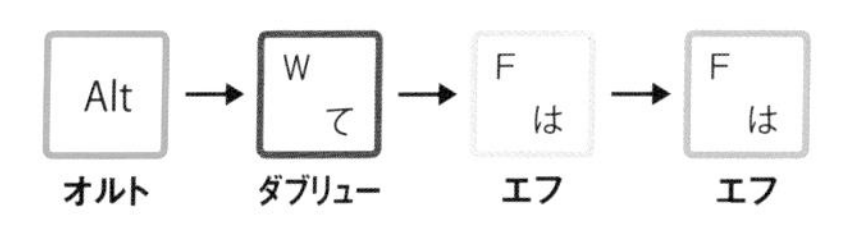

Alt→W→F→Fの順に押すと、「ウィンドウ枠の固定」が適用され、行および列を表示したまま、ワークシートの残りの部分をスクロールできるようになります。

	A	B	C	D	E	F
1	名前	国語	数学	化学	歴史	英語
2	秋元美幸	92	100	78	88	75
3	安倍奈々	88	78	55	95	92
4	岩松弘樹	68	95	56	72	75
5	岡村悠人	56	78	56	75	100
6	奥田夏美	92	88	92	88	95
7	久保田大輔	100	75	75	85	78
8	栗田裕子	78	92	70	56	80
9	白石孝典	60	88	100	78	95

任意のセルを選択し、Alt→W→F→Fの順に押します。

	A	B	C	D	E	F
1	名前	国語	数学	化学	歴史	英語
3	安倍奈々	88	78	55	95	92
4	岩松弘樹	68	95	56	72	75
5	岡村悠人	56	78	56	75	100
6	奥田夏美	92	88	92	88	95
7	久保田大輔	100	75	75	85	78
8	栗田裕子	78	92	70	56	80
9	白石孝典	60	88	100	78	95

選択したセルより上と左にあるセルが常に表示されるようになります。表示の固定を解除するには、再度Alt→W→F→Fを順に押します。

ワンポイント

選択しているセルの行までを先頭行として固定するには、Alt→W→F→Rの順に押します。選択しているセルの列までを先頭列として固定するには、Alt→W→F→Cの順に押します。

SECTION 147 2019 365

ワークシートを移動する

ココで役立つ! 複数のワークシートや広いワークシートを素早く移動できます。

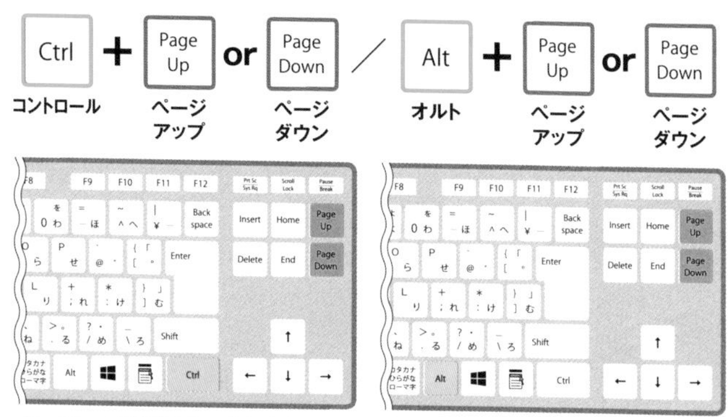

ワークシートの移動もショートカットキーでスムーズに行えます。Ctrl+Page Up(Page Down)で前後のワークシートに移動、Alt+Page Up(Page Down)でワークシートを左右にスクロールできます。

前後のワークシートに移動する

12	山田加奈	緑	B組
13	井上小百合	黄	C組
14	市川光紀	青	C組
15	金子智也	赤	D組
16	佐野舞	緑	B組
17	湯川真矢	青	A組
18	石神悠里	緑	E組
19			
20			

Sheet1 Sheet2 Sheet3 Sheet4 Sheet5 Sheet6

Ctrl+Page Upを押すと1つ左、Ctrl+Page Downを押すと1つ右のワークシートに移動できます。

シートを左右にスクロールする

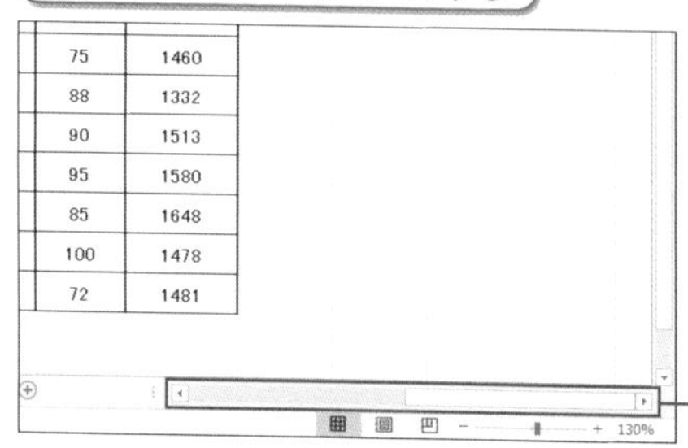

Alt+Page Upを押すとワークシートを左、Alt+Page Downを押すとワークシートを右にスクロールできます。

SECTION **148** 2019 365

ワークシートを追加する

ココで役立つ! 同じブック内に新規ワークシートを作成します。

Shift + **F11**

シフト　エフ 11

同じファイル内で関連データを作りたいときに Shift + F11 を押すと、表示しているワークシートの左隣に新規ワークシートを追加することができます。

11	伊藤賢介	赤	F組
12	山田加奈	緑	B組
13	井上小百合	黄	C組
14	市川光紀	青	C組
15	金子智也	赤	D組
16	佐野舞	緑	B組
17	湯川真矢	青	A組
18	石神悠里	緑	E組
19			
20			

Sheet1 Sheet2 Sheet3 Sheet4 Sheet5 Sheet6

準備完了

現在表示しているワークシートの左側に新しいワークシートが追加されます。Shift + F11 を押します。

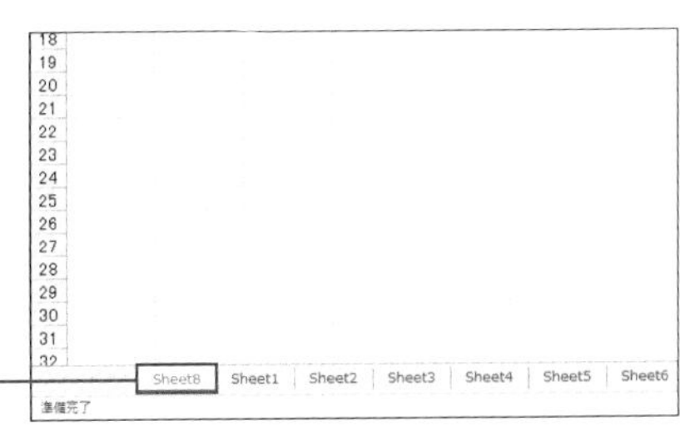

新しいワークシートが追加されます。ワークシートの名前の数字はワークシートの位置に関わらず、ブック内での最新の番号が付けられます。

ワンポイント

不要になったワークシートは、ショートカットキーからも削除できます。削除したいワークシートを表示し、Alt → H → D → S の順に押します。この操作は元に戻すことができないので注意しましょう。

ワークシート名を変更する

ココで役立つ! 新規作成したワークシートに瞬時に名前を付けることができます。

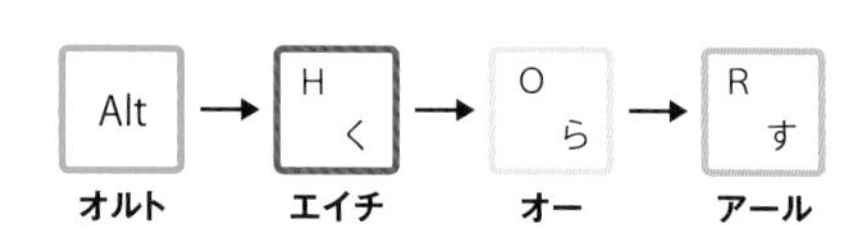

名前を変更したいワークシートを表示し、Alt→H→O→Rを順に押すことで、ワークシートの名前が変更可能な状態になります。

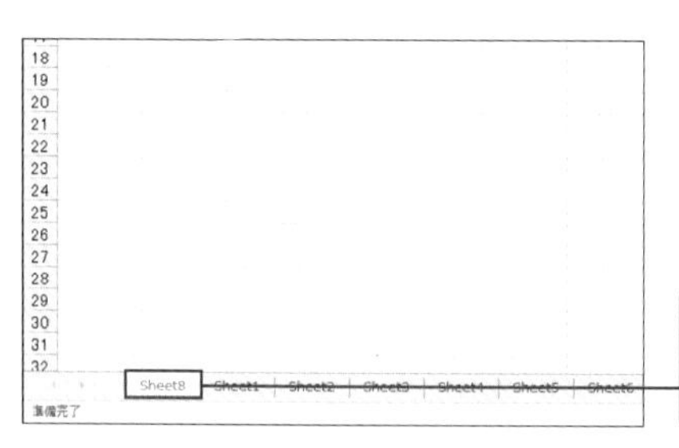

名前を変更したいワークシートを表示し、Alt→H→O→Rを順に押します。

名前が編集可能な状態になります。任意の名前を入力し、Enterを押すと、名前の変更が完了します。

ワンポイント

新規ワークシートの追加(P.167参照)では、「Sheet○」という名前が付けられます。このショートカットキーと組み合わせて使用することで、スムーズに新しいワークシートを作成できます。

第6章

PowerPointのショートカットキー

主にプレゼンテーションや資料作成に使用するPowerPointは、スライドショーの開始や画面の切り替え、図形の挿入や編集などがショートカットキーで行えると非常にスムーズです。本章では、Office 2019とMicrosoft 365で利用できるショートカットキーを解説します。

SECTION 150 2019 365

次のプレースホルダーに移動する

ココで役立つ! マウスに持ち替えることなくスライドの編集を進められます。

Ctrl＋Enterを押すことで、編集中のプレースホルダーから次のプレースホルダーに簡単に移動できます。

編集中のプレースホルダーでCtrl＋Enterを押します。

プレースホルダーとは、スライド内の点線で囲まれた、テキストや図を追加できる領域のことを指します。

納涼会2021

カーソルが次のプレースホルダーに移動します。

ワンポイント

スライド内の最後のプレースホルダーでこのショートカットキーを押すと、現在のスライドの下に新しいスライドが作成されます。

SECTION 151 2019 365

新しいスライドを追加する

ココで役立つ! 瞬時に新規スライドを作成してテキストを入力できます。

Ctrl+Mを押すと、編集中のスライドの次に新しいスライドが追加されます。続けてテキストを打ち込むことで、スムーズな編集が行えます。

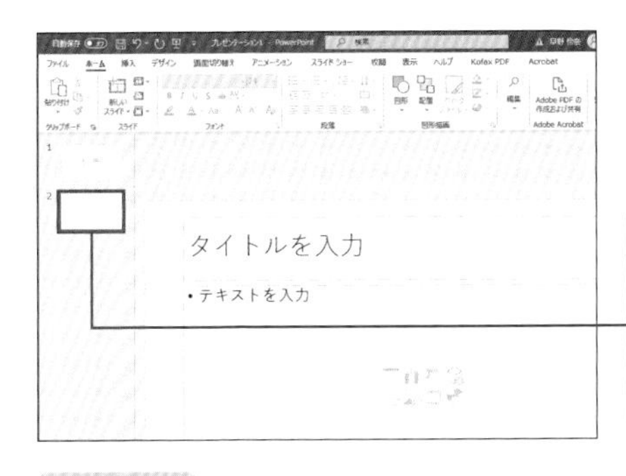

Ctrl+Mを押すと、新しいスライドが追加されます。そのままテキストを入力すると、追加したスライドの最初のプレースホルダーに反映されます。

ワンポイント

同様のスライドを何枚も作成したいときは、Ctrl+Dを押すことで、スライド一覧で選択しているスライドを複製できます。また、スライド内のプレースホルダーやオブジェクトなどを選択している場合は、それらが複製されます。

スライドのレイアウトを変更する

ココで役立つ! 既存の内容はそのままにレイアウトだけを変更できます。

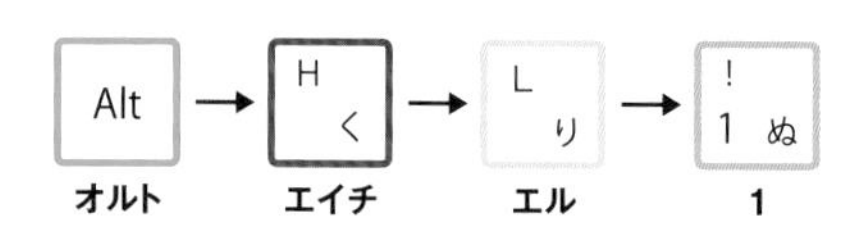

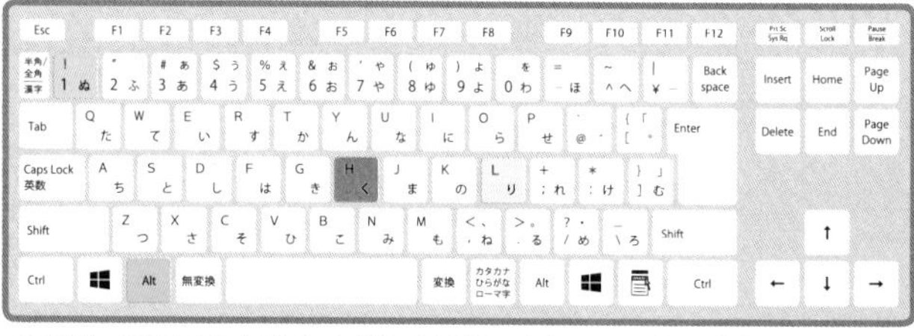

すでに作成済みのテキストやオブジェクトはそのままにレイアウトを変更したい場合は、Alt→H→L→1を順に押します。

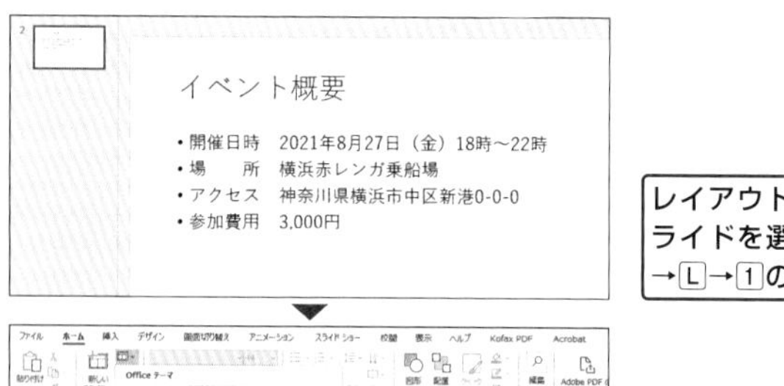

レイアウトを変更したいスライドを選択し、Alt→H→L→1の順に押します。

「ホーム」タブの「レイアウト」が表示されます。矢印キー（←→↑↓）で任意のレイアウトを選択し、Enterを押します。

レイアウトが変更されます。複製のスライドを選択している場合、すべてのスライドに変更が適用されます。

SECTION 153 2019 365

スライドのテーマを変更する

ココで役立つ! 既存の内容を残したままより見栄えのよいデザインに変更できます。

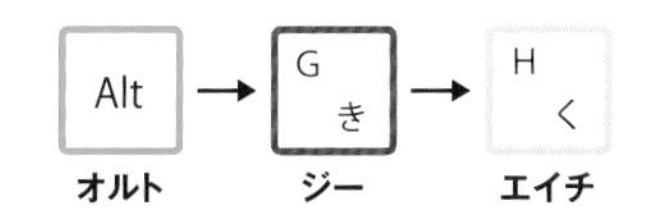

Alt→G→Hを順に押すことで、「デザイン」タブの「テーマ」からスライドのデザインを変更できます。既存の内容は新しいデザインにも反映されます。

第6章 PowerPointのショートカットキー

SECTION 154 2019 365

複数のオブジェクトをグループ化する

ココで役立つ! 並んだオブジェクトをグループにまとめて操作できます。

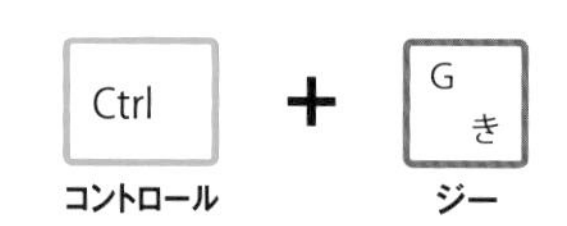

複数の図形やテキストボックスをCtrl+Gでグループ化することで、拡大や縮小、コピーなどが一緒にできるようになります。「Group(グループ)」で覚えましょう。

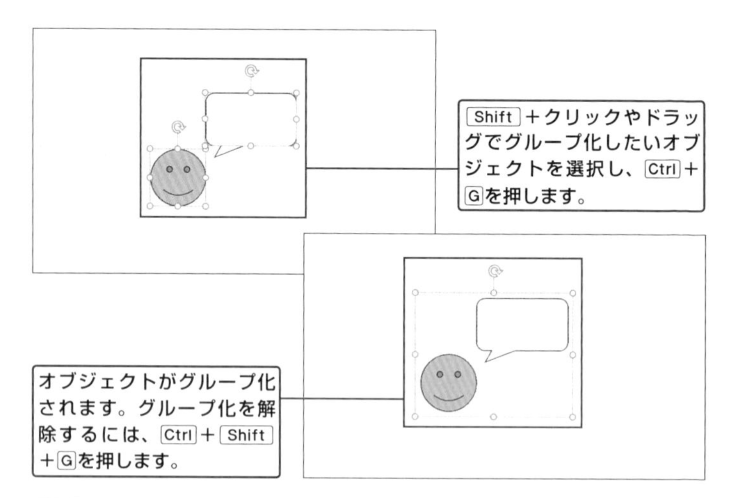

ワンポイント

グループ化したオブジェクトは、拡大や縮小、コピーなどの編集操作がすべて一緒に適用されます。グループ内のオブジェクトから1つを編集したい場合は、該当するオブジェクトをダブルクリックします。

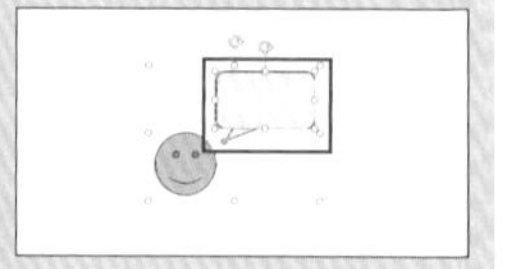

SECTION 155 2019 365

図形を挿入する

ココで役立つ! 矢印や四角など、頻繁に使用する図形をすぐに挿入できます。

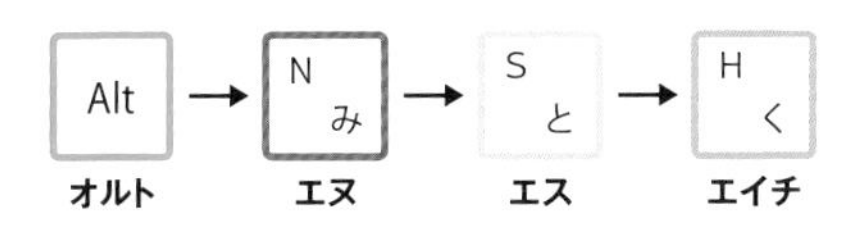

Alt→N→S→Hの順に押すと「挿入」タブの「図形」が一覧表示されるので、任意の図形を選択してスライドの中央に配置できます。

Alt→N→S→Hの順に押すと、「挿入」タブの「図形」が表示されます。矢印キー(←→↑↓)で任意の図形を選択し、Enterを押します。

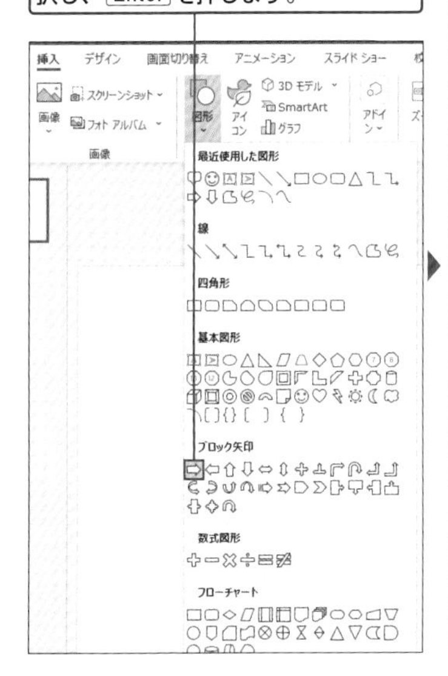

スライドの中央に選択した図形が挿入されます。

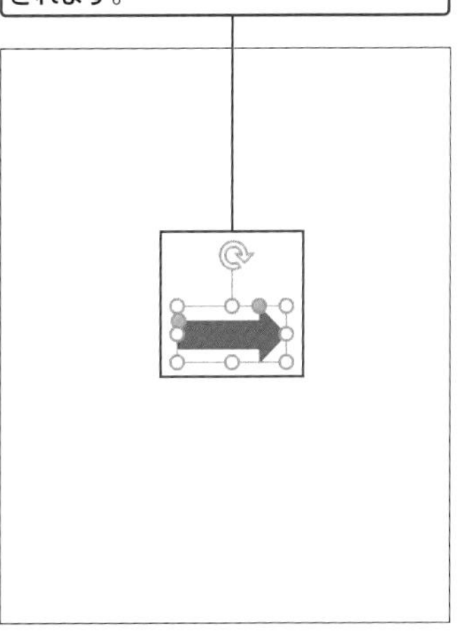

ワンポイント

図形の大きさの変更や回転などといったオブジェクトの編集については、P.176を参照してください。

SECTION 156 2019 365

オブジェクトを編集する

ココで役立つ! オブジェクトの大きさや回転をキリよい比率・角度で調整できます。

オブジェクトの大きさを変更する

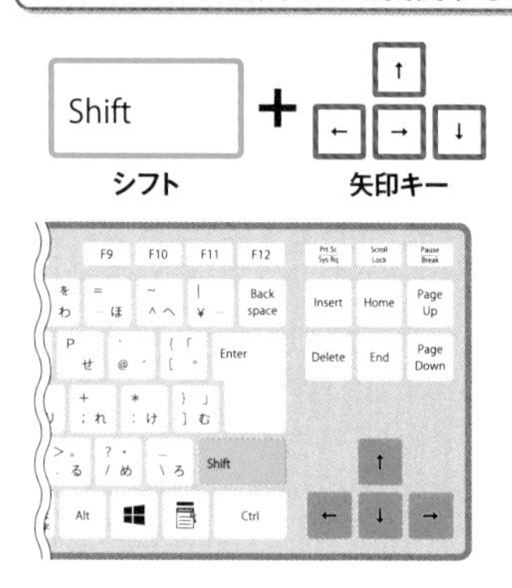

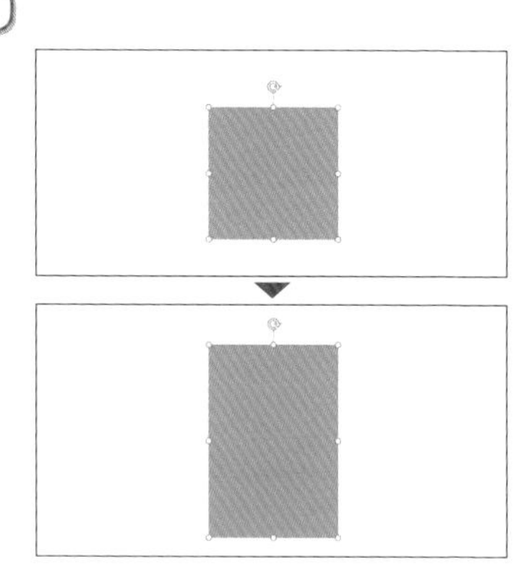

大きさを変更したいオブジェクトを選択し、Shift＋矢印キー(↑↓←→)を押すと、10%ずつオブジェクトの大きさを調整できます。

オブジェクトを回転する

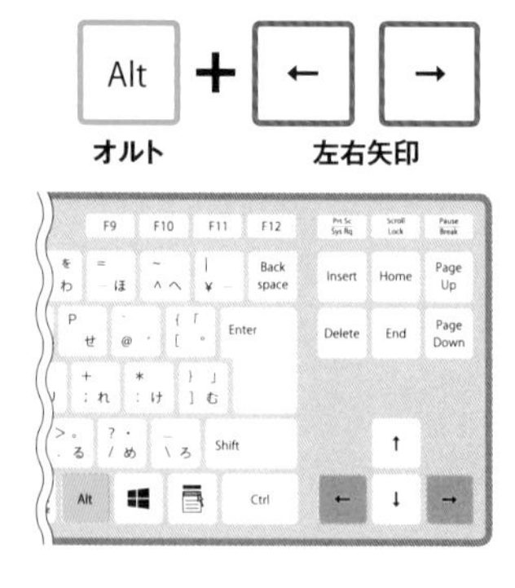

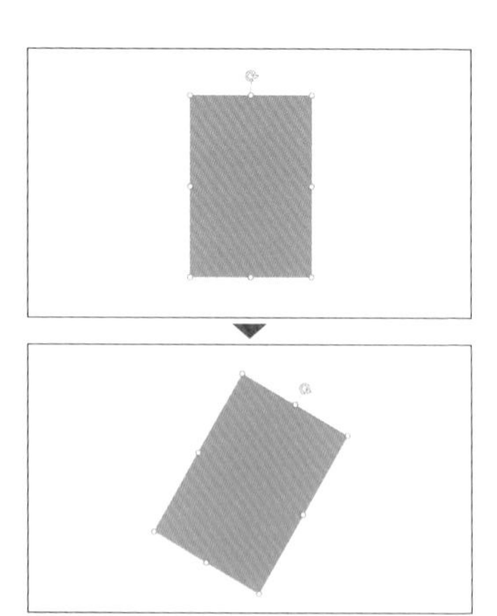

回転したいオブジェクトを選択し、Alt＋矢印キー(←→)を押すと、オブジェクトの中心を支点に15°ずつ回転できます。

フォントや色をまとめて設定する

ココで役立つ! フォントや色などの体裁をまとめて設定することができます。

テキストボックスを選択して[Ctrl]+[T]を押すと、「フォント」ウィンドウが表示され、フォントや色などの体裁を変更できます。「Text（テキスト）」で覚えましょう。

フォントや色を変更したいテキストボックスを選択し、[Ctrl]+[T]を押します。

「フォント」ウィンドウが表示されます。[Tab]を押して項目を移動して設定を行い、[Enter]を押します。

フォントや色が変更されます。

文字を上下中央揃えにする

ココで役立つ! プレースホルダー内の文字の位置を調整できます。

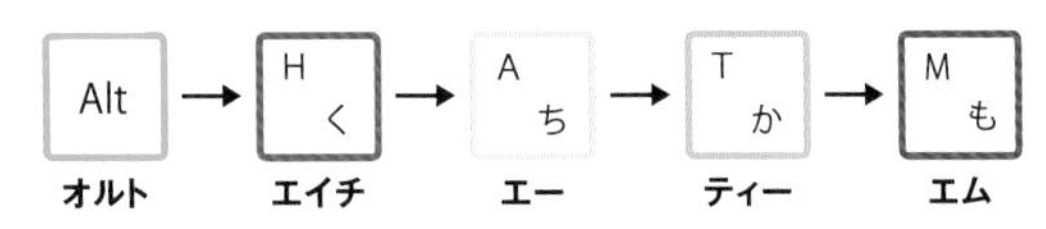

Alt→H→A→Tを順に押すと「ホーム」タブの「文字の配置」が表示されます。Mを押すと、文字が上下中央揃えになります。

イベント概要

- 開催日時　2021年8月27日（金）18時～22時
- 場　　所　横浜赤レンガ乗船場
- アクセス　神奈川県横浜市中区新港0-0-0
- 参加費用　3,000円

文字の位置を変更したいテキストボックスを選択し、Alt→H→A→T→Mを順に押します。

▼

イベント概要

- 開催日時　2021年8月27日（金）18時～22時
- 場　　所　横浜赤レンガ乗船場
- アクセス　神奈川県横浜市中区新港0-0-0
- 参加費用　3,000円

文字が上下中央揃えに変更されます。

ワンポイント

文字を上揃えにする場合はAlt→H→A→T→Tの順に、下揃えにする場合はAlt→H→A→T→Bの順に入力します。

ルーラー／グリッド／ガイドを表示する

ココで役立つ! オブジェクトの配置の目安に便利なガイド類を瞬時に表示します。

ルーラーを表示する

Alt + Shift + F9
オルト シフト エフ9

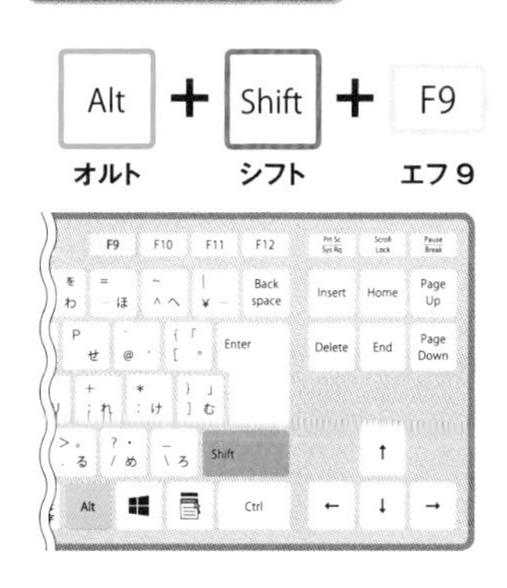

Alt + Shift + F9 で定規のような目盛りが付いた「ルーラー」の表示／非表示を切り替えられます。

グリッド／ガイドを表示する

Shift + F9 ／ Alt + F9
シフト エフ9 オルト エフ9

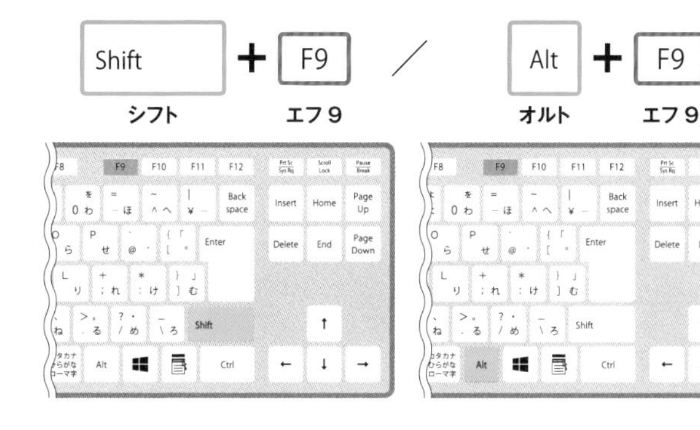

納涼会2021
屋形船ディナーイベント

納涼会2021
屋形船ディナーイベント

Shift + F9 で格子状の「グリッド」、Alt + F9 で十字の「ガイド」の表示／非表示を切り替えられます。

SECTION 160 2019 365

スライド一覧に移動する

ココで役立つ! 作成したスライドすべてを一覧で確認できます。

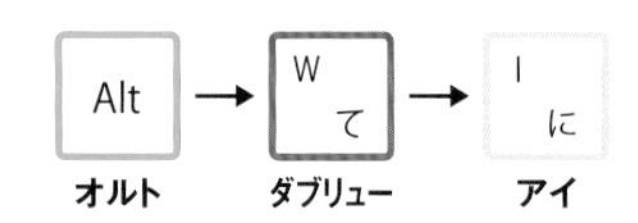

PowerPointは選択しているスライドがメインに表示されますが、Alt→W→Iの順に押すとスライド一覧で表示され、全体を確認しやすくなります。

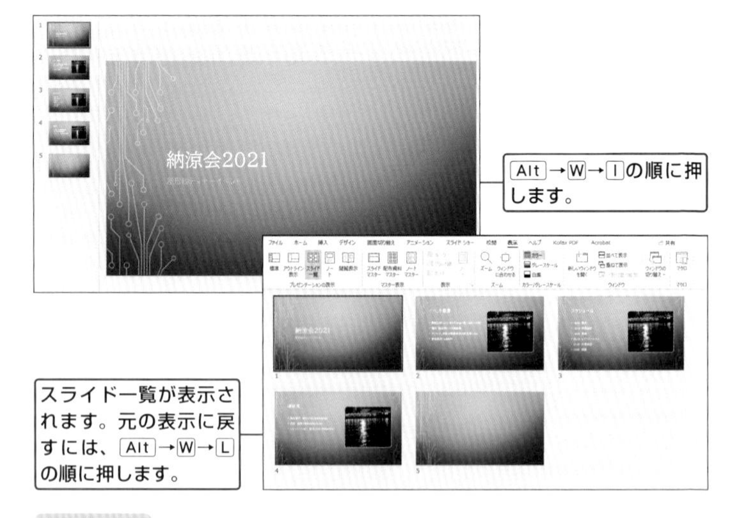

ワンポイント

PowerPointを構成するスライド、ステータスバー、リボン、ノート、スライド一覧といった領域は、F6を押すことで素早く移動できます。すぐに操作領域を切り替えたいときに便利です。

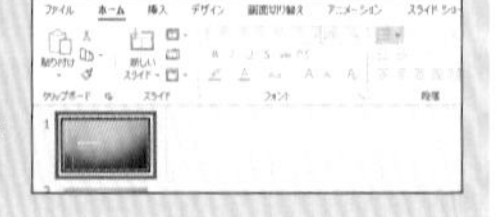

SECTION 161 2019 365

スライドショーを開始する

ココで役立つ! マウスよりも手早くスライドショーを開始できます。

F5

エフ5

F5を押すとスライドショーが開始されます。スライドショーの終了はEsc、一時中断はBまたはWを押します。

F5を押すと1枚目のスライドが表示され、スライドショーが開始されます。

ワンポイント

スライドショーを終了するにはEscを押します。スライドショーを一時中断したい場合は、B（Black）を押すと画面が黒く、W（white）を押すと画面が白くなり、いずれかのキーを押すとスライドショーが再開されます。

「すべてのスライド」を表示する

ココで役立つ! スライドのタイトル一覧から任意のスライドを表示できます。

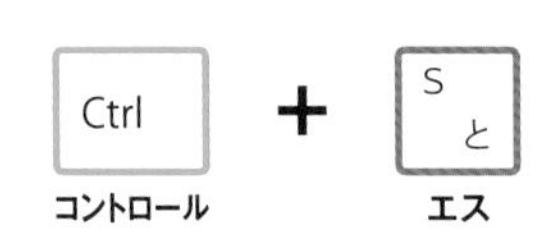

スライドショー中にCtrl+Sを押すと「すべてのスライド」ウィンドウが表示され、表示したいスライドをキーボードだけで瞬時に選択できます。

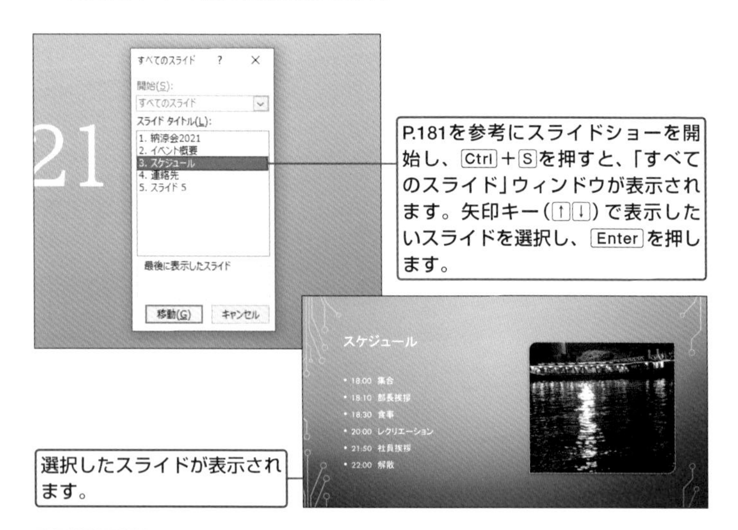

P.181を参考にスライドショーを開始し、Ctrl+Sを押すと、「すべてのスライド」ウィンドウが表示されます。矢印キー(↑↓)で表示したいスライドを選択し、Enterを押します。

選択したスライドが表示されます。

ワンポイント

作業中のスライドをスライドショー中に見せたくない場合は、該当するスライドを選択し、Alt→S→Hの順に押すことで、非表示スライドにできます。スライドショー中に非表示にしたスライドを再表示するには、Ctrl+Sを押し、非表示にしたスライドを↑↓で選択してEnterを押します。

指定したスライドに移動する

ココで役立つ! スライドショー中にスライド番号を指定してジャンプできます。

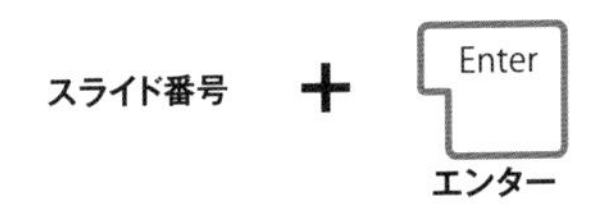

スライドショー中に表示したいスライド番号のキーを押し、Enterを押すと、指定した番号のスライドに一瞬でジャンプできます。

スライドショー中に見せたいスライド番号のキー(4枚目なら4、10枚目なら10)を押してEnterを押すと、入力した番号のスライドを表示できます。

表示中のスライドを拡大／縮小する

ココで役立つ! スライド内の文字や図が見づらい場合は拡大しましょう。

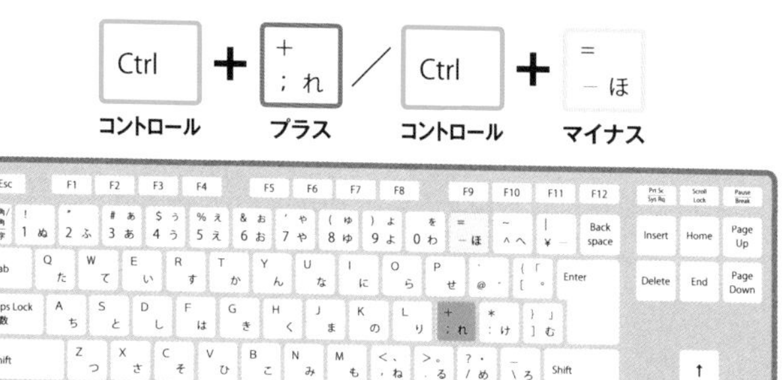

スライドショー中に見づらい文字や図がある場合、Ctrl＋＋（－）でスライドショーを止めることなく拡大または縮小が可能です。

拡大したいスライドを表示し、Ctrl＋＋を押します。

・開催日時：2021年8月27日（金）18時～22時
・場所：横浜赤レンガ乗船場
・アクセス：神奈川県横浜市中区新港0-0-0
・参加費用：3,000円

スライドが拡大されます。スライドを縮小するにはCtrl＋－を、スライド上を移動するには矢印キー（←→↑↓）を押します。

ワンポイント

Ctrl＋－を押し続けると、スライド一覧画面が表示されます。スライドショーに戻るには、Enterを押すか、画面左上の⊖をクリックします。

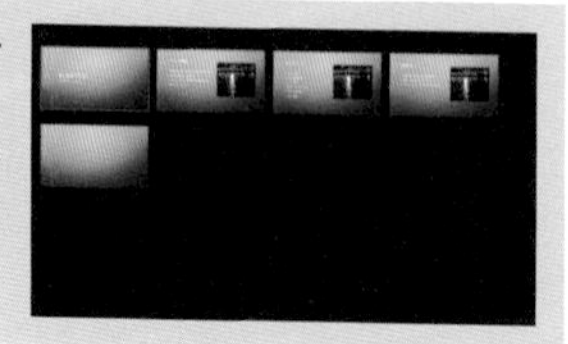

SECTION 165 2019 365

マウスポインターをレーザーポインターにする

ココで役立つ! マウスで示した場所を光らせることで注目を集められます。

スライドショー中にCtrl+Lを押すと、マウスポインターをレーザーポインターのような光にすることができます。Lは「Laser（レーザー）」で覚えましょう。

- 18:00 集合
- 18:10 部長挨拶
- 18:30 食事
- 20:00 レクリエーション

スライドショー中にCtrl+Lを押します。

- 18:00 集合
- 18:10 部長挨拶
- 18:30 食事
- 20:00 レクリエーション

マウスポインターがレーザーポインターに変わります。再度Ctrl+Lを押すと、レーザーポインターが通常のマウスポインターに戻ります。

ワンポイント

通常、マウスを3秒以上動かさずにいるとマウスポインターが画面から消えてしまいますが、Ctrl+Aを押すと常に表示されるようになります。マウスポインターを常に非表示にしたい場合は、Ctrl+Hを押します。Ctrl+Aを押すと、マウスポインターの非表示を解除できます。

スライドショーに書き込みを行う

ココで役立つ! 表示中のスライドに手書きでポイントや指示を入れることができます。

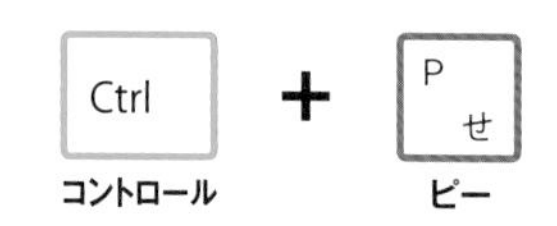

スライドショー中にCtrl+Pを押すと、マウスポインターをペンにして書き込みが行えるようになります。Pは「Pen(ペン)」で覚えましょう。

• アクセス:神奈川県横浜市
• 参加費用:3,000円

スライドショー中にCtrl+Pを押すと、マウスポインターがペンに変わります。

• アクセス:神奈川県横浜市
• 参加費用:3,000円

スライド上をドラッグすることで自由に書き込みができます。

ワンポイント

スライドへの書き込みを削除したい場合は、Eを押します。なお、スライドへの書き込みはスライドショー終了時の確認ウィンドウから保持するか破棄するかを選択できます。

第7章

Outlookのショートカットキー

OutlookもOfficeの一部に含まれています。Outlookでメールの送受信、保存フォルダーへの移動、予定やタスクの作成などを行う場合は、ショートカットキーを使うと非常に効率的です。

Outlookの機能を切り替える

ココで役立つ! メール画面から瞬時に使用したい機能に切り替えられます。

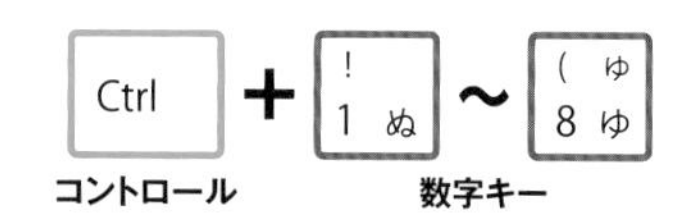

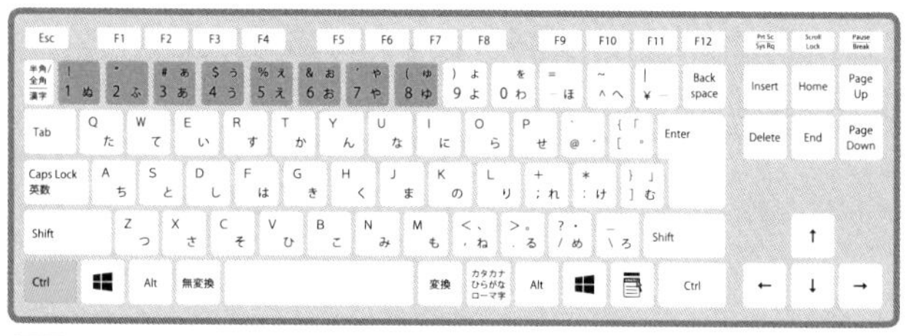

Ctrlと数字キー（1〜8）を組み合わせると、Outlookの機能を切り替えることができます。各数字キーには、Outlookの機能が割り振られています。

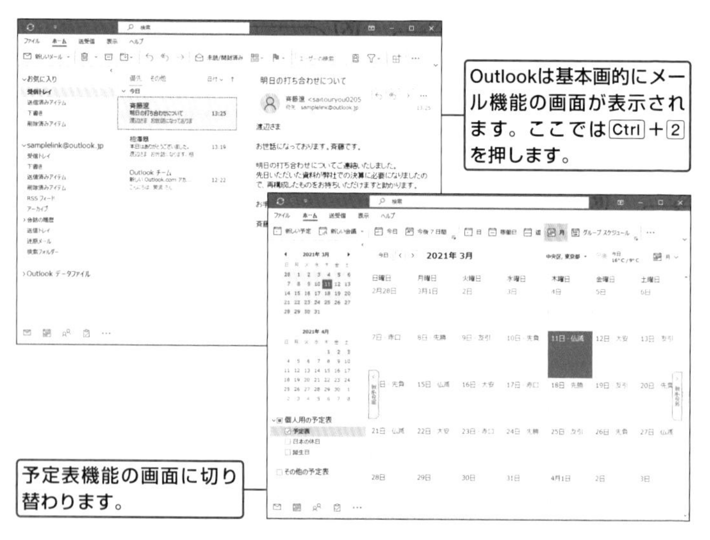

ワンポイント

数字キーによって切り替わる機能が異なります。1はメールに、2は予定表に、3は連絡先に、4はタスクに、5はメモに、6はフォルダーに、7はショートカットに、8は履歴にジャンプします。

SECTION 168 2019 365

フォルダーを移動する

ココで役立つ! 各機能内の細かいフォルダーに移動できます。

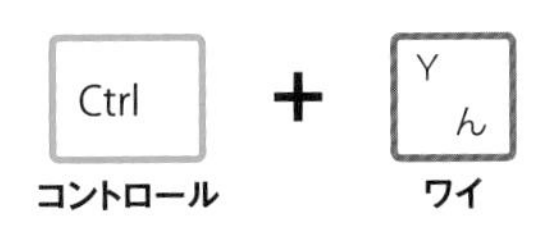

P.188のショートカットキーでは各機能の画面切り替えが行えましたが、Ctrl+Yでは各機能内の細かいフォルダーを選択して移動することができます。

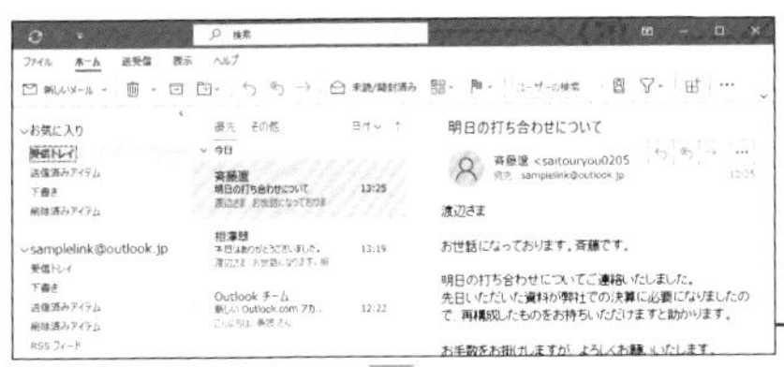

ここではメール機能の画面でCtrl+Yを押します。このショートカットキーはどの画面を開いても有効です。

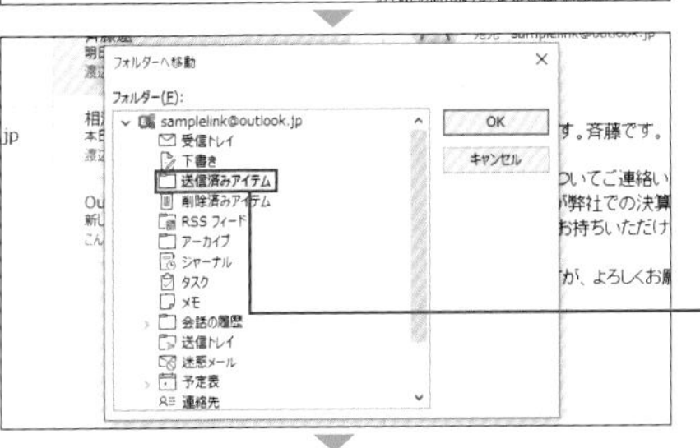

「フォルダーへ移動」ウィンドウが表示されます。矢印キー(↑↓)で任意のフォルダーを選択し、Enterを押します。

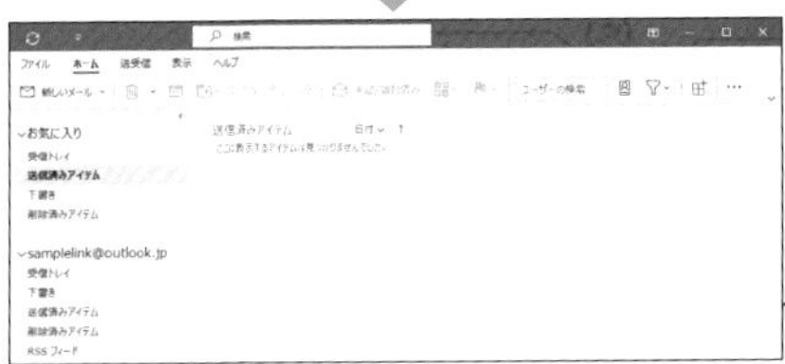

選択したフォルダーに移動します。

SECTION 169 2019 365

メールを別ウィンドウで開く

ココで役立つ! 複数のメールを同時に表示したいときに便利です。

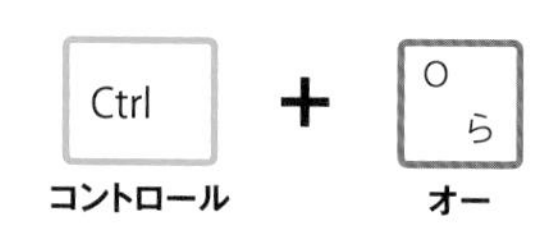

Ctrl＋Oを押すと、選択しているメールを別ウィンドウで開くことができます。複数のメールを同時に表示することが可能になります。

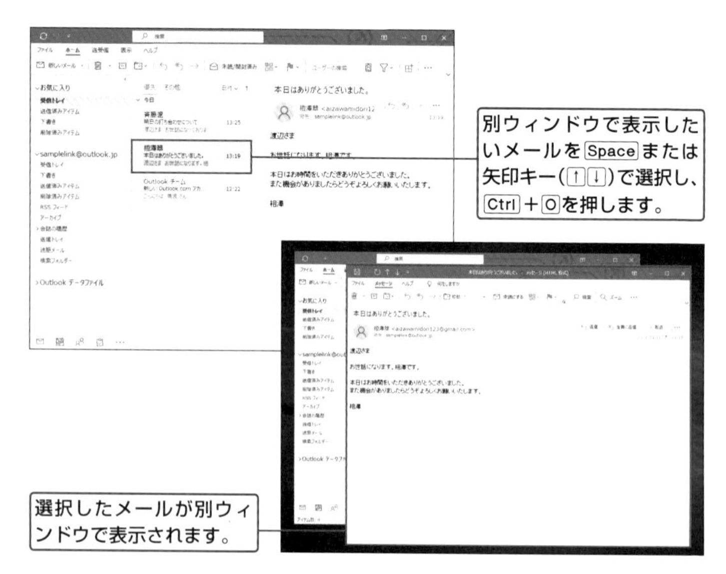

ワンポイント

メールを別ウィンドウで開いているとき、Ctrl＋,(カンマ)を押すと前のメールを、Ctrl＋.(ピリオド)を押すと次のメールを表示できます。

SECTION 170 2019 365

新しいメールを作成する

ココで役立つ! メール以外の画面を表示していても新規メールを立ち上げることができます。

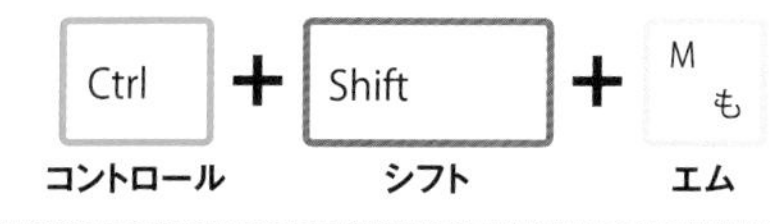

Ctrl＋Shift＋Mを押すと、別ウィンドウで新規メール画面が表示されます。どの機能の画面を表示していても、このショートカットキーは有効です。

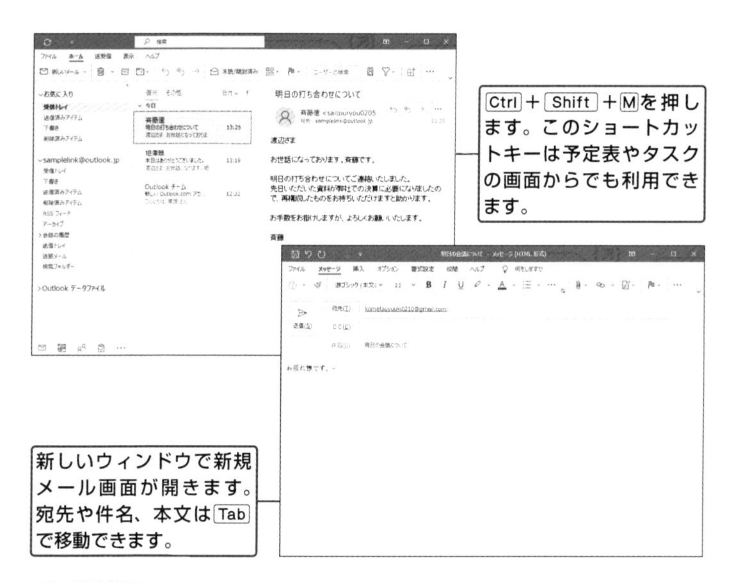

ワンポイント

宛先や本文を入力後、Alt＋Sを押すとメールを送信できます。Ctrl＋Sを押すと、メールを下書き保存できます。

第7章 Outlookのショートカットキー

メールに返信する／転送する

ココで役立つ! すぐに返信したいメール、情報共有したいメールに対応できます。

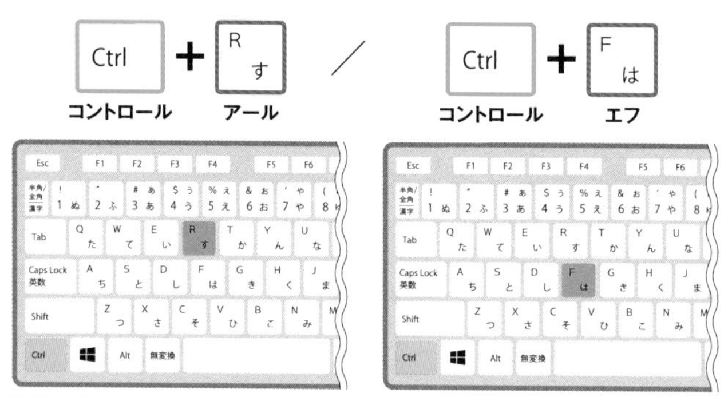

Ctrl＋Rを押すとメールの返信画面、Ctrl＋Fを押すとメールの転送画面が開きます。Rは「Reply（リプライ）」、Fは「Forward（フォワード）」で覚えましょう。

メールに返信する

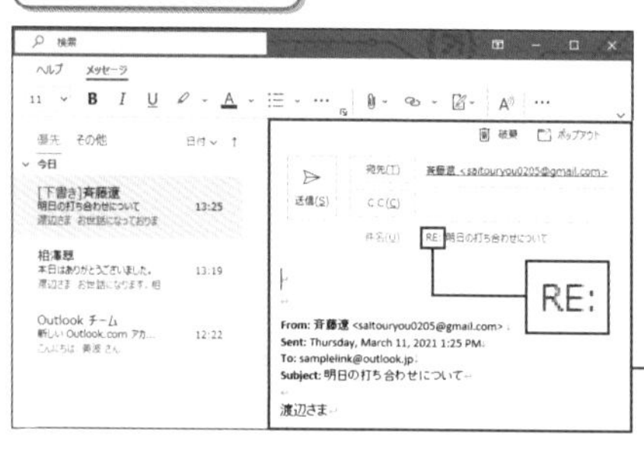

返信したいメールを開き、Ctrl＋Rを押すと、右側に返信画面が表示されます。

メールを転送する

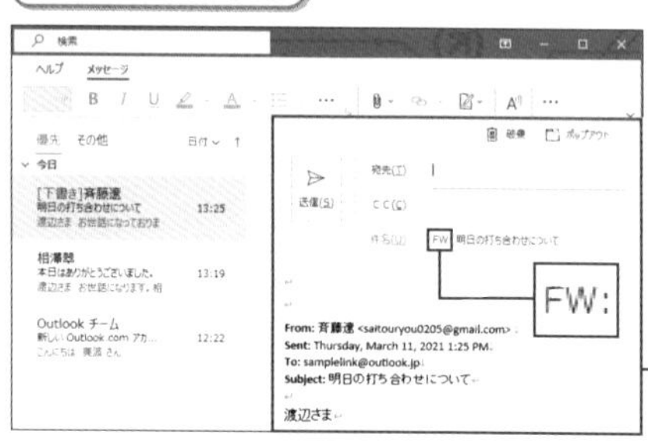

転送したいメールを開き、Ctrl＋Fを押すと、右側に転送画面が表示されます。

SECTION 172 2019 365

宛先の全員にメールを返信する

ココで役立つ! 受信メールのすべての宛先を反映した返信メールを素早く作成できます。

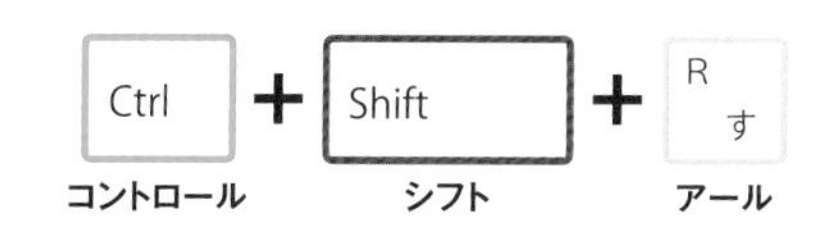

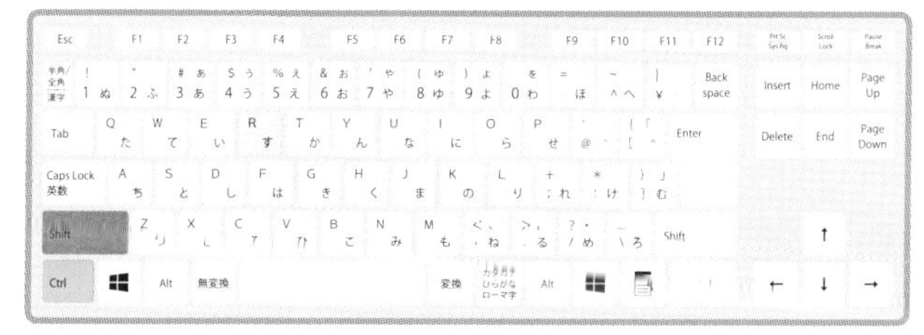

受信メールの「CC」欄の宛先も含めた全員にメールを返信したい場合は、Ctrl+Shift+Rを押すと、すべての宛先が反映された返信画面を作成できます。

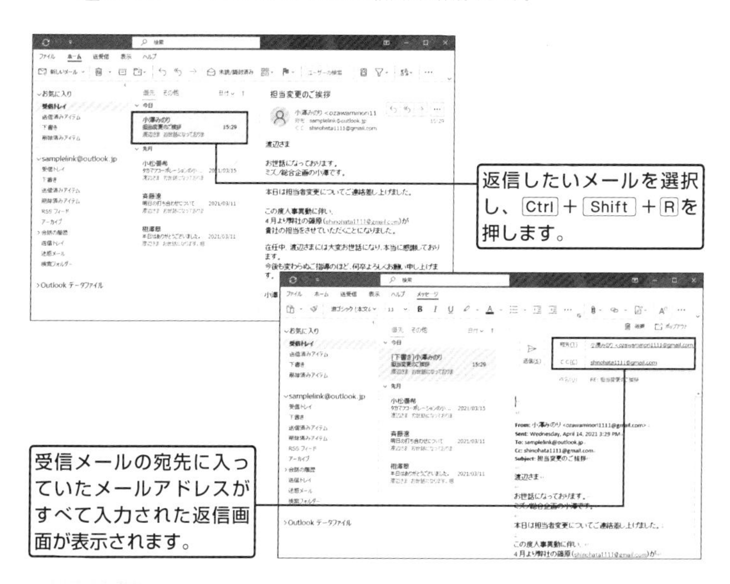

ワンポイント

自分のメールアドレスが「CC」に指定されていた場合は、返信メールにも自分のメールアドレスが「CC」に入ります。

メールを削除する

ココで役立つ! 不要なメールをマウス操作なしですぐに削除できます。

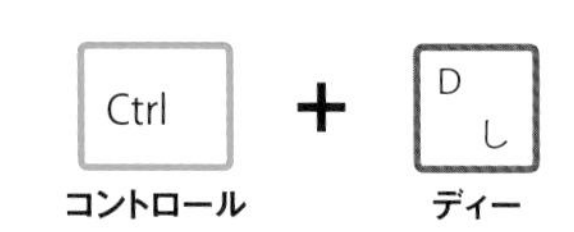

Ctrl+Dを押すと、選択したメールを「削除済みアイテム」に移動できます。Dは「Delete（デリート）」で覚えましょう。

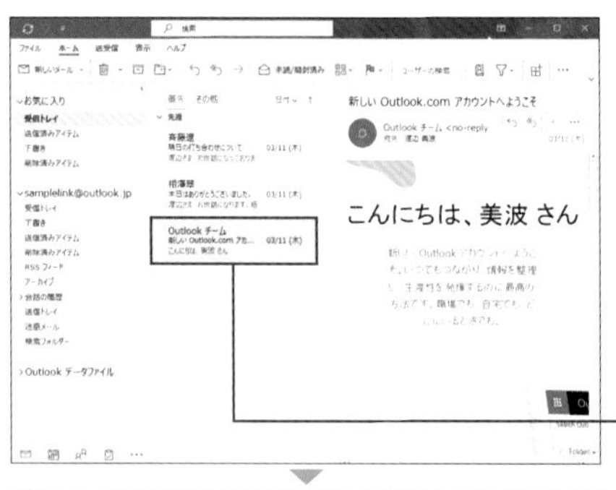

SECTION 174 2019 365

メールを未読にする

ココで役立つ！ 一度開封したメールを後で読み返したいときに便利です。

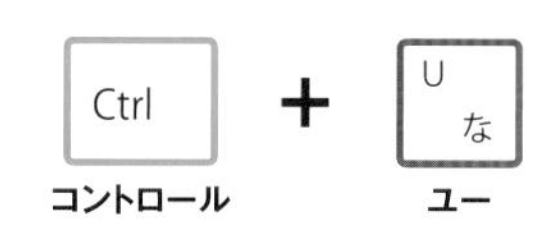

開封済みのメールを選択し、Ctrl＋Uを押すと、そのメールが未読状態になります。「受信トレイ」の未開封メールの数字に反映されるので、後からメールを読み返したいときに有効です。

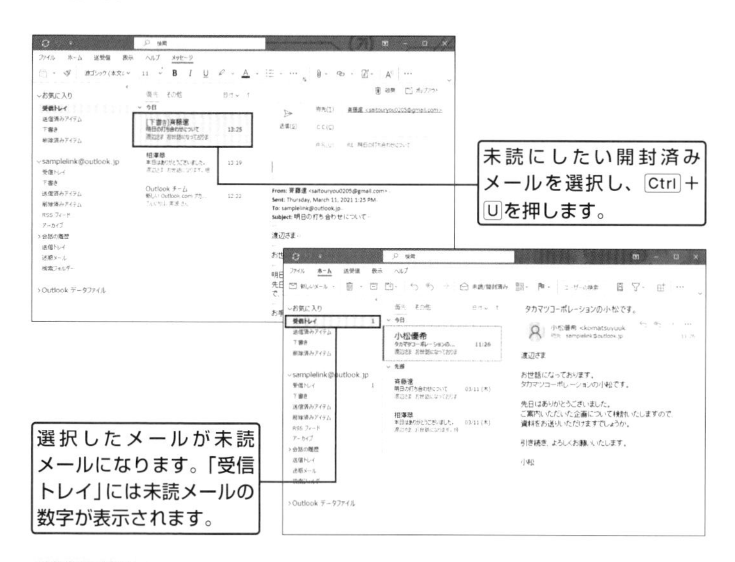

ワンポイント

自分宛てに送信されたメールをすぐに受信したい場合は、Ctrl＋Mを押します。「すべてのフォルダーを送受信」が実行され、新着メールの受信ができます。

予定を作成する

ココで役立つ! 予定表機能の画面以外を開いていてもすぐに予定を作成できます。

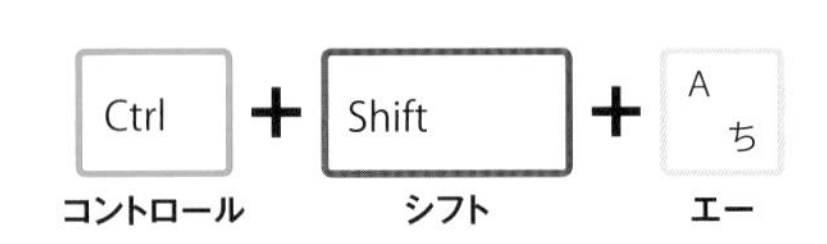

Ctrl + Shift + A を押すと、新規ウィンドウで予定作成画面が表示され、スムーズに予定を登録することができます。

Ctrl + Shift + A を押すと、新しいウィンドウで予定画面が開きます。

予定を入力し、Alt + S を押します。

Ctrl + 2 を押して予定表機能を表示すると(P.188参照)、作成した予定が登録されていることが確認できます。

予定表の表示期間を切り替える

ココで役立つ! 予定表の表示を「日」「週」「月」などに素早く切り替えます。

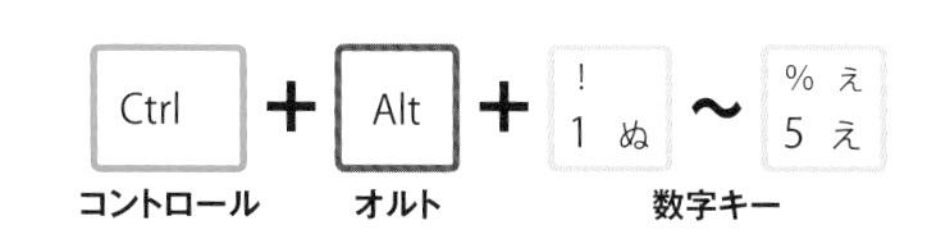

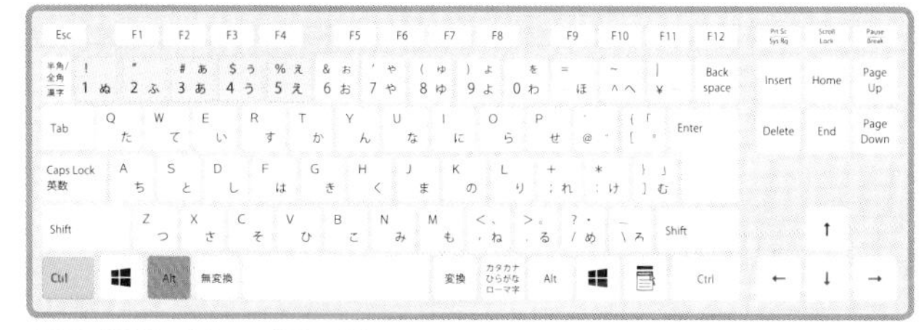

Ctrl + Alt と数字キー (1 ～ 5) を組み合わせると、予定表の表示期間を切り替えることができます。1は「日」表示、2は「稼働日」表示、3は「週」表示、4は「月」表示、5は「グループスケジュール」表示に切り替わります。

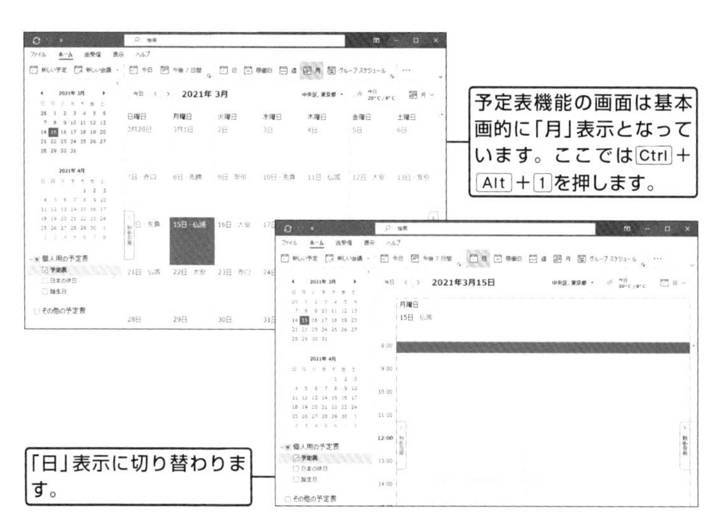

ワンポイント

予定表内の移動はショートカットキーで簡単に行えます。Alt + ↑ で前週の期間、Alt + ↓ で次週の期間、Alt + Page Up で先月の期間、Alt + Page Down で翌月の期間を表示できます。

指定した日数の予定表を表示する

ココで役立つ! 作成した予定の内容をすぐに確認したいときに便利です。

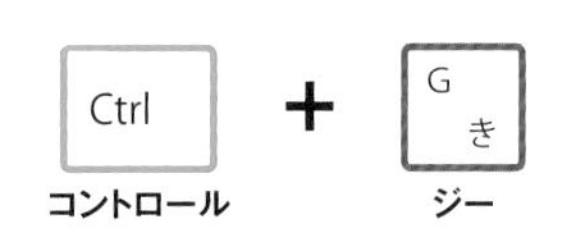

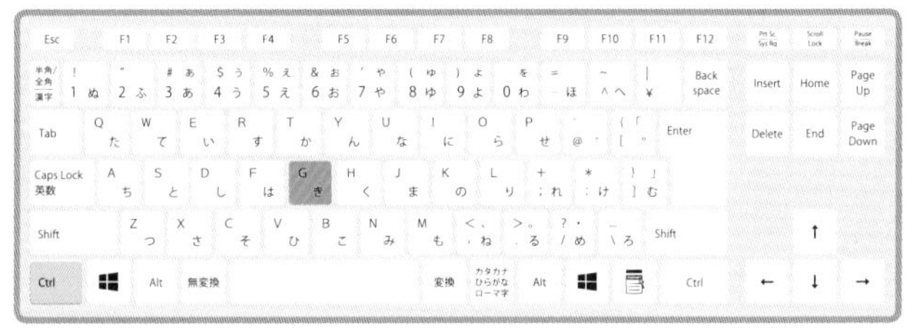

Ctrl+Gを押すと「指定の日付へ移動」ウィンドウが表示され、指定した日付の予定を瞬時に確認することができます。

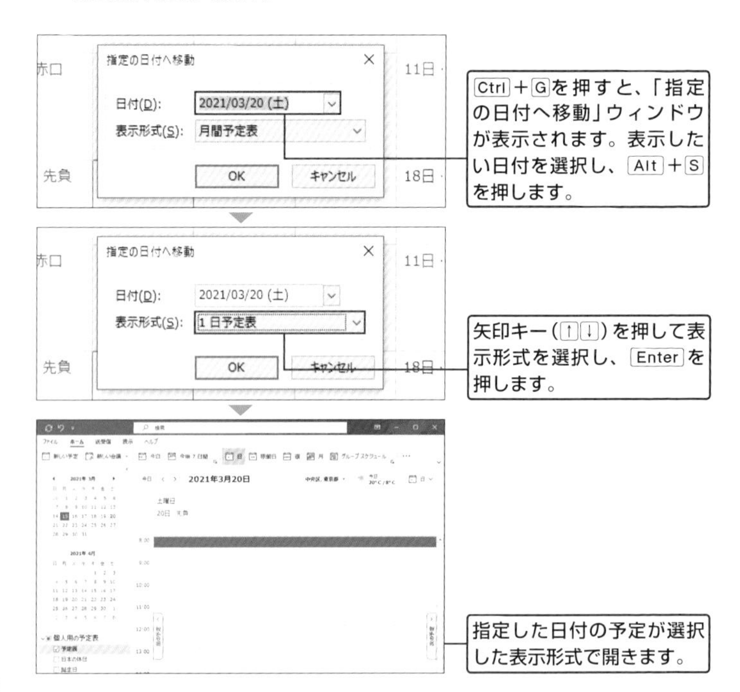

SECTION 178 2019 365

連絡先を追加する

ココで役立つ! 取引先の連絡先、友人の連絡先などを新しく追加できます。

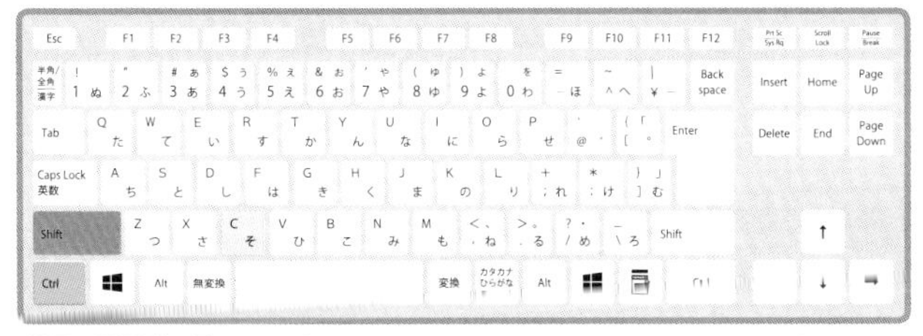

Ctrl + Shift + C を押すと「連絡先」ウィンドウが表示され、取引先や友人の情報を入力して連絡先を追加することができます。「連絡先」ウィンドウは、メールや予定表、タスクなど、どの画面を開いていても表示可能です。

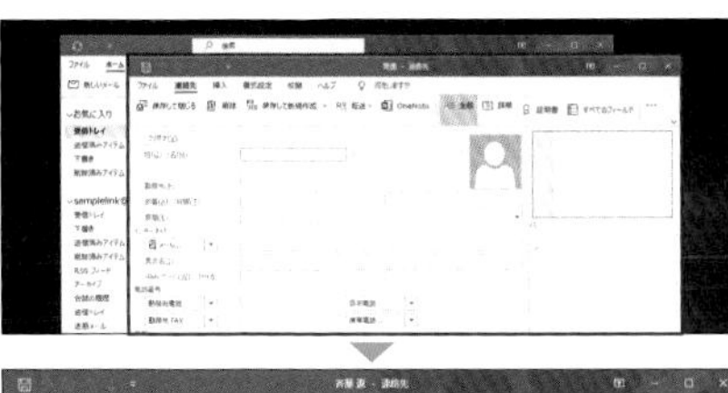

Ctrl + Shift + C を押すと、新しいウィンドウで連絡先画面が開きます。

情報を入力して Alt + S を押すと、連絡先が追加されます。

アドレス帳を開くと(P.200参照)、連絡先が追加されていることが確認できます。

SECTION 179 2019 365

アドレス帳を開く

ココで役立つ! 登録している連絡先の一覧を開きます。

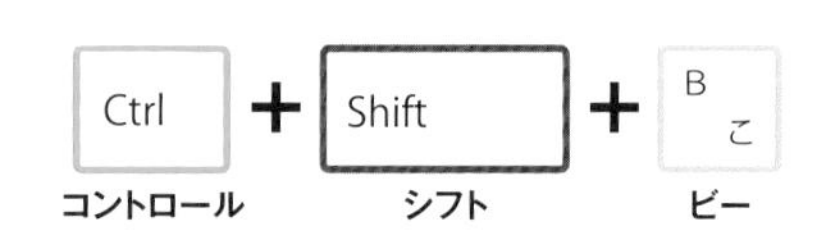

Ctrl + Shift + Bを押すと「アドレス帳」ウィンドウが表示され、任意の連絡先を選択して新規メールを作成したり、連絡先を編集したりできます。

Ctrl + Shift + Bを押すと、新しいウィンドウでアドレス帳画面が開きます。検索欄に任意の連絡先の情報(ここでは名前)を入力すると、該当する連絡先が選択されます。

選択した連絡先宛てにメールを作成する場合は、Ctrl + Nを押します。

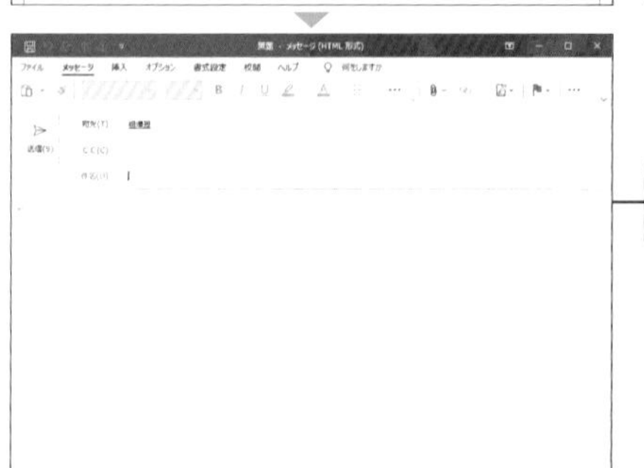

新しいウィンドウで新規メール画面が開きます。

ワンポイント

連絡先を選択した状態でEnterを押すと、連絡先の編集画面が表示されます。

SECTION 180 2019 365

タスクを追加／完了する

ココで役立つ! 期日の決まっている仕事や作業をわかりやすく管理します。

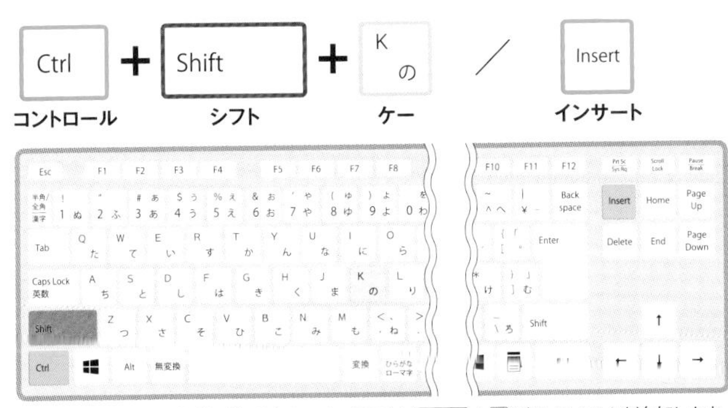

期日の決まっている作業を管理するには、Ctrl＋Shift＋Kを押してタスクを追加します。終了したタスクは、Insertを押して完了タスクにします。

タスクを追加する

Ctrl＋Shift＋Kを押すと新しいウィンドウでタスク画面が開きます。タスクの内容を入力し、Alt＋Sを押すと、タスクが追加されます。

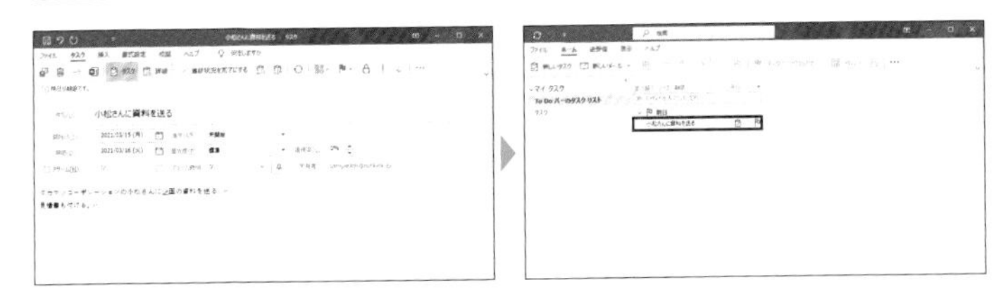

タスクを完了する

完了したタスクを選択してInsertを押すと、「ToDoバーのタスクリスト」からタスクが削除され、完了タスクとして「タスク」に移動します。

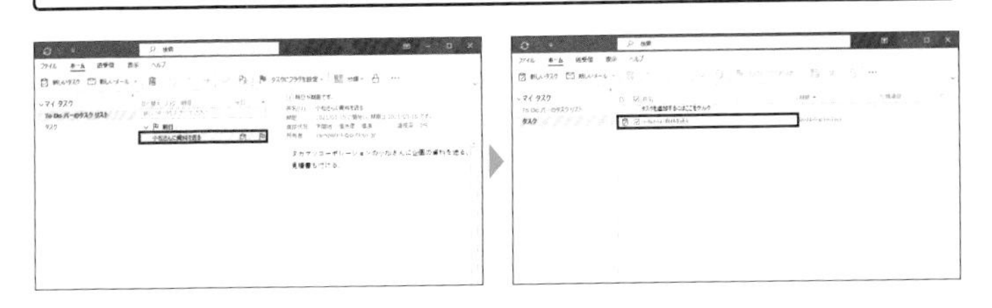

メールや連絡先にフラグを設定する

ココで役立つ! メールの返信や連絡を忘れないように管理できます。

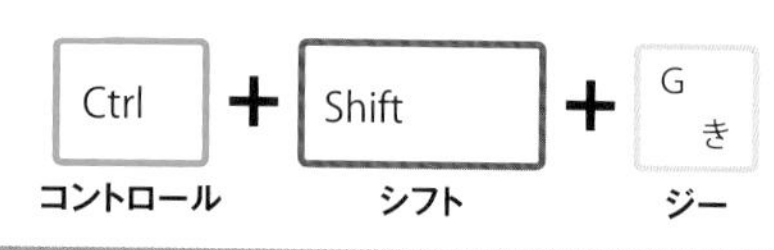

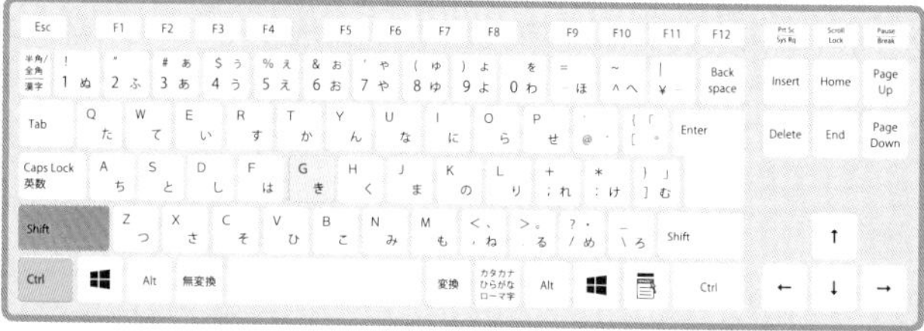

メールや連絡先を選択した状態でCtrl＋Shift＋Gを押すと、フラグの「ユーザー設定」ウィンドウが表示されます。設定したフラグの内容は、タスクとして追加されます。

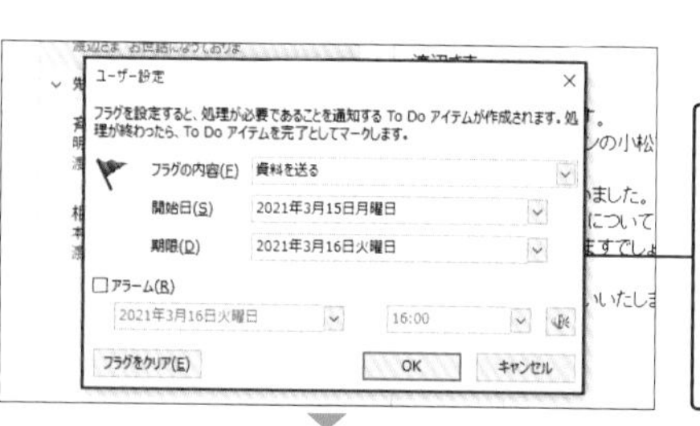

フラグを設定したいメールを選択し、Ctrl＋Shift＋Gを押すと、「ユーザー設定」ウィンドウが表示されます。フラグの内容や期限を設定し、Enterを押します。

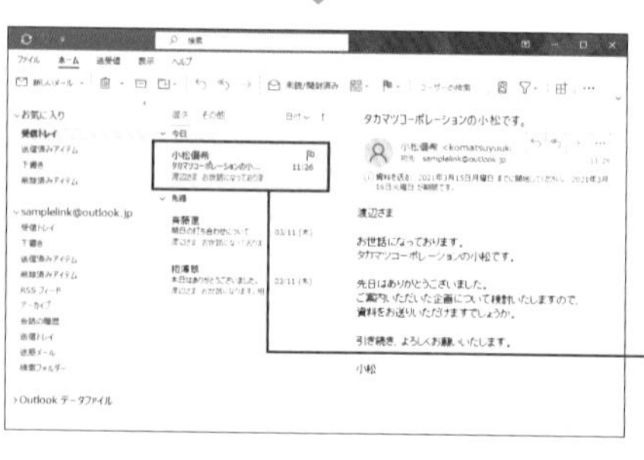

メールにフラグが設定されます。設定されたフラグの内容は、タスクに追加されます。

ワンポイント

フラグを設定するとその内容はタスクに追加されます。P.201を参考にタスクを完了すると、メールに付いたフラグのアイコンは⚐→✓に変更されます。

第8章

Googleカレンダーのショートカットキー

Googleカレンダーで使用できるショートカットキーは、1つのキーで完結するものがほとんどなので簡単に覚えられます。本章では、Google Chrome(Chrome)、Internet Explorer(IE)とMicrosoft Edge(Edge)の3つのWebブラウザーで使用できるショートカットキーを解説します。

SECTION 182 Chrome IE Edge

予定を作成する

ココで役立つ! 予定を素早く登録できます。

C そ

シー

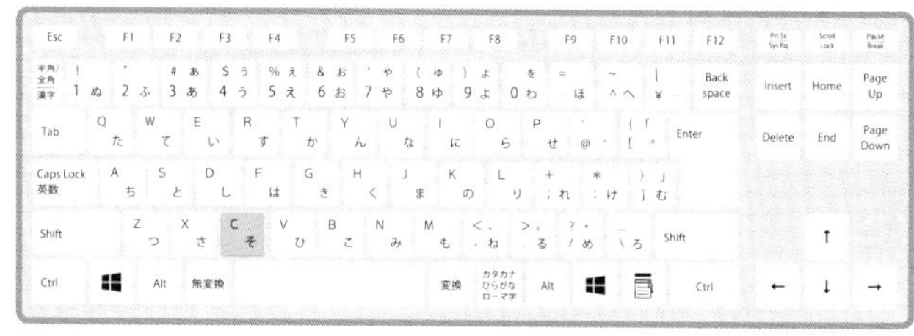

Cを押すと予定の作成画面が表示され、予定を登録できます。また、Qを押すと全画面ではなくコンパクトな予定の作成画面が表示されます。

カレンダー画面でCを押すと、新規の予定作成画面が表示されます。予定の内容を入力し、Ctrl+Sを押します。

作成した予定が登録されます。

ワンポイント

予定の編集画面の項目は、Tabを押すことで移動できます。また、予定の作成をキャンセルする場合はEscを押します。

SECTION 183 Chrome IE Edge

前の週などの期間を表示する

ココで役立つ! カレンダーの週の表示期間を前後できます。

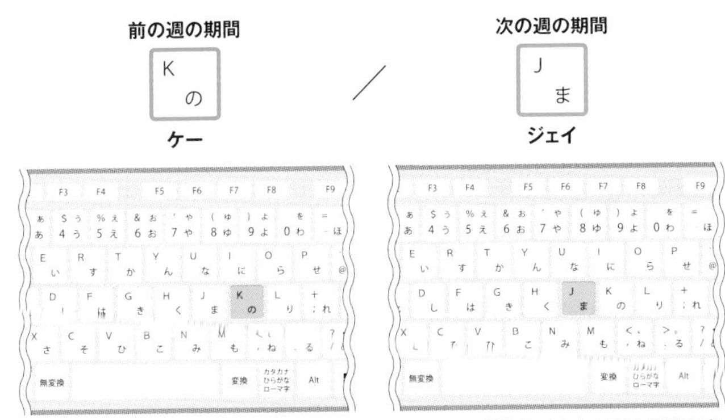

カレンダーが週表示のとき、Kを押すと前の週の期間を、Jを押すと次の週の期間を表示できます。また、PとNでも同様の操作が可能です。

前の週の期間を表示する

週表示の画面(P.207参照)でKを押すと、前の週の期間のカレンダーが表示されます。

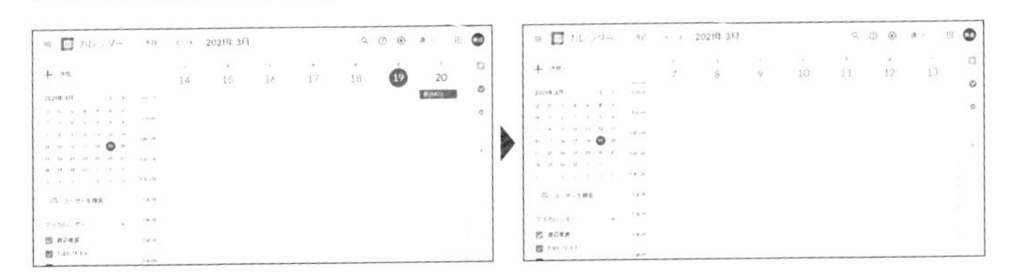

次の週の期間を表示する

週表示の画面(P.207参照)でJを押すと、次の週の期間のカレンダーが表示されます。

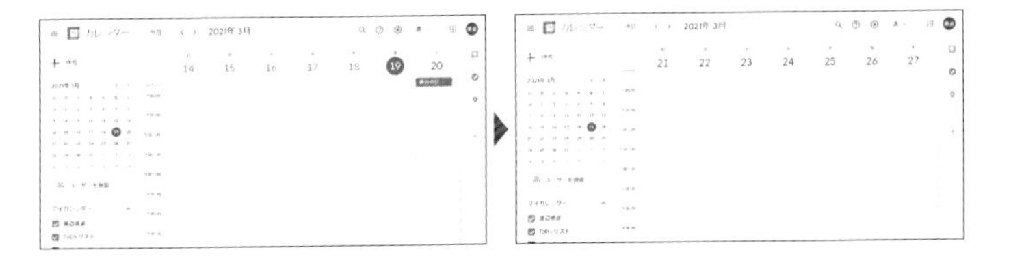

SECTION 184 Chrome IE Edge

指定した日付に移動する

ココで役立つ! 年単位、月単位のカレンダーの移動も一瞬で可能です。

G き

ジー

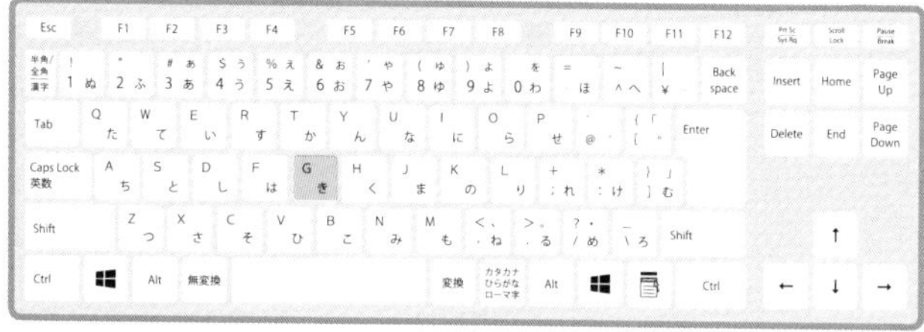

カレンダー画面でGを押し、「指定した日付に移動」ウィンドウで日付を入力することで、指定日に素早くジャンプできます。

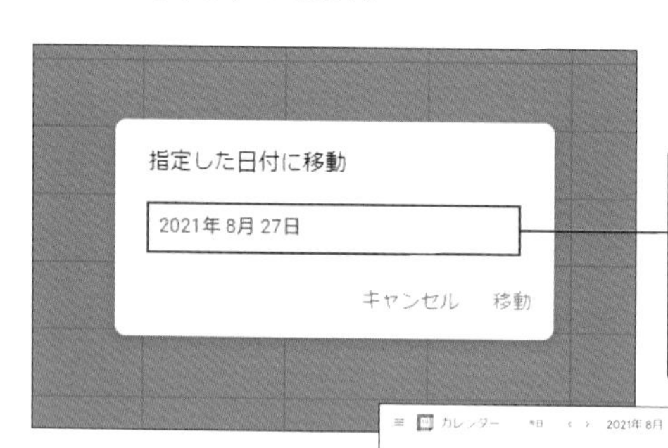

カレンダー画面でGを押すと、「指定した日付に移動」ウィンドウが表示されます。移動したい日付を入力し、Enterを押します。

指定した日付を含む期間が表示されます。

ワンポイント

今日の日付を含む期間のカレンダーに戻りたいときは、Tを押します。Tは「Today(今日)」で覚えましょう。

SECTION 185 Chrome IE Edge

月／日／週／年の表示に切り替える

ココで役立つ! カレンダー画面の表示形式を簡単に切り替えることができます。

月表示

エム

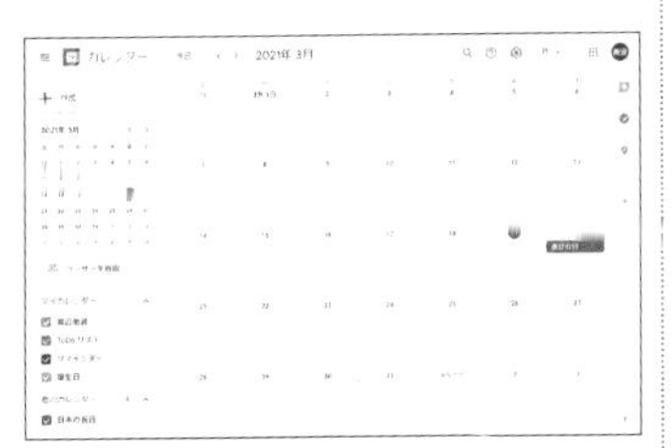

カレンダー画面でM（Month）を押すと、月表示に切り替わります。

日表示

ディー

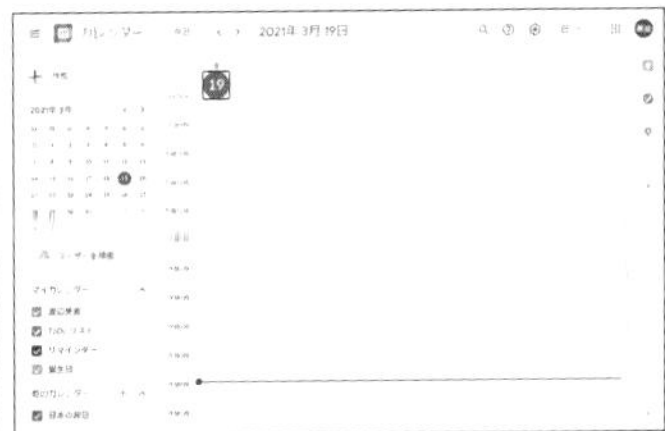

カレンダー画面でD（Day）を押すと、月表示に切り替わります。

週表示

ダブリュー

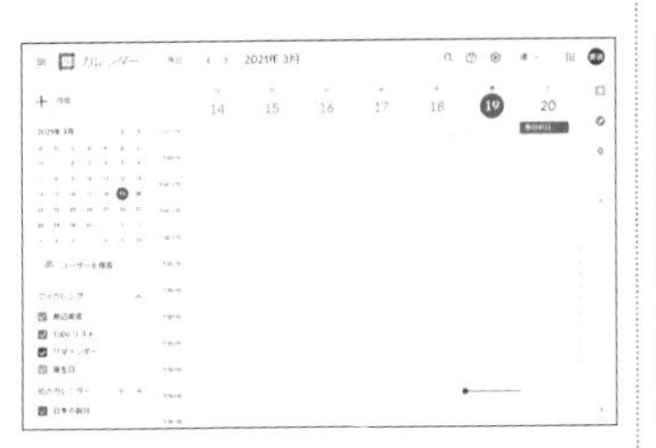

カレンダー画面でW（Week）を押すと、月表示に切り替わります。

年表示

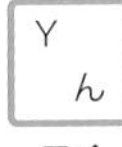

ワイ

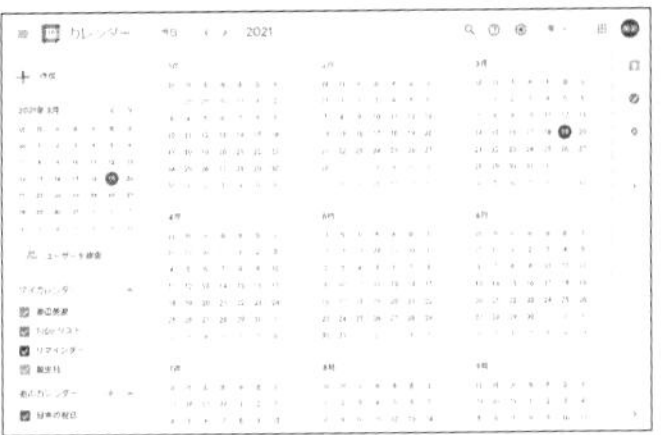

カレンダー画面でY（Year）を押すと、月表示に切り替わります。

SECTION 186 Chrome IE Edge

スケジュール／カスタム表示に切り替える

ココで役立つ! 予定のリスト表示、自分でカスタムした表示に切り替えられます。

スケジュール表示　A ち エー　／　カスタム表示　X さ エックス

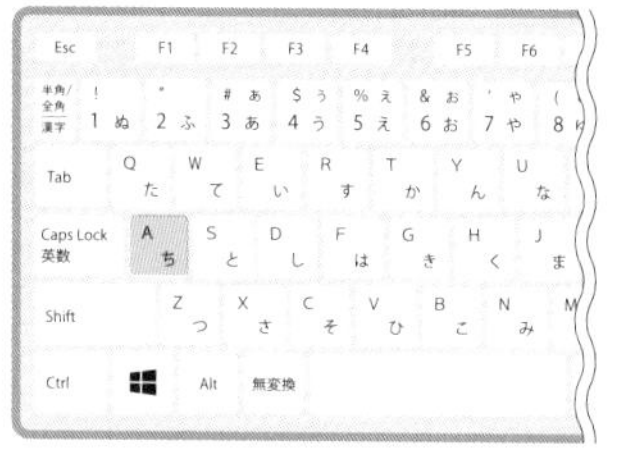

カレンダー画面でAを押すと予定が登録されている日付のみのスケジュール表示に、Xを押すと設定した日数のカスタム表示に切り替わります。

スケジュール表示

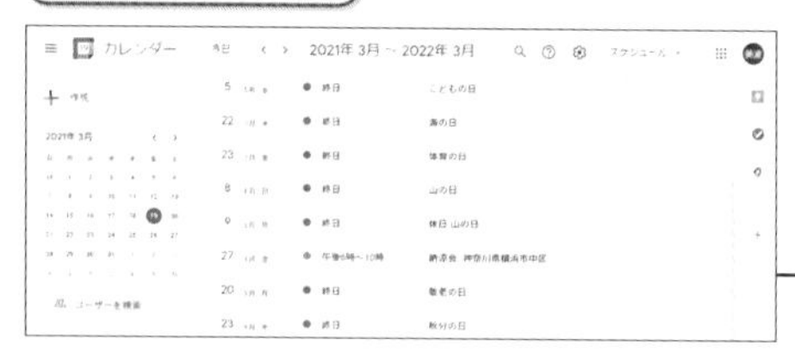

カレンダー画面でAを押すと、祝日を含む予定のリストが表示されます。

カスタム表示

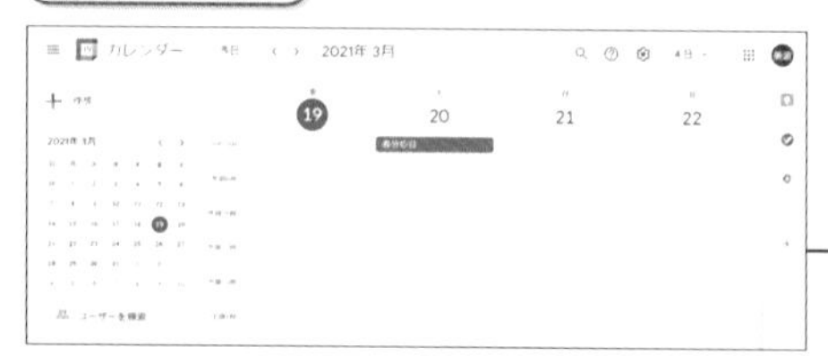

カレンダー画面でXを押すと、設定した日数でカレンダーが表示されます。

ワンポイント

カスタム表示は標準では「4日」に設定されおり、4を押すことでも表示できます。カスタム表示はカレンダー画面右上の「設定メニュー」の「ビュー」の設定から、2日～4週の期間を選択できます。

SECTION 187 Chrome IE Edge

予定を編集する

ココで役立つ! カレンダーから選択した予定の内容を編集できます。

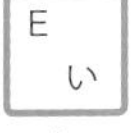

イー

編集したい予定を選択して[E]を押すと予定の編集画面が表示され、内容を修正できます。このショートカットキーは年表示以外のカレンダーで有効です。

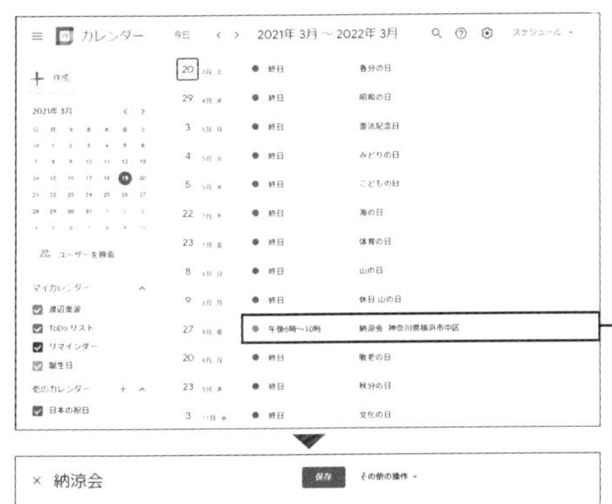

ここではスケジュール表示(P.208参照)で編集したい予定を選択し、[E]を押します。

予定の編集画面が表示されます。編集が完了したら[Ctrl]+[S]を押します。

SECTION 188 Chrome IE Edge

予定を削除する

ココで役立つ! キャンセルになった予定や不要な予定を簡単に削除できます。

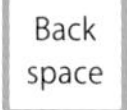

バックスペース

削除したい予定を選択して[Back Space]を押すと、瞬時に予定が削除されます。このショートカットキーは年表示以外のカレンダーで有効です。

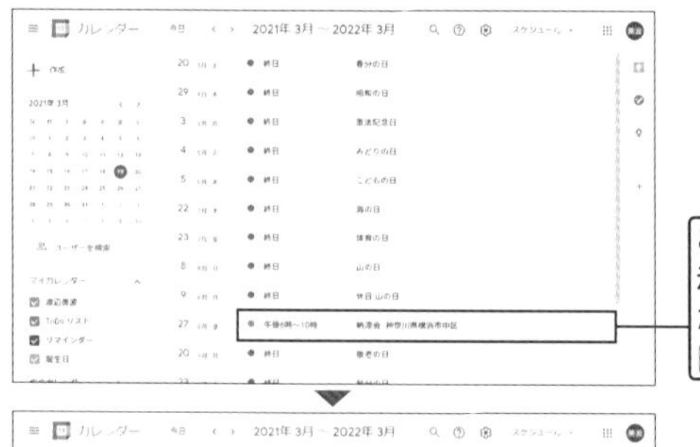

ここではスケジュール表示（P.208参照）で削除したい予定を選択し、[Back Space]を押します。

選択した予定が削除されます。

ワンポイント

予定の削除は[Delete]でも可能です。また、直後に[Z]を押すと、削除した予定を元に戻すことができます。

SECTION 189 Chrome IE Edge

予定を検索する

ココで役立つ! 登録した予定をキーワードで検索できます。

スラッシュ

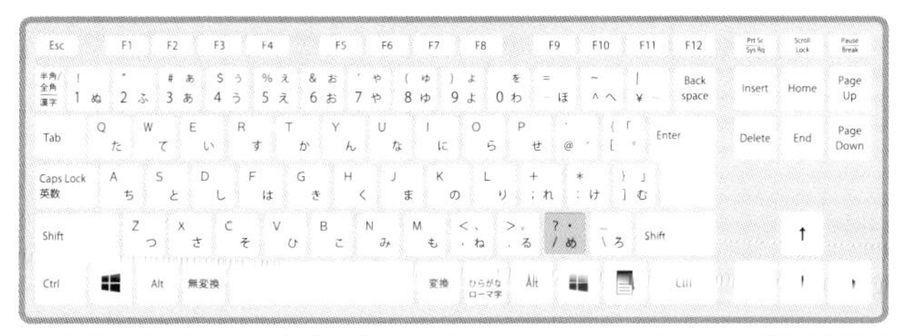

カレンダー画面で/を押すと検索ボックスが表示され、キーワードを入力して予定を検索することができます。

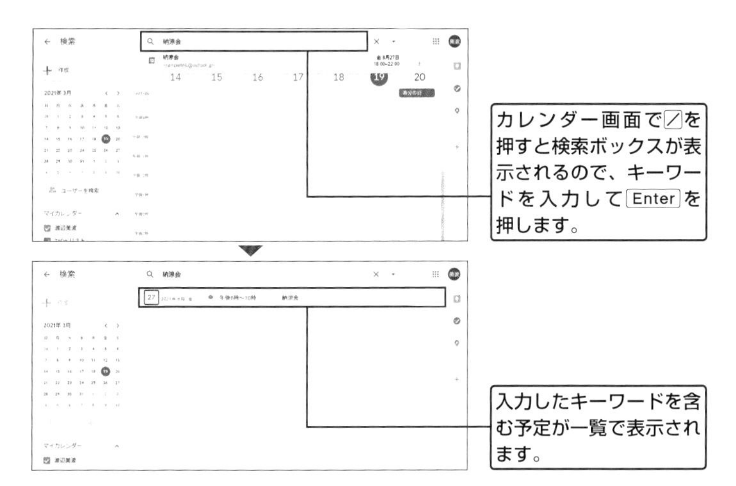

ワンポイント

キーワードを入力してTab→Enterの順に押すと、参加者や場所、含めないキーワード、日付などの条件を追加して検索することができます。

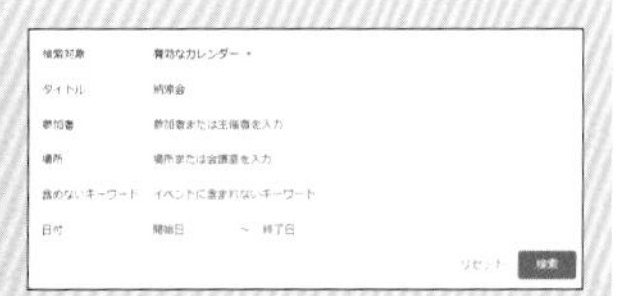

SECTION 190 Chrome IE Edge

カレンダーを印刷する

ココで役立つ! カレンダーを印刷して手元に置いておきたいときに便利です。

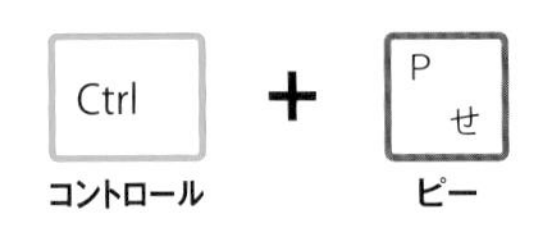

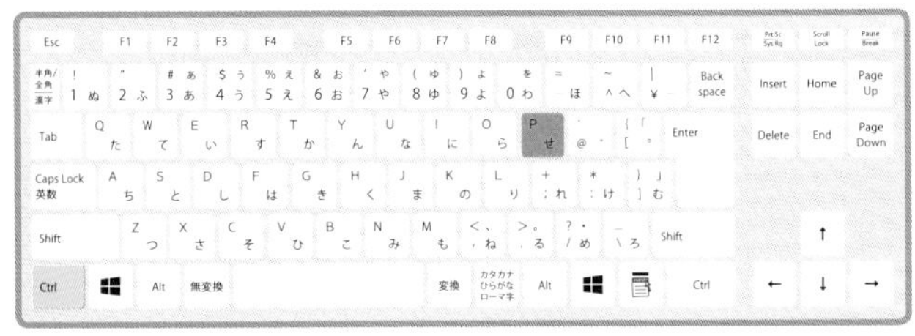

カレンダー画面でCtrl+Pを押すと「印刷プレビュー」ウィンドウが表示され、印刷条件を設定してカレンダーを印刷できます。

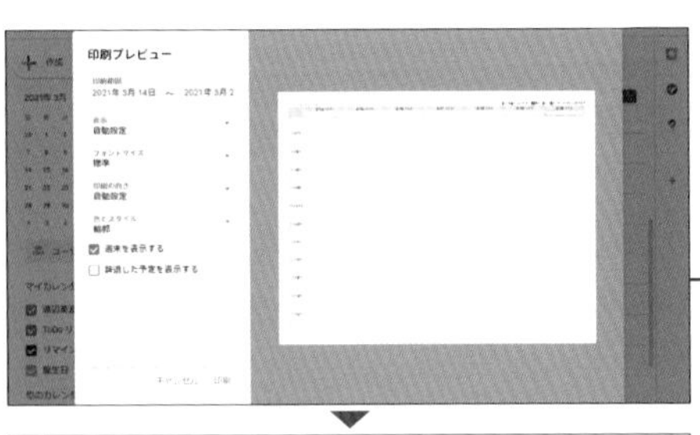

カレンダー画面でCtrl+Pを押すと、「印刷プレビュー」ウィンドウが表示されます。印刷範囲や印刷の向きなどを指定し、Enterを押します。

次に表示される「印刷」ウィンドウで送信先やページ数を選択し、Enterを押すと、カレンダーが印刷されます。

ワンポイント

「印刷プレビュー」ウィンドウと「印刷」ウィンドウの項目は、Tabで移動、矢印キー(↑↓)で選択ができます。

Appendix

オリジナルのショートカットキーを作成

Excelなどで繰り返しの操作や複雑な操作を行う場合、ショートカットキーを指定したマクロを作成しておくと、以降の作業が非常にスムーズになります。

Appendix 001

記録マクロを作成する

ココで役立つ! 一連の操作を記録して効率的に作業を行うことができます。

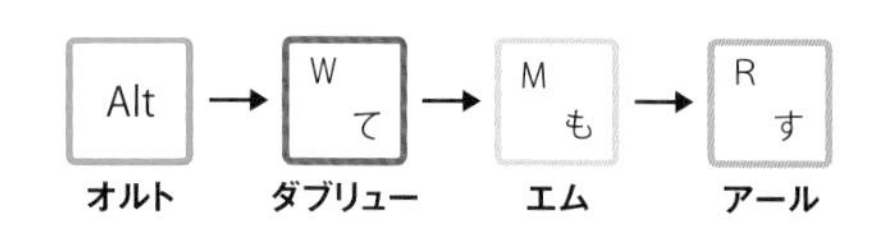

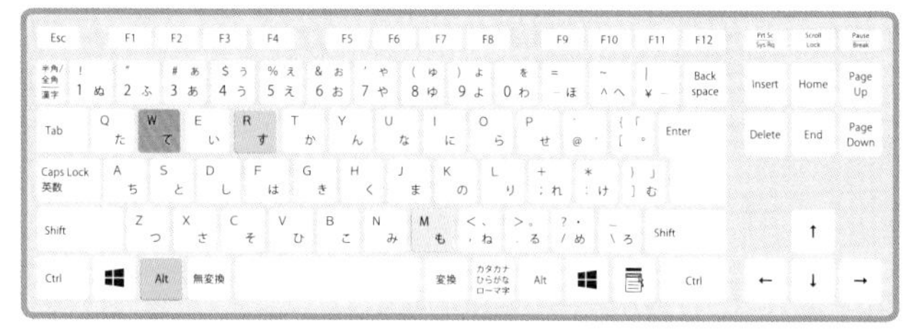

「マクロ」は繰り返しの操作や複雑な操作をあらかじめ記録しておくもので、指定したショートカットキーによって記録した操作を実行することができます。マクロはOffice製品やAdobe製品などで利用できますが、ここでは例としてよく使用されるExcelの記録マクロを作成する方法を解説します。

マクロを記録して実行する

記録マクロは、特定のブックやシートへの操作、入力内容や書式設定変更の繰り返しなど、ある程度定型的な操作を行うものが向いています。なお、行や列など、セルの位置をそのまま記録するので、場所や数式が変化するような操作は記録マクロに不向きです。また、タブの操作やマウスの動きは記録できません。

ブックを開き、Alt→Wの順に押して「表示」タブを開いたら、Mを押します。

Rを押すと、「マクロの記録」ダイアログが表示されます。

Tabを押して移動しながらマクロ名、このマクロのショートカットに使用するキー(ここではM、P.221ワンポイント参照)、マクロの保存先、説明を入力します。Tabを押して「OK」まで移動し、Enterを押します。

マクロの記録が開始されます。記録したい操作を行い、Alt→W→M→Rを順に押して、記録を終了します。

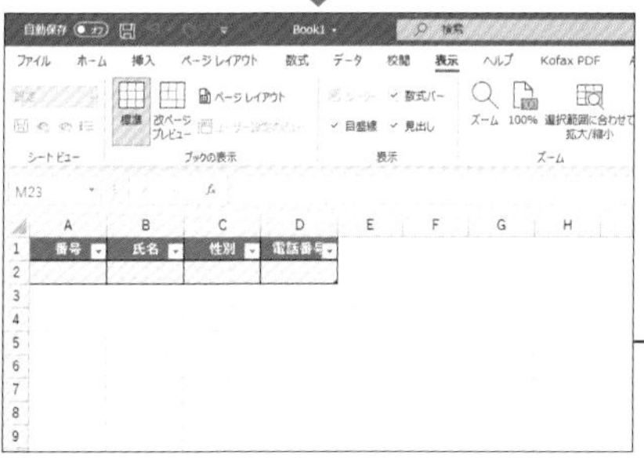

別のブックを開くなどし、設定したショートカットキー(ここではCtrl+Shift+M)を押すと、記録した操作が実行されます。

ワンポイント

ここでは「表示」タブからマクロの記録を実行していますが、「開発」タブからでも同様に記録が可能です。ただし、「開発」タブは既定の設定では表示されていません。「開発」タブを表示させたい場合は、Alt→F→Tの順に押して「Excelのオプション」ウィンドウを開いて「リボンのユーザー設定」の「開発」にチェックを付けると、「開発」タブが表示されるようになります。ブックに戻り、Alt→Lを順に押すと「開発」タブが表示され、続けてM→Rを順に押すとマクロが記録されます。

Appendix 002

マクロを保存する

ココで役立つ! マクロの保存先によってマクロの活用効率をアップできます。

「マクロの記録」ウィンドウ(P.215参照)では、「マクロの保存先」を「作業中のブック」「新しいブック」「個人用マクロブック」の3つから選択できます。ここでは、マクロの保存先による違いを解説します。

作業中のブック

「マクロの保存先」を「作業中のブック」にすると、現在開いているブックにマクロが保存されます。また、マクロを保存するにはExcelファイルをパソコン内に保存する際、「ファイルの種類」を「Excelマクロ有効ブック」に変更する必要があります。なお、マクロの使用時には、必ず保存先に指定したブックを開いておきましょう。

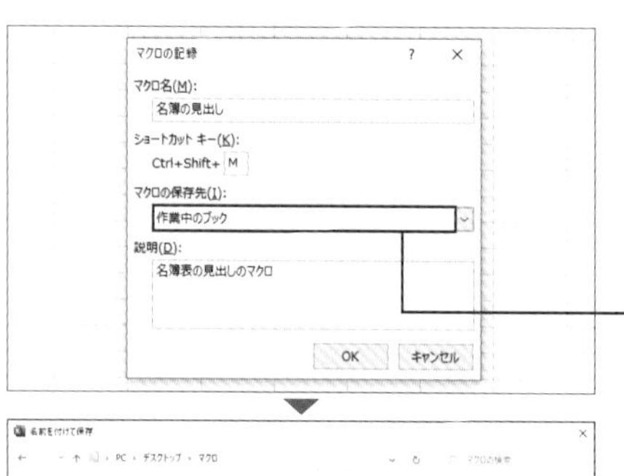

「マクロの記録」ウィンドウで「マクロの保存先」を「作業中のブック」に設定し、マクロの記録を行います。

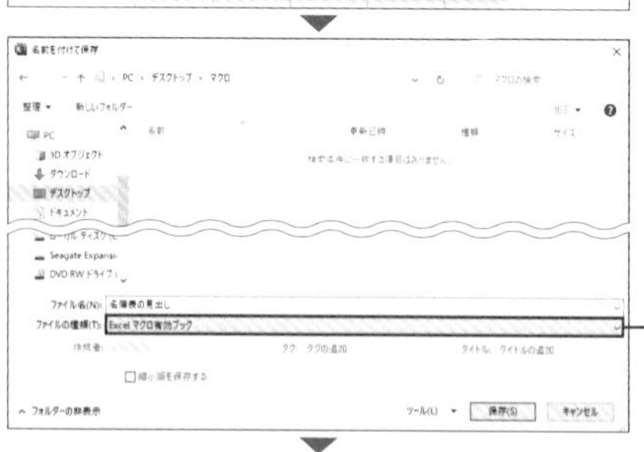

Alt→F→A→Oを順に押し、ブックに名前を付け、「ファイルの種類」を「Excelマクロ有効ブック」に設定して保存します。

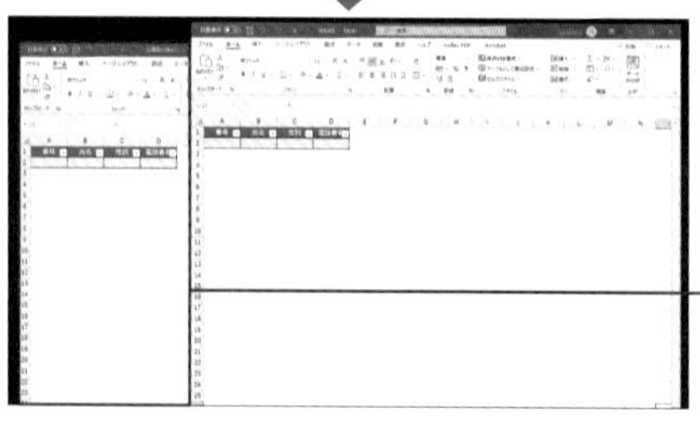

マクロを使用する際は、別のブックを開いている場合でもマクロを保存したブックを別に開いておく必要があります。

新しいブック

「マクロの保存先」を「新しいブック」にすると、編集中のブックとは別に新しいブックが作成され、マクロが保存されます。「作業中のブック」に保存した場合と同様に、マクロを使用する際にはマクロを保存したブックを開いておく必要があります。

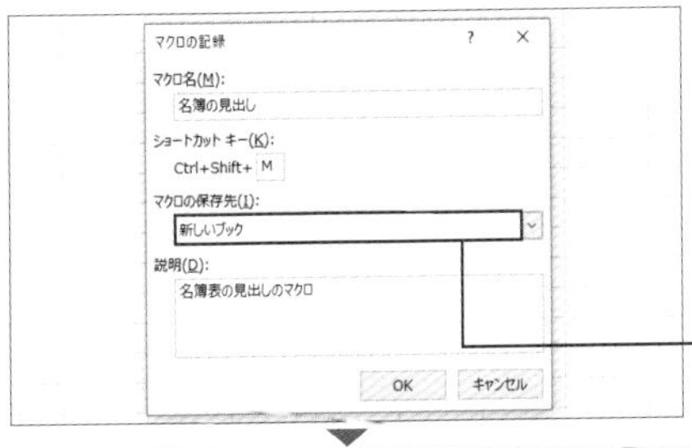

「マクロの記録」ウィンドウで「マクロの保存先」を「新しいブック」に設定します。

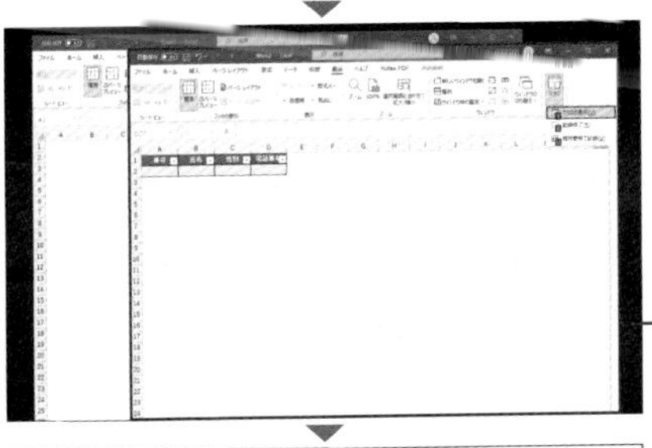

編集中のブックの上に新しいブックが表示されます。マクロの記録は実行中なので、新しいブックのシートにマクロの記録を行います。

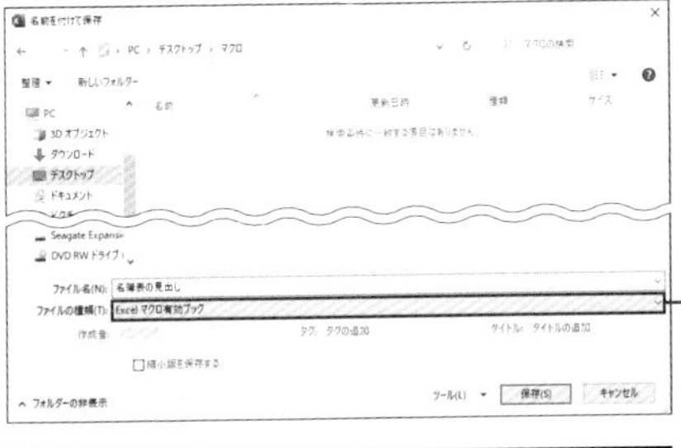

Alt→F→A→Oを順に押し、ブックに名前を付け、「ファイルの種類」を「Excel マクロ有効ブック」に設定して保存します。

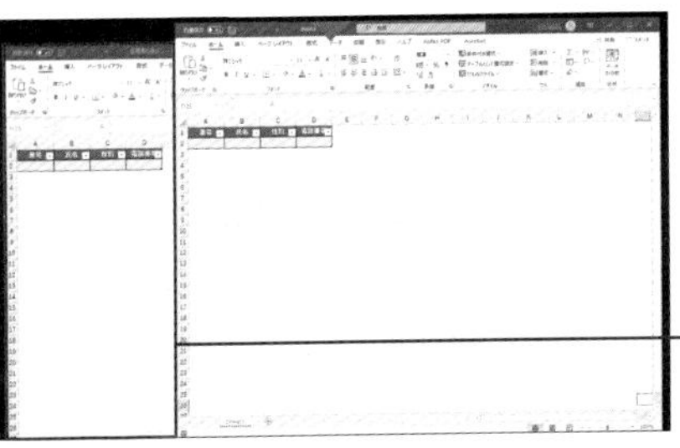

「作業中のブック」同様、マクロを使用する際は保存したブックを別に開いておく必要があります。

個人用マクロブック

「マクロの保存先」を「個人用マクロブック」にすると、Excel上のすべてのブックの作業において利用できるマクロとして保存されます。「作業中のブック」や「新しいブック」に保存したマクロとは違い、保存先のブックを別に開くことなくマクロを利用できるのでおすすめです。

「マクロの記録」ウィンドウで「マクロの保存先」を「個人用マクロブック」に設定し、マクロの記録を行います。

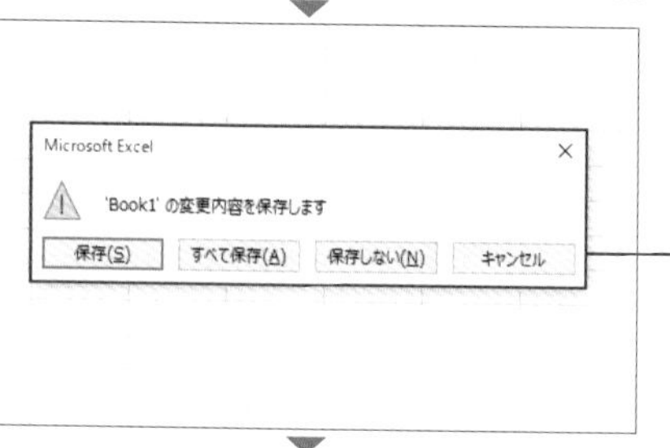

Alt + F4 を押すと、ブックの保存についての確認画面が表示されます。ここで保存したいのはマクロのため、ブックは保存しなくても問題ありません。

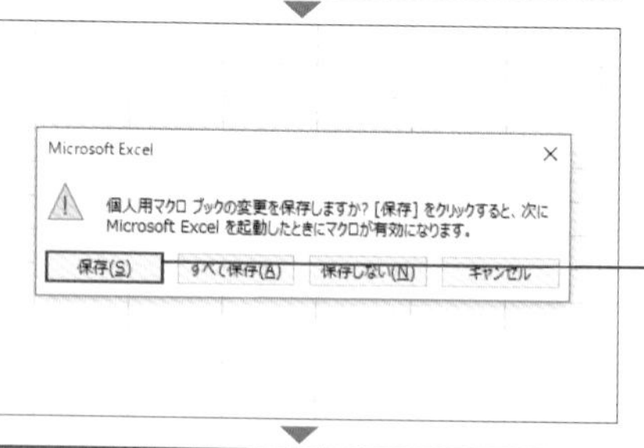

続けて個人用マクロブックの保存についての確認画面が表示されるので、「保存」を選択すると、Excelが終了します。

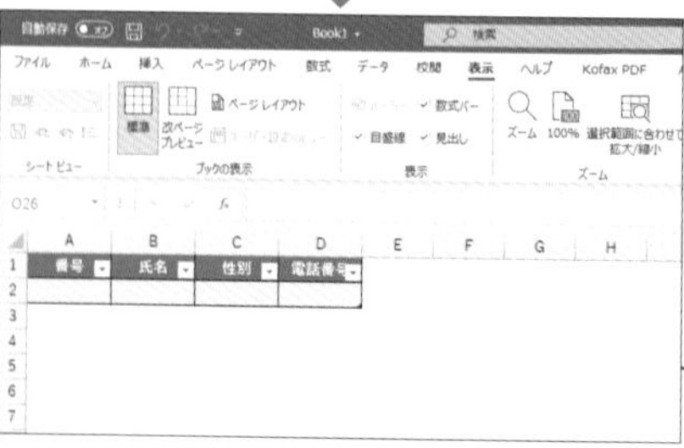

以降そのパソコンでExcelを起動していれば、どのブックでも保存したマクロを利用できます。

Appendix オリジナルのショートカットキーを作成

ワンポイント

「作業中のブック」や「新しいブック」で保存したマクロを含むファイルを開くと、「セキュリティの警告」が表示されます。次のいずれかの方法でコンテンツの有効化を行う必要があります。

「コンテンツの有効化」から操作

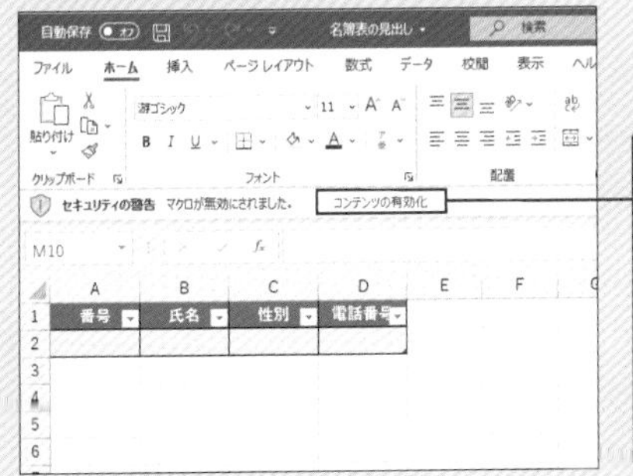

マクロを含むファイルを開いた際に表示される「セキュリティの警告」の「コンテンツの有効化」をクリックします。ファイルに変更を加えない限り、以降警告メッセージは表示されません。

「情報」タブから操作①

マクロを含むファイルを開き、Alt→F→I（「ファイル」→「情報」）を順に押し、N→C（「セキュリティの警告」の「コンテンツの有効化」→「すべてのコンテンツを有効にする」）を順に押します。「信頼済みドキュメント」に変わり、以降警告メッセージは表示されません。

「情報」タブから操作②

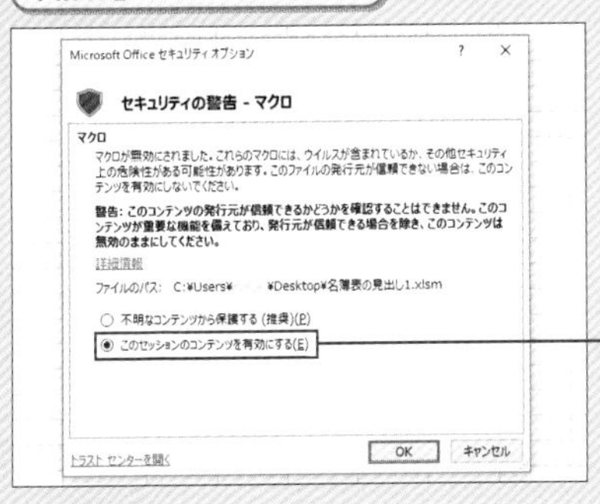

マクロを含むファイルを開き、Alt→F→Iを順に押し、N→O（「セキュリティの警告」の「コンテンツの有効化」→「詳細オプション」）を順に押します。「セキュリティの警告」ウィンドウでE→Enterを順に押すと、そのファイルを開いている間だけコンテンツが有効になります。

マクロを編集する

ココで役立つ! 保存したマクロの編集や削除を素早く行えます。

Alt ＋ F8

オルト　エフ８

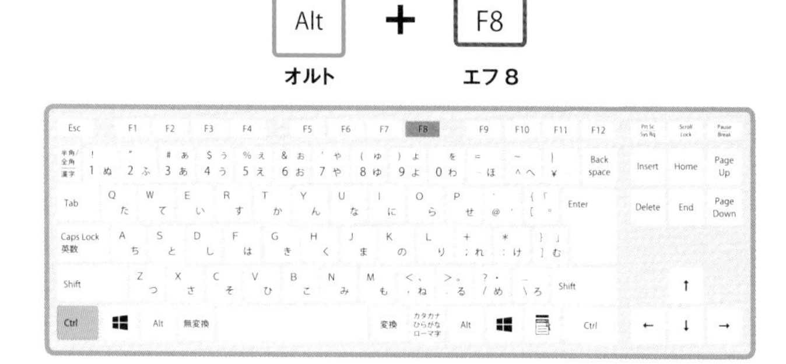

Alt ＋ F8 を押すと、保存したマクロの編集や削除を行うことができます。なお、「個人用マクロブック」として保存したマクロは、「マクロの保存先」から「PERSONAL.XLSB」を選択して編集や削除を行います。

マクロを編集する

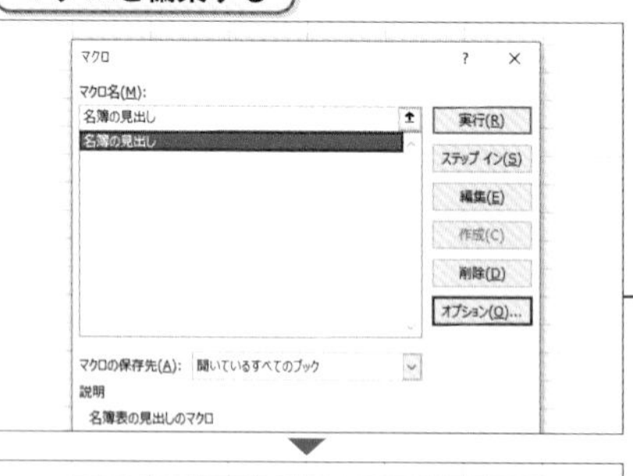

マクロを保存したファイルを開き、Alt ＋ F8 を押します。「マクロ」ダイアログが表示されるので、編集したいマクロを選択して Alt ＋ O を押します。

ショートカットキーや説明などを編集できます。編集したマクロを保存するには、ファイルを上書き保存します。

マクロを削除する

マクロを保存したファイルを開き、Alt＋F8を押して削除したいマクロを選択しAlt＋Dを押します。

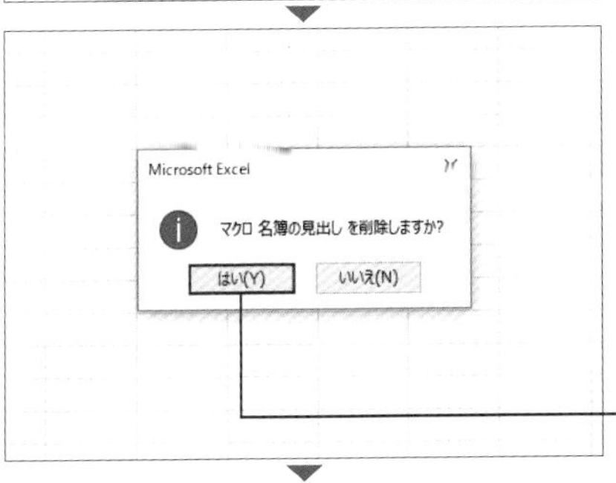

Enterを押すと、選択したマクロが削除されます。

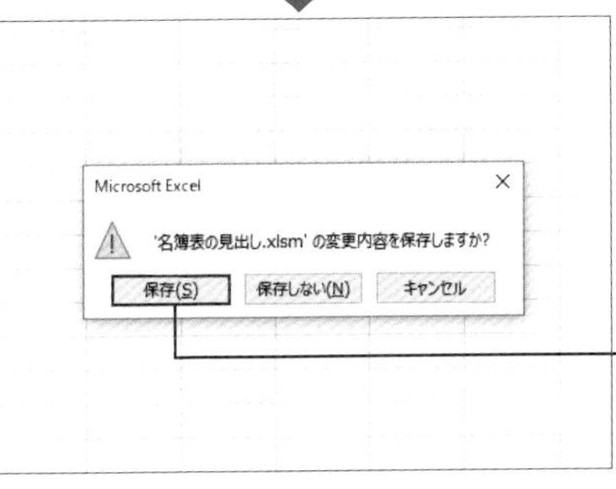

Alt＋F4を押すと、ファイルの保存についての確認画面が表示されます。削除を適用するために「保存」を選択します。

ワンポイント

マクロの実行に使用するショートカットキーは、大文字と小文字どちらも利用が可能です。ただし、マクロ実行のショートカットキーはOffice既定のショートカットキーよりも優先されます。たとえば、Excelの既定のショートカットキーであるCtrl＋Z（操作を元に戻す）をマクロ実行のショートカットキーに設定した場合、ExcelではCtrl＋Zで操作を元に戻すという機能は利用できなくなるので注意しましょう。また、マクロ実行のショートカットキーで大文字を設定した場合、実際にショートカットキーを使用する際にはCtrl＋◯（◯はP.215で指定した任意のキー）ではなくCtrl＋Shift＋◯を押す必要があります。

INDEX 索引

記号・数字・アルファベット

あ行

か行

さ行

た行

な・は行

ま行

や行

ら・わ行

■ お問い合わせの例

FAX

1 お名前
技術　太郎
2 返信先の住所または FAX 番号
03-XXXX-XXXX
3 書名
今すぐ使えるかんたん mini PLUS
ショートカットキー 超事典
4 本書の該当ページ
80 ページ
5 ご使用の OS・アプリのバージョン
Windows 10
6 ご質問内容
解説と異なる画面が表示される

お問い合わせについて

本書に関するご質問については、本書に記載されている内容に関するもののみとさせていただきます。本書の内容と関係のないご質問につきましては、一切お答えできませんので、あらかじめご了承ください。また、電話でのご質問は受け付けておりませんので、必ずFAX か書面にて下記までお送りください。
なお、ご質問の際には、必ず以下の項目を明記していただきますようお願いいたします。

1 お名前
2 返信先の住所または FAX 番号
3 書名
（今すぐ使えるかんたん mini PLUS
ショートカットキー 超事典）
4 本書の該当ページ
5 ご使用の OS・アプリのバージョン
6 ご質問内容

なお、お送りいただいたご質問には、できる限り迅速にお答えできるよう努力いたしておりますが、場合によってはお答えするまでに時間がかかることがあります。また、回答の期日をご指定なさっても、ご希望にお応えできるとは限りません。あらかじめご了承くださいますよう、お願いいたします。ご質問の際に記載いただきました個人情報は、ご質問への返答以外の目的には使用いたしません。また、返答後はすみやかに破棄させていただきます。

問い合わせ先

〒 162-0846
東京都新宿区市谷左内町 21-13
株式会社技術評論社　書籍編集部
「今すぐ使えるかんたん mini PLUS
ショートカットキー 超事典」質問係

FAX 番号　03-3513-6167

URL：https://book.gihyo.jp/116

今すぐ使えるかんたん mini PLUS ショートカットキー 超事典

2021 年 6 月 16 日　初版 第 1 刷発行
2023 年 5 月　2 日　初版 第 2 刷発行

著者●リンクアップ＋技術評論社編集部
発行者●片岡　巌
発行所●株式会社 技術評論社
東京都新宿区市谷左内町 21-13
電話　03-3513-6150　販売促進部
03-3513-6160　書籍編集部
装丁●岡崎　善保（志岐デザイン事務所）
本文デザイン●リンクアップ、ARENSKI
DTP ／編集●リンクアップ
担当●落合　祥太朗、藤田　夏凪
製本／印刷●図書印刷株式会社

定価はカバーに表示してあります。

落丁・乱丁がございましたら、弊社販売促進部までお送りください。交換いたします。

ISBN 978-4-297-11552-4 C3055
Printed in Japan